W0255394

Themenhefte

SCHWERPUNKTPROGRAMM **UMWELT**
SCHWEIZ. NATIONALFONDS ZUR FÖRDERUNG DER WISSENSCHAFTLICHEN FORSCHUNG
PROGRAMME PRIORITAIRE **ENVIRONNEMENT**
FONDS NATIONAL SUISSE DE LA RECHERCHE SCIENTIFIQUE
PRIORITY PROGRAMME **ENVIRONMENT**
SWISS NATIONAL SCIENCE FOUNDATION

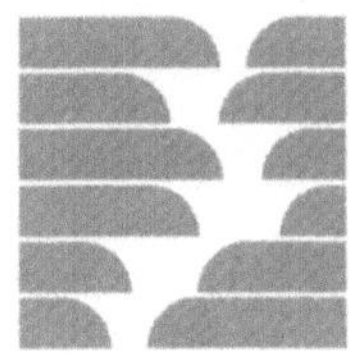

Förderung umweltbezogener Lernprozesse in Schulen, Unternehmen und Branchen

M. Roux
S. Bürgin (Hrsg.)

Springer Basel AG

Herausgeber

Michel Roux
Landwirtschaftliche Beratungszentrale (LBL)
Eschikon
CH-8315 Lindau/ZH
Schweiz

Silvia Bürgin
IDHEAP (Institut de hautes études en administration publique)
Unité „Management des entreprises publique"
Route de la Maladière 21
CH-1022 Chavannes-près-Renes
Schweiz

Die Deutsche Bibliothek - CIP-Einheitsaufnahme

Förderung umweltbezogener Lernprozesse in Schulen, Unternehmen und Branchen : M. Roux ; S. Bürgin (Hrsg.).

(Themenhefte SPP Umwelt)
ISBN 978-3-7643-5318-6 ISBN 978-3-0348-5041-4 (eBook)
DOI 10.1007/978-3-0348-5041-4

NE: Roux, Michel [Hrsg.]

Ursprünglich erschienen bei Birkhäuser Verlag AG 1996

Umschlaggestaltung: Markus Etterich, Basel
Gedruckt auf säurefreiem Papier,
hergestellt aus chlorfrei gebleichtem Zellstoff. TCF ∞

ISBN 978-3-7643-5318-6

9 8 7 6 5 4 3 2 1

Inhaltsverzeichnis

Inhaltsverzeichnis

Einleitung

Wie können Ökologisierungsprozesse in Wirtschaft und Gesellschaft ausgelöst und gefördert werden? Die Pädagoginnen, Betriebsökonomen, Politologinnen, Unternehmensberater, Erwachsenenbildnerinnen und Geographen, die sich in diesem Band äussern, gehen jener Frage nach mit Blick auf entsprechende Lernprozesse in Schulen, Unternehmen und Branchen. Die Art und Weise wie dort gelernt wird, beeinflusst nämlich die Bereitschaft und Fähigkeit der Menschen, sowohl innerhalb von Organisationen als auch im öffentlichen und privaten Leben, ihr Handeln unter dem Aspekt der Umweltverträglichkeit oder Nachhaltigkeit selbstkritisch zu betrachten und zu verändern.

Die Autorinnen und Autoren tauschten ihre Erfahrungen und Konzepte zur Förderung von umweltbezogenen Lernprozessen erstmals im Oktober 1994 aus. Das Ergebnis war für alle Beteiligten verblüffend, weil übereinstimmend ein vielversprechender Ansatz erkannt wurde, wie sich über Lernprozesse nicht nur das Handeln von Personen und Organisationen verändern lässt, sondern gleichzeitig auch Einfluss auf die Rahmenbedingungen genommen werden kann, welche dieses Handeln im hemmenden wie im fördernden Sinne mitbestimmen. Dieser Ansatz wird hier hergeleitet und zur Diskussion gestellt.

Wir alle gingen davon aus, dass niemand - auch keine Weltorganisation - die Macht und Kompetenz hat, quasi per Knopfdruck oder mit moralischen Appellen jene Lernprozesse zu ermöglichen, die es unserer Überzeugung nach braucht, um die spätestens seit dem Erdgipfel 1992 bekannten Nachhaltigkeitspostulate in die Praxis umzusetzen. Auch beflügelte uns kein aufklärerischer Optimismus, der uns glauben liess, dass mit zunehmendem Wissen um die ökologischen, ökonomischen und sozialen Krisen, die unsere Gesellschaften auf dem Globus trotz rasantem Wandel fast zu lähmen scheinen, die Wende zum Besseren sozusagen automatisch eingeleitet wird. Unsere Hoffnung beruht vielmehr auf folgenden Pfeilern:

- die Fähigkeit zur kritischen Selbstbetrachtung von Individuen, Organisationen, sozialen Netzwerken wie Branchen und Bildungssysteme bis hin zu ganzen Gesellschaften,
- die Attraktivität von Kommunikations- und demokratischen Entscheidungsprozessen,
- die Erfahrung von der Veränderbarkeit politischer und wirtschaftlicher Systeme durch diese sozialen Prozesse und damit auch von der Veränderbarkeit der strukturellen Bedingungen für individuelles Handeln.

In diesem Band werden sieben Forschungsbeiträge und eine Synthese für Leute vorgestellt, die *in der Wirtschaft wirkend*, alle Potentiale zur Steigerung der ökologischen Effizienz bis hin zur Nachhaltigkeit entdecken und ausschöpfen wollen. Ansprechen möchten wir auch jene, die *im Bildungswesen* die dafür notwendigen Schlüsselkompetenzen fördern möchten. Mit ihnen möchten wir entdecken, wie über Lernprozesse die Spielräume für umweltverantwortliches Handeln, die bestimmt werden von ökonomischen Sanktionsgrenzen wie auch von Deutungs- und Bewertungsmustern, erweitert werden können. Mit den politischen Organisationen und Behörden möchten wir schliesslich herausfinden, wie *der Staat* vermehrt umweltrelevante Lernprozesse in der Wirtschaft stimulieren könnte. Allerdings fallen die Vorschläge nicht immer konkret genug aus, um sie schon mit sicherem Erfolg umsetzen zu können. Wir meinen jedoch einen Lösungsansatz zu präsentieren, der in enger Zusammenarbeit von Praxis und Wissenschaft realisiert werden kann.

Fünf Beiträge wurden im Rahmen des SPP Umwelt ausgearbeitet. Der eingeladene politikwissenschaftliche Beitrag entstand im Rahmen des Nationalen Forschungsprogrammes „Wirksamkeit staatlicher Massnahmen". Aus den Niederlanden hinzugekommen war Niels Röling mit einem besonders anregenden Beitrag, der in jahrelanger Kommunikations- und Innovationsforschung gereift ist. Die Reihenfolge der Beiträge ist bewusst gewählt. Sie entspricht der Struktur, die Abbildung 1 zum Ausdruck bringt.

Die einzelnen Forschungsbeiträge eröffnen unterschiedliche Zugänge zum Thema und ergänzen sich in den zentralen Aussagen. Diese Zugänge werden schon an dieser Stelle skizziert. Denn die Lektüre der einzelnen Forschungsbeiträge ist fruchtbarer, wenn sie im Wissen um die wichtigen Wechselwirkungen zwischen individuellen und organisationalen Lernprozessen erfolgt. Auch möchten wir hier schon auf das grosse Veränderungspotential von interorganisationalen Lernprozessen in sozialen Netzwerken hinweisen. Es ist genau dieses Potential, das uns fasziniert und uns zu weiterem Forschen und Entwickeln motiviert - auch im Rahmen des SPP Umwelt.

Abbildung 1. Positionierung der Beiträge im Themenfeld

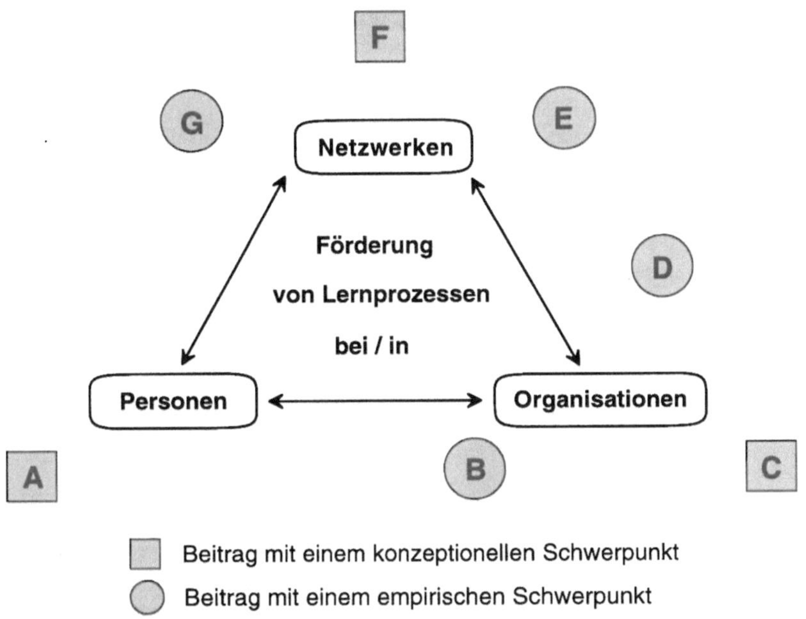

Während Beitrag A primär die Förderung individueller Lernprozesse thematisiert, befassen sich die Beiträge B, C und D hauptsächlich mit dem Lernen von Organisationen. Um Handlungsspielräume erweitern zu können, müssen sich Personen und Organisationen auch in sozialen Netzwerken an gemeinsamen interorganisationalen Lernprozessen beteiligen. Das lassen die Beiträge E, F, G erkennen, wobei auch die übrigen Beiträge darauf hinweisen.

Beitrag A. Lernen in der Umwelt — sozio-ökologische Umweltbildung. Vorgestellt wird ein didaktisches Konzept sozio-ökologischer Umweltbildung, das sowohl theoretisch fundiert als auch mit der Umsetzung in der Schulpraxis konkretisiert wurde. Es werden neue Ziele für die Umweltbildung begründet, die darin bestehen, bei den Lernenden die Bereitschaft und die Fähigkeit zu entwickeln, den gesellschaftlichen Prozess nachhaltiger Entwicklung mitzugestalten und einen umweltschonenden Lebensstil zu finden. Die Autorinnen gehen davon aus, dass sich das umweltrelevante Handeln von Individuen nur ändern kann, wenn sich die Rahmenbedingungen ändern; wenn also die Gesellschaft dem einzelnen Menschen Anreize vermittelt, die nicht erneuerbaren Ressourcen in Verantwortung gegenüber der Mit- und Nachwelt zu nutzen. Dabei berücksichtigen sie, dass in einer demokratischen Gesellschaft solche Bedingungen nur geschaffen werden können, wenn dies dem ernsthaften Willen der Mehrheit entspricht.

Diese anspruchsvollen Bildungsziele können am Ehesten mit offenen Lernprozessen erreicht werden, was besonders höhere Schulen heute kaum ermöglichen können. Für viele Lehrerinnen und Lehrer vielleicht etwas überraschend mag es klingen, wenn sich Umweltbildung zudem an menschlichen Handlungssystemen und nicht an den bisher üblichen Themen wie Wasser, Luft, Boden, an der Vielfalt der Arten und ihrer Lebensräume orientieren soll. Doch um die Verunsicherung in Grenzen zu halten, wurden mit diesem Konzept an mehreren Maturitätsschulen praktische Erfahrungen gesammelt. Ein Leitfaden für die Unterrichtsplanung wie auch ein wichtiges didaktisches Hilfsmittel wurde entwickelt und erprobt. Das bietet gute Voraussetzungen für die breitere Umsetzung. Nachdenklich stimmt hingegen die Beobachtung, dass die an schweizerischen Maturitätsschulen dominierende Lehr-Lernkultur die erforderlichen, offenen Lernprozesse kaum ermöglicht. Das zukunftsweisende Konzept sozio-ökologischer Umweltbildung lässt sich daher wohl nur im Rahmen der allgemeinen Schulentwicklung auf breiter Basis realisieren. Damit werden neben organisationalen Lernprozessen in den einzelnen Schulen auch interorganisationale Lernprozesse im gesamten Bildungssystem notwendig.

Beitrag B. Ansätze zur Förderung organisationaler Lernprozesse im Umweltbereich. Zehn Fallstudien decken auf, wie in Unternehmen aber auch in öffentlichen Institutionen umweltbezogene Lernprozesse ihren Lauf nehmen, wie sie ausgelöst wurden und was sie bewirken können. Wie erwartet konnte festgestellt werden, dass die Personen und Gruppen, welche die organisationalen Lernprozesse intern beeinflussen, dabei sehr verschieden vorgehen und dies mit ebenfalls unterschiedlichem Erfolg. Auf Grundlage dieser Beobachtungen, der einschlägigen Fachliteratur und der eigenen Erfahrung als Unternehmensberater schlagen die Autoren vier Lernschritte vor, die Organisationen zur Nachhaltigkeit führen können. Der vierte Lernschritt allerdings, der im Entwickeln einer Unternehmenskultur besteht, die kreatives, umweltbezogenes Lernen stimuliert, wurde bisher in keiner der untersuchten Unternehmen gemacht. Dadurch konnten auch die Faktoren erkannt werden, die den Übergang von einem Lernschritt zum andern offensichtlich erleichtern. Sichtbar wurden aber auch die Grenzen, an die eine sich verändernde Organisation stossen muss, was nichts anderes bedeutet, dass ab einem gewissen Punkt organisationale Lernprozesse mit entsprechenden Lernprozessen bei Partnern, Kunden und beim Gesetzgeber gekoppelt sind.

Beitrag C. Ökologische Effizienz als Massstab organisationaler Lernprozesse. Mit dem Konzept der „*C*ompany *O*riented *S*ustainabilit*Y*" (COSY) werden die bisher allgemein gehaltenen Nachhaltigkeitspostulate für Unternehmen und Branchen konkretisiert. Das Ausschöpfen von allen ökologischen Optimierungspotentialen auf vier unterschiedlichen Ebenen wird als Lernziel formuliert. Das COSY-Konzept bietet aber auch einen Suchraster an, um die Frage nach dem relevanten Lernsystem beantworten zu können. Dabei wird schnell deutlich, welche Akteure hinzukommen müssen, wenn die Potentiale nicht nur auf der Prozessebene, sondern auch auf der Ebene der Produkte und der Funktionen, welche die Produkte zu erfüllen haben, ausgeschöpft werden sollen. Überzeugend wird aufgezeigt, dass die grossen und bisher in der Praxis kaum genutzten Optimierungspotentiale auf den überbetrieblichen Ebenen liegen, das relevante Lernsystem somit nicht mit der Unternehmung identisch ist. Auf der obersten Ebene muss zudem die in der Wirtschaft bekannte Öko-Effizienzdiskussion um die Bedürfnis-Suffizienzdiskussion ergänzt werden. Besonders mit diesem Beitrag wird deutlich, dass die grossen Optimierungspotentiale nur mit interorganisationalen Lernprozessen in sozialen Netzwerken genutzt werden können. Damit erhalten kooperative Strategien sowie Akteure, die als Auslöser und Gestalter solcher Lernprozesse wirken können, eine bedeutende Rolle für alle weiteren Überlegungen. Spätestens jetzt dürfte das Interesse der Unternehmer und Unternehmensberater geweckt sein, sich gedanklich auf die überbetrieblichen Ebenen zu begeben.

Beitrag D. Bedeutung „Regionaler Akteurnetze" für den ökologischen Strukturwandel. Anhand der Entwicklung des „Kombinierten Verkehrs (KV)" in der Schweiz wird ein Beispiel für die Steigerung der „ökologischen Funktionseffizienz" - dieser Begriff wird im vorangehenden Beitrag eingeführt - präsentiert. Durch die Kombination von Schiene und Strasse kann der Transport von Gütern von A nach B ökologisch und logistisch optimiert werden, wenn es auf einer produkt- und branchenübergreifenden Ebene trotz Konkurrenz zur Kooperation zwischen allen relevanten Akteuren kommt. Denn nur so können die notwendigen Voraussetzungen, wie preisliche Anreize und die notwendige Infrastruktur, geschaffen werden, damit sich diese Umweltinnovation in der Transportbranche durchsetzen kann. Wie ein Blick in die Geschichte des Kombinierten Verkehrs offenbart, wurde die Entwicklungsphase des KV von einem Pionier im Kanton Aargau geprägt. Um ihn herum entwickelte sich ein „innovatives Milieu", das jedoch nur ein Teil des internationalen Netzwerks umfasst, in dem die innovativen Transportunternehmen eingebunden sind. Trotz starker Transportzunahmen ist der KV bis heute ein Nischenprodukt geblieben, weil Schlüsselakteure auf nationaler Ebene sich nicht für die nötigen Rahmenbedingungen einsetzen. Erst diese würden die Verbreitung dieser Umweltinnovation in der Transportbranche ermöglichen. Dem „innovativen Milieu", das im Kanton Aargau mit der Bildung einer Verkehrskonferenz um wichtige gesellschaftliche Akteure verstärkt wurde, kommt daher für die Einleitung dieser Umsetzungsphase eine entscheidende Rolle zu. Aber sie wird bisher nicht wahrgenommen.

Beitrag E. Lernprozesse für eine nachhaltige Landwirtschaft in Kulturlandschaften fördern. Die Umsetzung der neuen agrarpolitischen Strategie im ökologischen Bereich wird nach pädagogischen Kriterien reflektiert. Dank ökonomischen Anreizen und entsprechenden Beratungs- und Weiterbildungsangeboten sollen möglichst viele Landwirte eine umweltverantwortliche Betriebsführung praktizieren können. Darüber herrscht in der Schweiz breiter Konsens. Doch die Schwierigkeiten liegen in der Interpretation und in den Details des Vollzugs. Wie diese Hürden genommen werden können, zeigt das untersuchte Pilotprojekt, das im aargauischen Tafeljura von 1990 - 1995 durchgeführt wurde. Mit dem Verbinden von zwei Politiknetzwerken durch einen interorganisationalen Lernprozess konnte die ökologische Qualität des Politikvollzugs in der Projektregion gegenüber dem allgemeinen Standard erheblich gesteigert werden. Mehr noch: der ökologische Standard ist mit diesem Lernergebnis unter Druck geraten. Die Analyse hat jedoch auch Risiken und Grenzen der eingeschlagenen politischen Strategie erkennen lassen. Die politische Forderung nach einer nachhaltigen Landwirtschaft in den vielfältigen Kulturlandschaften der Schweiz, wird eine noch stärker integrierte Landwirtschafts- und Umweltpolitik erfordern. Wie die Analyse zeigt, werden deshalb neben regulativen und marktwirtschaftlichen Instrumenten vermehrt kommunikationsfördernde Instrumente im Politikvollzug gefragt sein, wie „Plattformen für Verhandlungen über nachhaltige Ressourcennutzung".

Beitrag F. Plattformen für Verhandlungen über nachhaltige Ressoucennutzung. Damit sind Foren für die Kommunikation und Entscheidungsfindung unter Teilhabern von natürlichen Ressourcen gemeint. Teilhaber sind nicht allein die direkten Nutzer, sondern auch jene Personen, Organisationen und öffentlichen Institutionen, die sich durch die Nutzer in ihren Interessen tangiert fühlen. Solche Plattformen können auch als kommunikationsfördernde Instrumente einer integrierten Umwelt- und Wirtschaftspolitik gesehen werden, um eine nachhaltige Ressourcennutzung durch die Teilhaber selbst verwirklichen zu lassen. Der Vorschlag gründet in einer erkenntnistheoretischen Reflexion dominanter Überzeugungen in Wissenschaft und Gesellschaft, die einer nachhaltigen Ressourcennutzung im Wege stehen. Allerdings sind die Empfehlungen erst konzeptioneller Art, weil es erst wenig gesicherte Erfahrungen darüber gibt, wie solche „Plattformen" in der Praxis gebildet und durch die Teilhaber selbst geführt werden können. Angesprochen werden besonders die Politik, die Wissenschaften und die „Facilitatoren" als Personen oder Institutionen, die in der Lage sein könnten, die dafür notwendigen Lernprozesse auszulösen und zu stimulieren.

Beitrag G. Lernfiguren in der schweizerischen Umweltpolitik. Wiederum anhand von Fallstudien werden jene Faktoren ermittelt, die sich im Rahmen des Vollzugs öffentlicher Politiken positiv auf die Qualität der ökologischen Resultate auswirken. Als relativ neuer erklärender Faktor in der Policy-Analyse wird das Lernen in Politiknetzwerken näher untersucht. Der Analyse wurde ein konstruktivistischer Ansatz zugrunde gelegt, was in den Politikwissenschaften relativ neu ist. Dies hat den Vorteil, dass damit Lernprozesse in Politiknetzwerken als erklärende Variable für die Qualität von Politikoutputs überhaupt thematisiert werden können. Dies ist deshalb von Bedeutung, weil das Erklärungspotential dieser (neuen) Variablen in umweltrelevanten Politikbereichen als besonders hoch erkannt worden ist. Daher rückt die Frage ins Zentrum, welche Art von Lernprozessen (Lernfiguren) in Politiknetzwerken die Politikoutputs besonders positiv beeinflussen. Die Beeinflussung der Zusammensetzung der Politiknetzwerke wird dabei als eine zunehmend wichtigere Steuerungsmöglichkeit staatlichen Handelns beurteilt, wofür sich auch in Beitrag E ein schöner Beleg findet. Grosse Bedeutung auch für Policy-Designer erhält die Frage, mit welchen Instrumenten behördliche Akteure bei den gesellschaftlichen Akteuren (Zielgruppen) jene Lernprozesse auslösen oder fördern können, die umweltverantwortliches oder zumindest gesetzeskonformes Handeln zum Ziel haben. Auch hier wird vermutet, dass im Politikvollzug vermehrt „round tables" institutionalisiert werden sollten.

Im Namen der Autorinnen und Autoren wünsche ich Ihnen eine interessante Lektüre. Wir suchen die Diskussion zu den hier geäusserten Anregungen und Fragen und würden uns freuen, wenn Sie sich daran beteiligen möchten. Unsere Anschriften finden Sie im Anhang.

Michel Roux

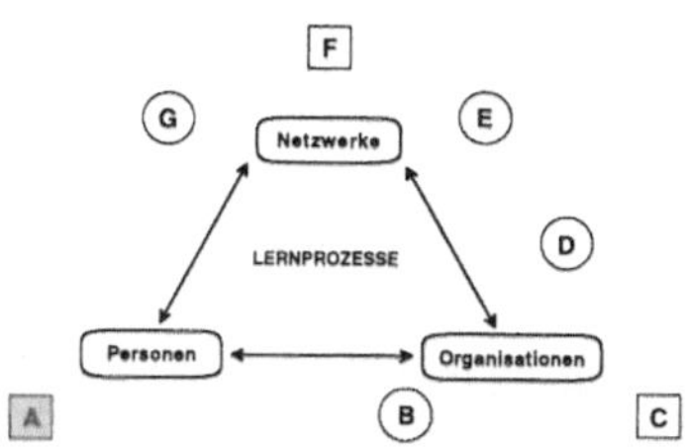

Lernen in der Umwelt: sozio-ökologische Umweltbildung

Regula Kyburz-Graber / Lisa Rigendinger / Gertrude Hirsch / Karin Werner

Warum sozio-ökologische Umweltbildung?

Von der individuellen zur gesellschaftlichen Betrachtung von Umweltproblemen in der Umweltbildung

Zwischen Umweltbewusstsein und ökologischem Handeln besteht eine vielfach festgestellte Diskrepanz.[1] Dies gibt zur Vermutung Anlass, dass für die meisten Menschen in ihrem Alltag nicht die natürliche, sondern die soziale Umwelt im Vordergrund steht. Was wir tun oder lassen ist unter dieser Voraussetzung nicht primär von ökologischen Prinzipien geleitet – selbst wenn wir ökologische Kenntnisse über Umweltbelastungen haben, die aus unserem Handeln entstehen können (Fuhrer, 1995; Hirsch, 1993). Es ist die Situation im privaten, beruflichen und öffentlichen Bereich, die unser Handeln in erster Linie prägt. Die Menschen haben mei-

---

[1] Für eine neuere Darstellung der psychologischen und soziologischen Forschungsresultate siehe z.B. Diekmann (1995), Kuckartz (1995).

stens nicht die Absicht, die Umwelt zu belasten, sondern sie wollen oder müssen zur Arbeit fahren, Güter herstellen oder einkaufen. Sie suchen Erholung, sie wollen Freunde, Freundinnen besuchen und Sport treiben. Die Entscheidung, wie eine Person zum Beispiel einkauft, ist daher in erster Linie von der gesellschaftlichen Umwelt und den Handlungsbedingungen abhängig: Was will ich einkaufen? Wo sind Einkaufsgeschäfte? Wieviel Zeit steht mir zur Verfügung beziehungsweise will ich einsetzen? Wieviel Geld kann oder möchte ich ausgeben?

Direkte Folge des Handelns ist das beabsichtigte soziale[2] Ergebnis, im Falle des Einkaufens beispielsweise eine Mahlzeit, ein Abend mit Gästen, der ergänzte Vorrat und so weiter. Das Handeln hat aber auch Nebenfolgen, sowohl im sozialen als auch im ökologischen Bereich, zum Beispiel die Kosten für das Individuum, die Erhöhung des Umsatzes im Einkaufsgeschäft beziehungsweise die Belastung der Luft mit Abgasen des Verkehrsmittels. Umweltprobleme, wie die Luftverschmutzung, sind nicht-beabsichtigte Nebenfolgen von Handlungen. Das heisst nicht, dass sie nicht wichtig wären. Mit dem Begriff „Nebenfolgen" drücken wir aus, dass sie nicht beabsichtigt sind, sondern als (unangenehme) Nebenerscheinung auftreten. Die Gefährdung der Umwelt erfolgt also meist nicht willentlich, wohl aber in vielen Fällen wissentlich. Wenn dieses Handeln wider besseres Wissen überwunden werden soll, müssen die realen Handlungsbedingungen mitberücksichtigt werden. Dazu gehören nicht nur die individuellen Lebensumstände, sondern auch das gesellschaftliche Umfeld: ökonomische und politische Rahmenbedingungen, gesellschaftliche Normen und ihnen entsprechende Lebensstile. Die Einkaufsgewohnheiten hängen auch mit dem Verhältnis von Arbeit und Freizeit zusammen, mit der Mobilität, den Öffnungszeiten, den Nahrungsmittelangeboten, den gesellschaftlichen Wertvorstellungen über Ernährung, dem Umgang mit Zeit, mit den Preisen, den Produktionsbedingungen, der Raumplanung, der Verkehrsinfrastruktur und so weiter. Deshalb lassen sich zum Beispiel Luftverschmutzungsprobleme nicht einfach mit Appellen an das Individuum oder an das Unternehmen aus dem Weg räumen. Wir gestalten unser Leben entsprechend unseren Möglichkeiten und ein gutes Stück auch nach den Trends des modernen Lebensstils. Es sind die strukturellen Bedingungen des Handelns, die „Spielregeln", wie Gerd-

---

2 Unter „sozial" verstehen wir hier alles, was das Zusammenleben von Menschen in Staat und Gesellschaft betrifft – im Unterschied zu „ökologisch", d.h. Lebensräume und ihre biotischen und abiotischen Faktoren betreffend.

Jan Krol (1993) sie nennt, die sich verändern müssen. Denn die in unserer Gesellschaft verbreiteten Anreize zu umweltschädigendem Verhalten setzen falsche Signale – so sind umweltbelastende Produkte billig statt teuer. Individuen sind daher in Dilemma-Situationen gefangengehalten. Krol argumentiert, das Individuum reagiere auf eine Weise, die seinem eigenen Vorteil diene – und das sei verständlich. Der Aufwand, sich eine Verbesserung der gesellschaftlichen Lebenssituation persönlich etwas kosten zu lassen, lohne sich bei den gegenwärtigen strukturellen Bedingungen nicht – insbesondere, weil diese Verbesserung als Einzelbeitrag kaum wahrnehmbar sei.

Menschliches Handeln nur unter dem Aspekt persönlicher Kosten-Nutzen-Überlegungen zu betrachten und zu erklären, ist unzureichend: Menschen engagieren sich auch in sozialen Gruppen, ohne dass sie eine (materielle) Gegenleistung erwarten (können).[3] Unbestritten ist jedoch, dass sich das Handeln von Individuen nur dann in grösserem Stil verändern kann, wenn sich strukturelle Bedingungen ändern. Allerdings ist ein Problembewusstsein und die Bereitschaft von Menschen, einen ökologischen Lebensstil zu realisieren, Voraussetzung dafür, dass sich in unserer demokratischen Gesellschaft ein Wandel vollzieht.

Umweltbildung als Aufgabe allgemeiner Bildung

Umweltprobleme sind nicht isolierte Probleme, die allein auf bestimmte Ursachen zurückzuführen sind – etwa auf die naturwissenschaftlich-technische Naturnutzung, um den materiellen Wohlstand zu steigern. Umweltprobleme sind verknüpft mit anderen weitgreifenden, fundamentalen Problemen unserer Zeit, wie soziale Isolation, Armut, Gesundheitsrisiken, Arbeitslosigkeit, Orientierungslosigkeit, Überforderung von Experten und Laien durch die Informationsflut. Gehören Umweltprobleme, die gesellschaftliche Probleme sind, überhaupt in die Schule?

Diese Frage muss alle beschäftigen, die sich mit Bildung befassen. Die Diskussion über Bildungsaufgaben wird dann in der Gesellschaft geführt, wenn bislang unbestrittene gesellschaftlich-kulturelle Normen in Zweifel gezogen werden, oder wenn die Vermittlung solcher

---

3 Zur Relativierung des Menschenbildes vom homo oeconomicus vgl. Rigendinger (1996), Biesecker (1994).

Normen nicht mehr von selbst im Alltagsleben geschieht, das heisst in gesellschaftlichen Krisensituationen. Gesellschaftliche Gruppen wie Kirchen, Wirtschaftskreise, Parteien und andere politische Gruppierungen sowie auch der Staat formulieren Bildungsziele. Bildungsziele sind damit Ausdruck von spezifischen gesellschaftlichen Interessen. Darin enthalten sind, wie Klafki festhält, vier Arten von Antworten auf die Krisensituation, die zu der Diskussion über Bildungsaufgaben geführt hat: „Erstens eine Deutung und Bewertung der gegebenen geschichtlichen Situation; zweitens eine Auffassung über die Stellung der Jugend als der nachwachsenden Generation in dieser geschichtlichen Situation; drittens ein gedanklicher Vorgriff auf die weitere Entwicklung des betreffenden wirtschaftlichen, gesellschaftlichen, politischen, kulturellen Systems und eine Leitvorstellung für seine Gestaltung; viertens eine Vorstellung von den Möglichkeiten und Aufgaben der nachwachsenden Generation in der so vorweggenommenen Zukunft (Klafki, 1970, S. 31)." Als bildungsrelevante Schlüsselprobleme unserer Zeit nennt Klafki die Umweltfrage, die Friedensfrage, die gesellschaftlich produzierte Ungleichheit, die Gefahren und Möglichkeiten der neuen Steuerungs-, Informations- und Kommunikationsmedien sowie die Subjektivität des einzelnen in der Spannung zwischen individuellem Glücksanspruch, zwischenmenschlicher Verantwortung und der Anerkennung der jeweils Anderen (Klafki, 1991).

Umweltprobleme sind als Schlüsselprobleme unserer Zeit also auch eine Bildungsaufgabe. Da die Schule als Bildungsinstitution jedoch aus gesellschaftlichen Entscheidungsprozessen ausgegrenzt ist, ist zu fragen, worin die Aufgabe von Umweltbildung in der Schule besteht – oder zunächst allgemein, die Aufgabe der Schule in bezug auf gesellschaftliche Probleme. In dieser Frage stehen sich unter anderem „zwei konträre Auffassungen gegenüber, von denen die eine, der pädagogisch-naiven Position durchaus ähnlich, in der Abkoppelung des Erziehungs- und Bildungssystems von allen anderen Bereichen menschlicher Praxis, die andere, der politisch-pragmatischen Position folgend, in einer linearen Anbindung des Erziehungs- und Bildungssystems an die von den anderen Bereichen der menschlichen Praxis definierten Anforderungen eine Lösung der hier anstehenden Probleme und Fragen erhofft" (Benner, 1987, S. 76).

Die politisch-pragmatische Auffassung, die auch manche Engagierte in der Umweltbildung vertreten, hat in verschiedenen Kreisen zur Erwartung geführt, dass Umweltbildung unsere

Umweltprobleme allein über das Vermitteln von Wissen, Werten und Verhaltensmöglichkeiten im persönlichen Bereich lösen könne. Das ist eine verkürzte Sichtweise der Gründe und Ursachen für Umweltprobleme, ausserdem eine unzureichende Vorstellung über Lösungswege für sie. Elliot hat für diese Auffassung den Ausdruck „Environmentalism" geprägt (Elliot, 1995). Als pädagogisch-naive Auffassung kann die Haltung von Verantwortlichen im Bildungsbereich interpretiert werden, wenn sie zögern, die Integration und Entwicklung von Umweltbildung in der Schule zu fördern.

Die Schule soll der Gesellschaft weder politisch-pragmatisch die Lösung der anstehenden Probleme abnehmen, noch soll sie sich naiv-pädagogisch vor den gesellschaftlichen Aufgaben verschliessen. Sie soll die Probleme thematisieren, die auch aktuelle Lebensprobleme der Kinder und Jugendlichen sind.

Dass die Schule durch die gesellschaftlichen Veränderungen und Probleme grundsätzlich herausgefordert ist, zeigt sich auch darin, dass umfassende Bildungsbegriffe in letzter Zeit wieder neu formuliert worden sind (Ilien, 1994). So schreiben etwa Messner und Rumpf: „Im Bildungskonzept ist ja, auf seinen Kern gebracht, die anspruchsvolle Vorstellung vom Menschen als einem freien, zu vernünftiger Selbstbestimmung fähigen Individuum bewahrt. Diesem ist es aufgegeben, in eine produktive Beziehung zur Welt zu treten, um sich in der Auseinandersetzung mit ihr in seinen Fähigkeiten zu entfalten und auf Welt und Gesellschaft verantwortlich und gestaltend zurückzuwirken." (Messner/Rumpf, 1993, S. 27) In ähnlicher Weise versteht Klaus Waldmann unter Bildung die Selbstbildung als „einer selbständigen und produktiven Auseinandersetzung des Menschen mit sich, mit seiner inneren und seiner äusseren Natur, mit gesellschaftlicher Wirklichkeit und kulturellen Traditionen". Ziel ist so gesehen die „fortschreitende Humanisierung der Lebensverhältnisse" (Waldmann, 1992, S. 95).

Die Menschen gefährden heute ihre Zukunft in einer neuen Dimension, „zu den schon bekannten Formen, der psychologischen und der sozialen Selbstgefährdung, tritt die ökologische neu hinzu" (Höffe, 1993, S. 137). Die Fähigkeit und Bereitschaft zur verantwortungsbewussten Mitgestaltung der Gesellschaft im Hinblick auf die Lösung von Umweltproblemen – für die heute das Leitbild „Nachhaltige Entwicklung" steht – muss deshalb als eine integrale Komponente der allgemeinen Bildungsaufgabe, die neue Generation zur Humanisierung der Lebensverhältnisse zu befähigen, verstanden werden.

Wenn soziale Komplexität und Unsicherheit zunehmen und zugleich die Entscheidungsfähigkeit der sozio-ökonomischen Systeme abnimmt, dann bedeutet das, dass nicht mehr nur die Eliten einer Gesellschaft Fähigkeiten und Verantwortungsbereitschaft zur Mitgestaltung der Gesellschaft und des privaten Lebens entwickeln müssen, sondern die ganze Bevölkerung (Posch, 1993). Die Aufgaben der Schule werden traditionellerweise so verstanden, dass Wissen, Kompetenzen und Werte, die in Lehrplänen und Unterrichtsmitteln vordefiniert und festgehalten sind, an Kinder und Jugendliche vermittelt werden sollen. Gefordert wäre aber nach Posch, und zwar gerade im Zusammenhang mit Umweltfragen, dass Kinder und Jugendliche selbst Erfahrungen machen und emotionale Verpflichtung erleben; dass sie interdisziplinär lernen und forschen; dass sie beim Suchen nach Problemlösungen und beim Erarbeiten von dafür notwendigen Grundlagen ihr Tun systematisch reflektieren und dass sie in Entscheidungsfindungsprozesse eingebunden sind.

Sozio-ökologische Umweltbildung

Jede Bildung ist Bildung der Persönlichkeit, auch Umweltbildung. Sie bezieht sich auf den Menschen als ein moralisches und zur Selbstbestimmung fähiges Subjekt, auf seine kognitiven Fähigkeiten und seine Handlungskompetenzen. Als Umweltbildung muss sie sich spezifisch mit dem Mensch-Natur-Verhältnis befassen, mit den kollektiven und individuellen Bedingungen sowie Zwecken menschlichen Handelns, mit seinen Auswirkungen auf die Natur und den Rückwirkungen auf Menschen und Gesellschaft. Dies erfordert die Auseinandersetzung mit sich selbst, mit der sozialen und mit der natürlichen Umwelt. Um dies zum Ausdruck zu bringen, sprechen wir von *sozio-ökologischer* Umweltbildung.

Zum Ziel sozio-ökologischer Umweltbildung gehört ein adäquates Verständnis der Wirklichkeit, d.h. der Mensch-Natur-Beziehungen. Dieses Verständnis umfasst Wissen und Kenntnisse über die kollektiven und individuellen Bedingungen menschlichen Handelns und seine Zwecke, ausserdem Kenntnisse über die Auswirkungen menschlichen Handelns auf die Natur und die Rückwirkungen auf Menschen und Gesellschaft. Zusätzlich erfordert dieses Verständnis die Auseinandersetzung mit moralischen Problemen der gesellschaftlichen Praxis, d.h. die ethische Reflexion der Interessen und Werte dieser Praxis angesichts ihrer Folgen für Natur und Menschen.

Zum Ziel von Umweltbildung gehört ferner auch die Bereitschaft und Fähigkeit zu verantwortungsbewusster Mitgestaltung der Gesellschaft und der natürlichen Umwelt. Dies kann nur in Verbindung mit dem Tun entwickelt werden: durch Partizipation an gemeinsamen Prozessen, in denen die Beteiligten versuchen, gesellschaftliche Praxis im Erfahrungsraum von Schülerinnen und Schülern unter dem Gesichtspunkt der Nachhaltigkeit zu verbessern. Umweltbildung schliesst also verschiedene Wissensbereiche, Reflexions- und Handlungsebenen ein. Sie betrifft als Bildung zwar das Individuum und kann als Folge einer reflektierten Selbstverantwortlichkeit sehr wohl einen unmittelbaren Effekt auf das Handeln der Person ausüben. Inhalt der Bildung ist jedoch nicht das individuelle Verhalten, sondern die sozio-ökologische Dimension der Umweltproblematik. Das Individuum ist auch mitverantwortlich für die natürliche und gesellschaftliche Umwelt, der es zugehört. Die Bereitschaft und Fähigkeit zur Mitverantwortung zu fördern, bedeutet eine besondere Herausforderung für die Umweltbildung, weil dies den Kontakt mit realen und oft auch konfliktreichen Situationen erfordert. Es ist daher verständlich, wenn Lehrkräfte sich scheuen, sich im Unterricht mit realen Situationen auseinanderzusetzen. Angesichts der gesellschaftlichen Schlüsselprobleme ist die Bereitschaft und Fähigkeit zu Mitverantwortung für die Gestaltung der sozialen und natürlichen Umwelt jedoch eine zentrale Komponente der Persönlichkeitsbildung. Und auch vom Bildungsbegriff her gesehen, ist Persönlichkeitbildung ein Prozess, in dem der Bezug auf das Selbst, auf die natürliche Umwelt und auf die soziale Umwelt konstitutiv integriert sind – anders sind Menschen nicht lebens- und entwicklungsfähig.

Im Brennpunkt der Umweltbildung steht daher die Verknüpfung von individuellen und kollektiven Anteilen menschlicher Aktivitäten und die Auswirkungen dieser Aktivitäten auf die natürliche Umwelt sowie ihre Rückwirkungen im Hinblick auf individuelle und kollektive Verantwortlichkeiten. Lernsituationen für sozio-ökologische Umweltbildung in der Schule sind alltägliche Handlungssituationen. Über diese gilt es Wissen zu erwerben, sie unter moralischen Gesichtspunkten zu reflektieren, sowie auch Handlungsbedarf und Veränderungsmöglichkeiten im direkten Kontakt mit den betroffenen Ausführenden und Entscheidungsträgern (z.B. Arbeitnehmerinnen, Kaderleute in Unternehmen) herauszufinden und darüber zu kommunizieren. Im Rahmen des Handlungsspielraums der Beteiligten können dabei vielleicht ökologisch problematische Aspekte verbessert werden, doch ist das kein politisch-pragmatischer Weg zur nachhaltigen Entwicklung in der Gesellschaft insgesamt. Es ist eine reale Situation, in der erfahren werden kann, was Mitverantwortung beinhaltet. Solche Situationen für sozio-ökologische Umweltbildung nennen wir Handlungssysteme. Sie sind eine Hauptkomponente des didaktischen Konzeptes, das wir weiter unten beschreiben.

Das didaktische Konzept sozio-ökologischer Umweltbildung und seine Komponenten

In bisherigen Arbeiten zur Umweltbildung sind zwei Defizite festzustellen: Erstens fehlt es an systematischen didaktischen Konzeptionen, die sowohl theoretisch fundiert als auch genügend konkret, d.h. von Lehrpersonen im Unterricht umsetzbar sind. Die meisten Arbeiten erfüllen nur eine dieser Anforderungen: sie liefern einen Beitrag zur theoretischen Diskussion ohne Konkretisierung (z.B. de Haan, 1994; Messner/Rumpf, 1993). Oder sie liefern Unterrichtsbeispiele ohne theoretischen Bezugsrahmen, etwa die konkreten Unterrichtsmaterialien, die in den „Berliner Empfehlungen Ökologie und Lernen" (de Haan, 1992) oder in den Materialien zur Umwelterziehung von Umweltorganisationen (z.B. WWF, 1995), empfohlen werden. Eine Arbeit, die sowohl ein didaktisches Konzept der Umwelterziehung als auch ein integriertes Unterrichtsbeispiel enthält (Eulefeld et al., 1981), wurde nicht weiterentwickelt – aus heutiger Sicht trägt sie vor allem der gesellschaftlichen Dimension von Umweltproblemen nicht ausreichend Rechnung. Angesichts der aktuellen Herausforderung, Umweltbildung in die allgemeine Bildung an den Schulen zu integrieren, besteht das Bedürfnis von Lehrkräften weniger in einer Fülle von Materialien; notwendig sind vielmehr Arbeiten zur Frage, was die grundlegenden Prinzipien von Umweltbildung sind und wie sie im Schulalltag umgesetzt werden können.[4] Ausserdem: wenn in den Schulen ein adäquates Verständnis, was Aufgaben und

4 und wie sie sich mit gleichgerichteten Anliegen im Rahmen laufender Reformen verknüpfen lassen, z.B. mit fächerübergreifendem Lehren und Lernen gemäss dem neuen Rahmenlehrplan für Maturitätsschulen (1994).

Ziele von Umweltbildung angeht, Fuss fassen soll, braucht es auch Konzepte, die den Diskurs über die Ziele der Umweltbildung anregen und unterstützen können.

Zweitens fehlt es an Programmen oder Bausteinen zur Qualifizierung von Lehrkräften für die Umweltbildung, d.h. an Beiträgen zur Frage, wie Lehrerinnen und Lehrer lernen können, sozio-ökologische Umweltbildung zu praktizieren und welche Unterstützung, welche Rahmenbedingungen sie dazu brauchen.

Zu beiden Defiziten möchten wir mit dem didaktischen Konzept sozio-ökologischer Umweltbildung einen konstruktiven Beitrag leisten. Das didaktische Konzept besteht aus drei Komponenten: (1) Handlungssysteme als Themen der Umweltbildung, (2) erfahrungsbezogene Problemwahrnehmung und (3) die Lehr/Lernkultur.

An fünf Kernschulen[5] und drei Begleitschulen wurde zusammen mit Lehrkräften verschiedener Fachrichtungen[6] an der Umsetzung des didaktischen Konzepts gearbeitet. Das umfasste folgende Schritte:

- Aufbau der Zusammenarbeit mit interessierten Schulen, Themaformulierung an den beteiligten Schulen, Erhebung von Alltagskonzepten (erfahrungsbezogene Problemwahrnehmung) bei Lehrkräften sowie Schülerinnen und Schülern,
- Qualifizierung der Lehrkräfte für sozio-ökologische Umweltbildung – im Rahmen von schulinternen Weiterbildungsseminaren unter Leitung des Forschungsteams,
- Durchführung von Unterrichtsprojekten durch die Lehrkräfte mit Begleitung durch das Forschungsteam,
- Auswertung der Projekterfahrungen.

Im folgenden beschreiben wir die drei Komponenten des didaktischen Konzepts.

---

5 Bei den Kernschulen wurden die beteiligten Lehrkräfte vom Forschungsteam auf die Unterrichtsprojekte vorbereitet und während deren Durchführung begleitet. Dazu fanden sieben schulinterne Weiterbildungsseminare an den jeweiligen Schulen statt. Die Begleitschulen arbeiteten nach einem Einführungstag unabhängig, bei ihnen wurden auch keine Alltagskonzepte erhoben.

6 Natur-, Sozial- und Geisteswissenschaften sowie musische Fächer

Erste didaktische Komponente: Handlungssysteme als Themen der Umweltbildung

Die erste didaktische Komponente sozio-ökologischer Umweltbildung betrifft den Lerngegenstand – das Unterrichtsthema. Aus der einleitenden Begründung sozio-ökologischer Umweltbildung ergeben sich folgende Anforderungen an ein Unterrichtsthema: Erstens soll im Unterricht dort angesetzt werden, wo Menschen handeln – in sozialen Situationen. Zweitens soll die Formulierung des Themas den realen Handlungsbedingungen Rechnung tragen, insbesondere der Tatsache, dass Menschen mit ihrem Handeln immer in sozialen Systemen eingebunden sind, sei das in der Familie, im Beruf, in der Wohngemeinde, in der Gesellschaft überhaupt. Das individuelle Handeln kann also nicht unabhängig von den sozialen Regelungen, den Institutionen gesehen werden. Institutionen sind kulturell geprägt, sie beeinflussen das Handeln der Menschen, gleichzeitig werden sie von den Menschen beeinflusst und können von ihnen auch verändert werden. Individuelles Handeln muss deshalb von sozialen Systemen her verstanden werden beziehungsweise von *Handlungssystemen*, wie wir sie nennen. Aus diesen Gründen sind Handlungssysteme Themen der Umweltbildung. Das kann ein Betrieb, eine Schule, ein Haushalt, eine Freizeitanlage sein. Im Zentrum des Unterrichts steht damit nicht die Natur beziehungsweise ein ökologisches System, sondern eine menschliche Gemeinschaft – ein Handlungssystem – und ihr Verhältnis zur gesellschaftlichen und natürlichen Umwelt.[7] Weitere Anforderungen an das Unterrichtsthema für die beteiligten Schulen sind:

- Es handelt sich um ein konkretes, räumlich abgrenzbares, gut erreichbares Handlungssystem, zu dem die Schülerinnen und Schüler eine (alltägliche) Beziehung haben. Ausserdem soll das Handlungssystem möglichst die ganze Gesellschaft betreffen – jung und alt, Männer und Frauen, in unterschiedlichen gesellschaftlichen Rollen.
- Lehrende und Lernende formulieren eine gemeinsame, übergreifende Fragestellung: Wie muss und kann sich das konkrete Handlungssystem in Richtung einer nachhaltigen Gesellschaft verändern? Unter dieser Fragestellung lässt sich das Handlungssystem im Sinne ei-

7 Unter „gesellschaftlicher Umwelt" verstehen wir in einem weiten Sinn alle gesellschaftlich bedingten Strukturen, z.B. ökonomische, rechtliche, soziale, politische, kulturelle Bedingungen, ausserdem die Menschen in diesen Strukturen. Mit „natürlicher Umwelt" sind Lebensräume mit ihren biotischen und abiotischen Faktoren gemeint.

nes „issue" untersuchen, das heisst als Problemsituation,[8] die von den Beteiligten oder Betroffenen unterschiedlich wahrgenommen und bewertet wird.[9] Die Abbildung 1 zeigt die Themen und Leitfragen der Kernschulen.

Abbildung 1. Nachhaltige Entwicklung von Handlungssystemen als Themen der Umweltbildung

Schule	Thema und Leitfrage
Kantonsschule Sargans	Einkaufszentrum Pizol-Park: Welchen Konsum darf sich unsere Gesellschaft leisten?
Kantonsschule Trogen	Lebensraum Schule: Was heisst Lernen für eine nachhaltige Gesellschaft?
Gymnasium Bern-Kirchenfeld	Mensa: Wie kann die schuleigene Mensa zu einer umweltverträglichen Ernährung beitragen?
Gymnasium Bern-Neufeld	Freizeitgebiet an der Aare: Wieviel und welche Freizeit ertragen natürliche und gesellschaftliche Umwelt?
Lehrerseminar Rorschach	Freizeitgebiet am See: Wieviel und welche Freizeit ertragen natürliche und gesellschaftliche Umwelt?

8 Zur Erweiterung der Problemorientierung, wie sie in Tiflis 1977 als Postulat der Umweltbildung begründet wurde, vgl. Kyburz-Graber et al. (1996).

9 Wir hatten die übergreifende Fragestellung unter dem Titel „Nachhaltige Entwicklung von Handlungssystemen" in allgemeiner Form formuliert. Allerdings stellte sich im Laufe der Unterrichtsprojekte heraus, dass die explizite Formulierung einer Leitfrage zum Handlungssystem das fächerübergreifende Arbeiten unterstützt hätte. Die Leitfragen in Abbildung 1 sind daher als nachträgliche Explizierung der allgemeinen Leitfrage zu verstehen.

In einem Handlungssystem, zum Beispiel im Einkaufszentrum, können Wechselwirkungen zwischen Individuen, sozialen Gemeinschaften und der gesellschaftlichen und natürlichen Umwelt untersucht werden. Das Handlungssystem bietet dafür einen konkreten Kontext auf einer mittleren Handlungsebene.

Sozio-ökologische Fragestellungen erfordern eine transdisziplinäre Bearbeitung des Themas

Handlungssysteme als Unterrichtsthemen und die Frage, wie sie sich in Richtung Nachhaltigkeit verändern können, stellen ungewohnte Anforderungen an die Unterrichtenden. Mit der Wahl eines Einkaufszentrums als Beispiel eines Unterrichtsthemas wird eine sozio-ökologische Problemsituation ins Zentrum gerückt. Ausgangs- und Bezugspunkt für die Arbeit im Unterricht ist somit nicht das Fach, die Fachstruktur, sondern das Problem bzw. die Probleme und deren sachliche Struktur.

Der Fachlehrer, die Fachlehrerin definiert sich in der Regel über das eigene Fach, und die Unterrichtsinhalte ergeben sich normalerweise allein durch das Fach, d.h. durch die in der betreffenden Universitätsdisziplin begründete Sachstruktur. Diese Struktur wird bei einer problemorientierten, fächerübergreifenden Bearbeitung von Unterrichtsthemen, wie sie mit sozio-ökologischer Umweltbildung verbunden ist, zwangsläufig aufgebrochen. Umweltprobleme bzw. sozio-ökologische Fragestellungen halten sich nicht an Fachgrenzen. Dies zeigt ein Ausschnitt aus den Fragen, die die Lehrkräfte in Sargans aufgrund einer problemorientierten Betrachtungsweise des Einkaufszentrums entwickelt haben:[10] „Was bedeuten Freizeit, Konsumerlebnis im Einkaufszentrum? Wie hängen sie mit dem Verhältnis von Arbeit und Freizeit in unserer Gesellschaft zusammen? Welches Umweltbewusstsein hat die Kundschaft, das Personal? Welche Bedeutung hat die Werbung?"

Die Bearbeitung derartiger Fragen verlangt nach einer transdisziplinären Vorgehensweise, im Gegensatz zur traditionellen, im Unterricht vorherrschenden Fachorientierung. Dies erfordert nicht nur eine gemeinsame Sprache, sondern auch einen Ersatz für beziehungsweise eine

---

[10] Zur Entwicklung fächerübergreifender Leitfragen vgl. Kyburz-Graber et al. (1996).

Ergänzung zu disziplinären Theorien – eine inhaltliche Struktur, um transdisziplinäre Fragen zu bearbeiten.

Lehrkräfte sind sich ausserdem gewohnt, ihren Unterricht im voraus und allein durchzuplanen und in Phasen zu strukturieren. In der Regel steht ihnen dafür lehrbuchmässig aufbereitetes (Fach-) Wissen zur Verfügung. Weil es sich um offene Lernsituationen handelt, verlangt sozio-ökologische Umweltbildung ein grundsätzlich anderes didaktisches Vorgehen. Die Unterrichtssituationen können nicht vorstrukturiert werden, sondern die Strukturierung erfolgt erst im Laufe der gemeinsamen Arbeit von Lehrenden und Lernenden am Unterrichtsthema. Die Lernsituationen, die für sozio-ökologische Umweltbildung gefordert sind, unterscheiden sich also wesentlich von durchstrukturierten Fachlektionen. Wir möchten deshalb am Instrument der „didaktischen Landkarten" zeigen, wie derartige Lernsituationen unterstützt werden können.

Orientierung in fächerübergreifenden Lernsituationen durch „Didaktische Landkarten"

Die „Didaktischen Landkarten" sind eine Planungshilfe: sie sollen Lehrenden und Lernenden den Umgang mit der Komplexität sozio-ökologischer Problemstellungen erleichtern. Sie stellen kein Abbild der Wirklichkeit dar, sondern sie sind ein Hilfsmittel, um Aspekte der Wirklichkeit zu strukturieren. Ausgehend vom Konzept sozio-ökologischer Umweltbildung, gilt es bei sozio-ökologischen Problemstellungen insbesondere zwei Dimensionen zu berücksichtigen: Erstens die Wechselwirkungen zwischen individuellem Handeln und strukturellen Bedingungen – die Dimension der Handlungsebenen; zweitens die Dynamik menschlicher Handlungssysteme – die Dimension der Zeit.

Die „Didaktischen Landkarten" sind ein Hilfsmittel, um eine Fragestellung aus verschiedenen Perspektiven zu beleuchten: einmal aus der Sicht eines Individuums, ein anderes Mal aus der Sicht des Handlungssystems, ein drittes Mal stehen die übergeordneten gesellschaftlichen Systeme im Mittelpunkt. Der Blick in die Vergangenheit bzw. in die Zukunft eröffnet weitere Perspektiven. Dadurch werden verschiedene Aspekte gleichzeitig sichtbar. Dies zwingt dazu, in Wechselwirkungen zu denken und bringt Zielkonflikte ans Licht.

In den Landkarten sind drei Handlungsebenen repräsentiert: das Handlungssystem selbst, die individuelle Handlungsebene und die Handlungsbereiche in der gesellschaftlichen und natürlichen Umwelt.

Abbildung 2. Die Grundstruktur der Landkarten

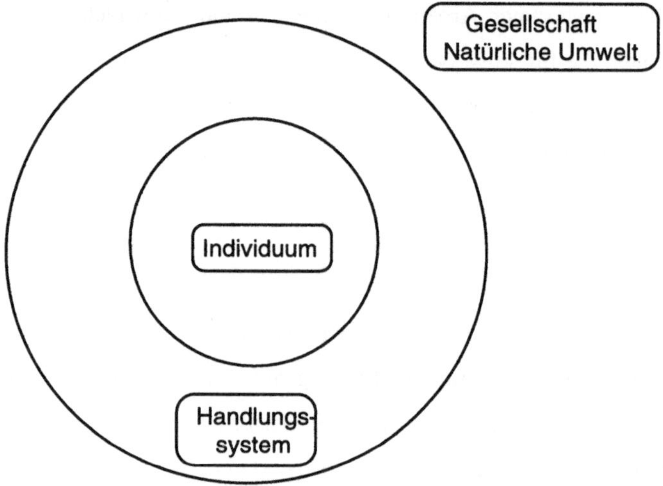

Die zwei Kreise in den Landkarten (Abbildung 2) grenzen die unterschiedlichen Handlungsebenen voneinander ab: die individuelle Ebene in der innersten Kreisfläche, die Ebene des Handlungssystems im mittleren Ring und die gesellschaftliche und natürliche Umwelt im äusseren Bereich. Dieser letzte Bereich schliesst lokale bis globale Dimensionen ein. Die drei Ebenen sind nicht getrennt voneinander zu verstehen, sie greifen ineinander. Die Trennung in drei gesonderte Bereiche soll deutlich machen, dass sowohl einzelne als auch soziale Gemeinschaften nicht nur in einem Lebensraum mit einem institutionellen Rahmen handeln, sondern dass sie durch ihr Handeln beides, Lebensraum und institutionellen Rahmen, auch mit bestimmen. Die Unterscheidung der drei Bereiche trägt insbesondere dazu bei, dass Lösungsmöglichkeiten in der Wechselwirkung der drei Ebenen reflektiert werden.

Abbildung 3. Handlungsebenen am Beispiel Einkaufszentrum

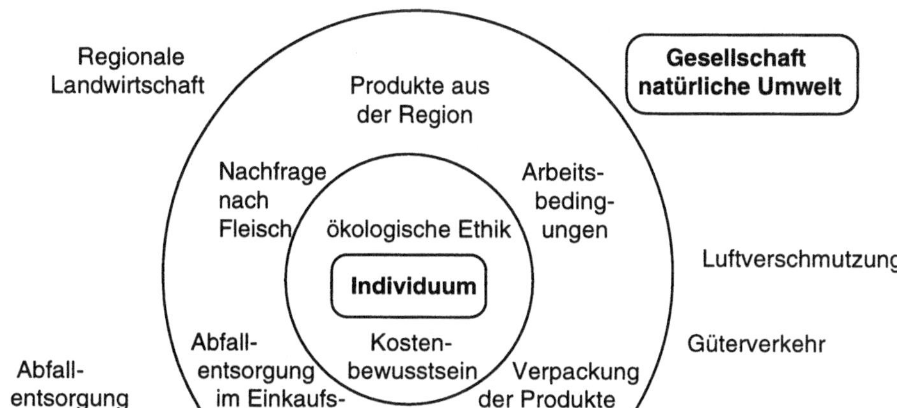

Die Perspektive zu wechseln heisst, sich gedanklich auf verschiedene Handlungsebenen zu begeben und dort unterschiedliche Blickrichtungen zu wählen[11]. Am Beispiel des Einkaufszentrums kann das heissen, vom Einkaufszentrum „nach aussen" zu blicken und sich zum Beispiel zu fragen, wie sich eine Erhöhung des Angebots regionaler Produkte auf den Güterverkehr und damit auf die Luftverschmutzung auswirken würde, oder welchen Einfluss die Reduktion von Verpackungsmaterial auf die Abfallentsorgung hätte. Mit dem Blick von Handlungssystem nach innen lässt sich zum Beispiel die Frage verbinden, wie sich die Arbeitsbedingungen im Einkaufszentrum auf eine Kassierin auswirken, oder umgekehrt, vom innersten Kreis her gesehen, wie sich eine ökologische Ethik oder das Kostenbewusstsein von Konsumentinnen und Konsumenten in der Nachfrage, zum Beispiel nach Fleisch, niederschlägt.

In der Darstellung der Handlungsebenen trennen wir nicht zwischen natürlicher und gesellschaftlicher Umwelt. Damit tragen wir der Doppelstellung von uns Menschen als Teil und

---

[11] Unterschiedliche Blickrichtungen kann auch heissen, unterschiedliche Tätigkeitsbereiche zu analysieren, im Einkaufszentrum z.B. einkaufen/konsumieren, verkaufen/arbeiten, sich erholen.

Gegenüber der Natur, als Betroffene und Gestaltende Rechnung. Es soll deutlich werden, dass Menschen immer in natürliche und soziale Systeme gleichzeitig eingebunden sind, dass wir Natur ohne Gesellschaft und Gesellschaft ohne Natur nicht begreifen können (Beck, 1986; Kattmann, 1988).[12]

Abbildung 4. Zeit am Beispiel Einkaufszentrum

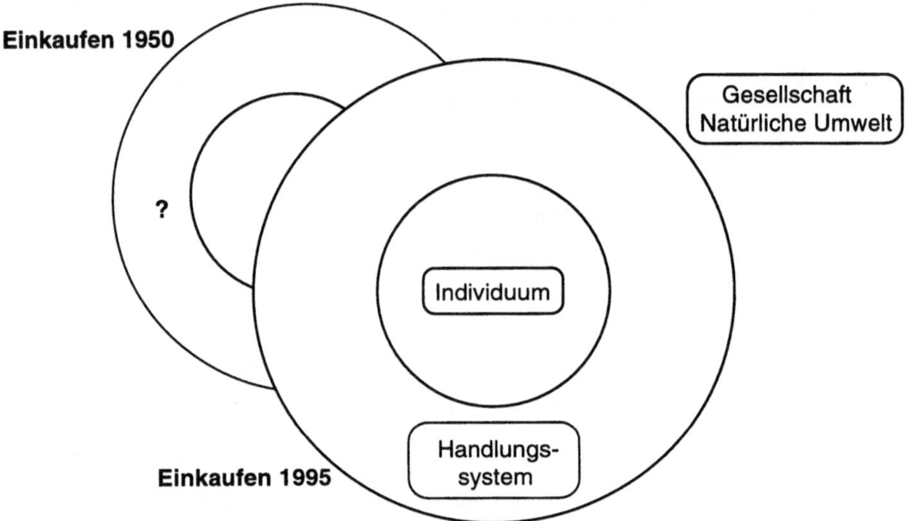

Zum Perspektivenwechsel gehört auch die dynamische Betrachtung: wie sich das Handlungssystem und das gesellschaftliche und natürliche Umfeld im Lauf der Zeit verändert haben und weiter verändern werden. Ein Blick in die Vergangenheit kann wesentlich zum Verständnis der heutigen Situation beitragen. Die 50er und 60er Jahre scheinen zum Beispiel in der Schweiz für den Übergang zur Konsumgesellschaft entscheidend gewesen zu sein. So schreibt Christian Pfister die Veränderung der Einkaufsgewohnheiten unter anderem der Tatsache zu,

---

12 Aus didaktischen Überlegungen wäre evtl. auch eine explizite Trennung gesellschaftlicher und natürlicher Systeme geeignet, um Zielkonflikte hervorzuheben.

dass sich das Automobil in den 60er-Jahren als Massenkonsumgut durchsetzte: „Die Verdrängung der kleinen dezentralen Lebensmittelgeschäfte durch Selbstbedienungsläden, später durch regionale Supermärkte auf der grünen Wiese ist in Wechselwirkung mit der Massenmotorisierung, der Verbreitung von Kühlgeräten und der Verpackungswelle zu sehen." (Pfister, 1994, S. 80).

In der Grundstruktur mit den Kreisen findet sich die theoretische Konzeption wieder, nämlich dass die Diskrepanz zwischen Wissen und Handeln nur verkleinert werden kann, wenn das soziale Umfeld, die strukturellen Bedingungen des Handelns und damit auch Lösungsansätze auf den Ebenen des Handlungssystems und der Gesellschaft bzw. der Umwelt zu Hauptthemen der Umweltbildung werden. Das individuelle Handeln wird im Zusammenhang mit den gesellschaftlichen Institutionen bzw. Regelungen und den Räumen betrachtet, in denen Menschen leben. Das heisst zum Beispiel, dass Schülerinnen und Schüler untersuchen, welchen Einfluss die Energiepreise auf das Einkaufsverhalten und das Produkteangebot haben, oder dass sie nachforschen, wie das Einkaufszentrum entstanden ist. Die Betrachtung der verschiedenen Handlungsebenen und ihrer Beziehungen untereinander – auch in ihrer zeitlichen Dimension – ist Voraussetzung für die zentrale Frage, wie Institutionen und Regelungen im Hinblick auf eine nachhaltige Gesellschaft verändert werden müssen bzw. können.

Die eigentliche Bedeutung der Landkarten liegt darin, dass sie von Lehrenden und Lernenden im Laufe des Unterrichtsprozesses selbst entwickelt werden. Die Grundstruktur der Landkarten soll dazu dienen, Fragestellungen, Inhalte und Ergebnisse zu strukturieren (vgl. dazu auch den noch folgenden „Leitfaden für die Planung sozio-ökologischer Umweltbildung"). Didaktische Landkarten sind also ein Arbeitsinstrument, eine Orientierungs- und Strukturierungshilfe und kein fertiges Produkt mit Vollständigkeitsanspruch.

Zweite didaktische Komponente: Erfahrungsbezogene Problemwahrnehmung

Ein Ziel sozio-ökologischer Umweltbildung ist ein differenziertes Verständnis der Strukturen und Prozesse, die für die Entstehung und Lösung von Umweltproblemen relevant sind. Im didaktischen Konzept bedeutet das: es ist ein differenziertes Verständnis des konkreten Handlungssystems zu entwickeln. Das setzt voraus, dass die Problemwahrnehmung der Beteiligten thematisiert und analysiert wird. Und diese Problemwahrnehmung ist geprägt von den eigenen Erfahrungen, der eigenen Wahrnehmung, den alltäglichen Deutungsmustern.

Jeder Mensch hat bestimmte Vorstellungen über sein alltägliches Umfeld: was dazu gehört, wie es funktioniert, womit es zusammenhängt, wie es strukturiert ist und vieles andere mehr. Diese Vorstellungen benötigen wir, wenn wir uns in unserem Alltag zurechtfinden wollen, sie werden Alltagskonzepte genannt (z.B. Dann et al., 1982). Dank ihnen ist es uns möglich, alltägliche Abläufe zu verstehen, zu interpretieren, mögliche Folgen abzuschätzen und unser Handeln zu planen. Derartige Vorstellungen können als Regeln im Sinne von Deutungsmustern verstanden werden – deshalb das Wort „Konzepte". Alltagskonzepte entstehen im alltäglichen Umgang mit Aufgaben und Menschen und schliessen von daher die ganze Alltagspraxis einer Person mit ein. Für die einzelnen sind Alltagskonzepte eine Art Orientierungshilfe – für die unzähligen Entscheidungen, die bereits mit einer einfachen Handlung verbunden sind.

Um das jeweilige Unterrichtsthema erfahrungsbezogen zu erschliessen, haben wir zwei Methoden gewählt: zum einen die Erhebung der Alltagskonzepte von Lehrenden und Lernenden sowie deren Thematisierung in den Weiterbildungsseminaren und im Unterricht; zum anderen die Problemanalyse nach Ramsey et al. (1989).[13] Zu Beginn des Umweltbildungsprojekts befragten wir an den beteiligten Schulen je vier Lehrkräfte und 14 Schülerinnen und Schüler zu ihren Alltagskonzepten, jeweils bezogen auf das Handlungssystem, das an der Schule gewählt wurde: etwa was ihnen zum Einkaufszentrum in den Sinn kommt, welche Beziehung sie dazu haben. Den Interview-Leitfaden, den wir als Instrument für die Erhebung der Alltagskonzepte entwickelt hatten, verwendeten wir in Auszügen im ersten Weiterbildungsseminar. Er bildete ein didaktisches Hilfsmittel, um das Problemfeld des Handlungssystems in einem ersten, fächerunabhängigen Zugang gemeinsam mit den Lehrkräften zu erschliessen. Die verwendeten Fragen aus dem Leitfaden wurden ergänzt mit Informationen über Elemente, Tätigkeiten und Zusammenhänge im Handlungssystem, so wie sie aus den Interviews mit den Lehrkräften hervorgegangen waren.

---

[13] Diese Methode ist in Kyburz-Graber et al. (1996) beschrieben.

Ausgewählte Aspekte aus den Interviews mit den Schülerinnen und Schülern wurden ausserdem in einer ersten Auswertung zusammengefasst. Diese Vorergebnisse wurden den Lehrkräften zur Verfügung gestellt. Das Ziel war, mit den Interviews, aber auch mit der Verwendung der Vorergebnisse im Unterricht den persönlichen Bezug zum Handlungssystem herzustellen. Das Thema wird so für Lehrende und Lernende persönlich relevant. Daneben werden auch die handlungsleitenden Deutungsmuster des Alltagsausschnittes, des konkreten Handlungssystems, bewusst. Das ist die Voraussetzung, um neues Wissen und Einsichten in die bestehenden Alltagskonzepte zu integrieren bzw. das vorhandene Verständnis des Handlungssystems zu entwickeln. Neben diesen individuellen Aspekten wird durch die Auseinandersetzung mit Alltagskonzepten auch ein eher gesellschaftlicher Aspekt berührt: Lehrende und Lernende machen schnell einmal die Erfahrung, wie verschieden Alltagskonzepte sind und wie komplex ein Handlungssystem schon in Alltagskonzepten aufgebaut ist.

Dritte didaktische Komponente: Die Lehr-Lernkultur

Die dritte Komponente, welche sozio-ökologische Umweltbildung charakterisiert, ist die Lehr-Lernkultur. Durch sie werden die Bedingungen gestaltet, unter denen die sozio-ökologischen Umweltbildungsziele umgesetzt werden. Die Lehr-Lernkultur hat einen entscheidenden Einfluss darauf, wie das Lernen über sich, über andere, über Natur sowie über soziale und ökologische Wechselwirkungen stattfindet und wie das Mitwirken an Entwicklungsprozessen geschieht. Aus dem Anspruch, sozio-ökologische Umweltbildung in allgemeinbildende Ziele zu integrieren, lassen sich grundlegende Lern- und Arbeitsprozesse ableiten:

- Lernende machen eigene Erfahrungen und erarbeiten Wissen durch selbständiges Nachforschen in Handlungssystemen.
- Sie verknüpfen selbst erworbenes Wissen mit bestehenden Wissenssystemen.
- Sie erarbeiten sich dabei selbst Denk- und Arbeitsstrategien.
- Ausgehend von der erfahrungsbezogenen Problemwahrnehmung entwickeln sie eine angemessene Sicht von Umweltproblemen.
- Sie reflektieren systematisch das eigene Denken und Tun.
- Sie sind in der Schule in Entscheidungsprozesse eingebunden.

Diese Prozesse tragen zum Erwerb von Schlüsselqualifikationen (Arnold, 1988; Reetz/Reitmann, 1990) bei.[14] Unter Schlüsselqualifikationen können die Fähigkeiten verstanden werden, die notwendig sind, um in neuen Situationen situationsgerecht denken und handeln zu können (Goetze, 1992, S. 10).

Welche Lehr-Lernkultur entspricht solchem Lernen? Wie müssen Lernsituationen strukturiert sein, damit sie Lernprozesse wie die beschriebenen in Gang setzen und erhalten? Welche Art der Interaktion zwischen Lehrenden und Lernenden ist für solche Lernprozesses förderlich, notwendig, unterstützend? Wir greifen hier einen Aspekt heraus, der bei der Vorbereitung, Durchführung und Reflexion sozio-ökologischer Umweltbildung konstitutiv ist: die offenen Lernsituationen. Darunter verstehen wir Unterrichtssituationen, die durch einen groben didaktischen Rahmen (z.B. ein Thema, eine Fragestellung, eine Zielsetzung, ein Problem) umschrieben, jedoch nicht im Detail vorstrukturiert sind. Die Strukturierung wird im Laufe des Prozesses unter Mitwirkung aller Beteiligten ausgehandelt und vollzogen. Das Forschungsinteresse, das sich mit offenen Lernsituationen in der sozio-ökologischen Umweltbildung verknüpft, ist die Frage, wie Lehrerinnen und Lehrer mit solchen Lernsituationen umgehen: welche Rolle den Beteiligten – Lehrenden und Lernenden – bei der Planung und Gestaltung des Unterrichtsprozesses zukommt; wie Erfahrungen, Probleme, Konflikte, Denk- und Arbeitsweisen thematisiert und reflektiert werden; welche Lernprozesse in solchen Situationen möglich sind und wie sie von den Beteiligten identifiziert werden.

„Offene Lernsituationen" gehören seit den 70er Jahren zum bildungstheoretischen Diskurs. Der sozio-ökologischen Umweltbildung nahestehend sind erziehungswissenschaftliche Konzepte zu handlungsorientiertem Unterricht. Zu ihnen zählen z.B. schülerorientierter Unterricht (Einsiedler/Härle, 1976; Wagner et al., 1976), kommunikativer Unterricht (Schäfer/Schaller, 1976), offener Unterricht (Ramseger, 1977; Garlichs et al., 1974), die Projektmethode (Frey,

---

14 Schlüsselqualifikationen sind vor allem in der beruflichen Aus- und Weiterbildung ein Thema, da von Berufsleuten eine grosse Flexibilität in der Anpassung an rasch wechselnde Herausforderungen verlangt wird. Auch in der allgemeinen Bildung haben sich Schlüsselqualifikationen in neuen Lehrplänen etabliert, jedoch vor allem unter den Begriffen wie Fach-, Sozial-, Methodenkompetenz (vgl. z.B. den Rahmenlehrplan für die Maturitätsschulen, 1994). In der Umweltbildung ist das Konzept der Schlüsselqualifikationen durch das OECD-Projekt „Umwelt und Schulinitiativen" verbreitet worden, dort wurde der Begriff der „dynamic qualities" verwendet (OECD-CERI 1991, 1995).

1995; Dewey, 1916, 1993) und der handlungsorientierte Unterricht im engeren Sinne (Tulodziecki, 1994; Gudjons, 1992; Meyer, 1987).

Alle diese Konzepte lassen sich in ihrem Kern auf Ziele zurückführen, die Klafki in seiner kategorialen Bildungstheorie formuliert und später in der kritisch-konstruktiven Didaktik weiterentwickelt hat (Klafki, 1991): Heranwachsende sollen im Bildungsprozess Selbstbestimmungs-, Mitbestimmungs- und Solidaritätsfähigkeit entwickeln können. Der Bildungswert eines Inhalts ist nicht an sich gegeben, sondern muss immer mit Bezug auf die historische Situation und die gegenwärtige und zukünftige Bedeutung für die Heranwachsenden bestimmt werden. Dieser Bestimmungsprozess kann nicht durch den Lehrer, die Lehrerin allein geschehen, sondern muss sich auch im entdeckenden und sinnhaft-verstehenden Lernen anhand exemplarischer Themen vollziehen. Ziel ist die Ausbildung von Wahrnehmungs-, Handlungs- und Deutungsmustern, die für eine angemessene Auseinandersetzung mit der Wirklichkeit notwendig sind. Lehren und Lernen ist deshalb als Interaktionsprozess zu verstehen und zu gestalten. Unterrichtsvorbereitung muss als offener Entwurf verstanden werden, denn sie kann die bildende Begegnung der Lernenden mit wichtigen Inhalten nicht vorwegnehmen.

Eine wesentliche Aufgabe des Lehr-Lernprozesses besteht nun darin, bei aller Vielfalt von Erfahrungen, Eindrücken, Wissenselementen und Handlungen in offenen Lernsituationen jene Denk- und Handlungsstrategien in Form von Schlüsselqualifikationen zu entwickeln, die sich auf andere Handlungssysteme anwenden lassen. Umweltbildung hat sich bisher mit solchen didaktischen Überlegungen wenig befasst. Sie orientierte sich immer ausgeprägt an Zielen und an Postulaten. Weniger kümmerte sie sich dagegen um die Frage, wie didaktische Bedingungen zu gestalten sind, damit Prinzipien wie Selbstbestimmung, Partizipation, Kommunikation, Verantwortung usw. über unverbindliche Zielformulierungen hinaus auch im umweltbezogenen Lernprozess selbst ihre Entsprechung finden und zum Erwerb von grundlegenden Fähigkeiten führen. Eine solche Perspektive vermochte das OECD-Projekt „Umwelt und Schulinitiativen" als Neuorientierung in die Umweltbildung einzubringen: Ein Ziel war es, Lehrerinnen und Lehrer zu befähigen, das Lernen und Handeln ihrer Schülerinnen und Schüler in der realen Umwelt zu analysieren. So lernten sie, besser mit unstrukturierten Lernsituationen umzugehen (OECD-CERI, 1995). Ein wesentliches Prinzip war dabei die Reflexion mit dem Instrument der Aktionsforschung.[15] Reflexion verwendeten wir im vorliegenden Projekt ebenfalls als Element in der Umsetzung von sozio-ökologischer Umweltbildung.

Doch dieses Element allein genügt nicht, um offene Lernsituationen so zu strukturieren, dass Lehrkräfte konstruktiv mit ihnen umgehen können. Es ist zu berücksichtigen, dass offene Lernsituationen in verschiedenen Phasen sozio-ökologischer Umweltbildung, in unterschiedlichen Kontexten und entsprechend mit unterschiedlichen Anforderungen an die Beteiligten vorkommen. Die Prozessevaluation während der Weiterbildungsseminare[16] mit den Lehrerinnen und Lehrern hat ergeben, dass es hilfreich ist, fünf Elemente zu berücksichtigen, und zwar in allen Unterrichtsphasen, ob es sich um Einzelstunden oder um mehrere Stunden dauernde Sequenzen handelt:

- Vereinbarung über den zeitlichen und organisatorischen Rahmen,
- Klärung der Rollen (Aushandlungsprozesse),
- gemeinsame, rollende Planung (auch kleinster Sequenzen),
- inhaltliche Strukturierung (z.B. mit didaktischen Landkarten),
- Reflexion der Denk- und Arbeitsprozesse sowie der Interaktion (Feedback).

Mit Hilfe dieser fünf Elemente entwickelten wir einen Leitfaden für die Planung sozio-ökologischer Umweltbildung. Dabei stützten wir uns auf Ergebnisse aus der Prozessevaluation der Weiterbildungsseminare. Vorauszuschicken ist, dass sozio-ökologische Umweltbildung nicht nur als langer, aufwendiger Prozess zu realisieren ist. Es lassen sich auch kleinere Unterrichtssequenzen durchführen, die nicht projektorientiert, d.h. zum Beispiel mit einem konkreten Produkt verknüpft sind.[17] Auch bei kleinen Unterrichtssequenzen, die nicht mit dem

---

15 Aktionsforschung (action research) ist vor allem in England und Australien entwickelt worden. „Action research is a form of self-reflective inquiry undertaken by participants in social (including educational) situations in order to improve the rationality and justice of (1) their own social and educational practices, (2) their understanding of these practices, and (3) the situations in which the practices are carried out" (Kemmis, 1982, zitiert in Robottom(1987, S. 108). Später hat diese Form von Aktionsforschung auch in Österreich Fuss gefasst (vgl. Altrichter/Posch, 1990). Moser (1995) hat die „alte" Aktionsforschung (aus den 70er Jahren) und die „neue" Aktionsforschung kritisch miteinander verglichen und plädiert dafür, die neue Aktionsforschung als „Lehrerforschung" im Sinne von Lehrerqualifizierung von einer „Praxisforschung" mit wissenschaftlichem Anspruch abzugrenzen. Zur Diskussion der Rolle, welche die neue Aktionsforschung in der Lehrerbildung innerhalb der Forschung an pädagogischen Hochschulen spielen soll, vgl. Gautschi & Mantovani-Vögeli (1995).

16 Mit allen fünf Kernschulen führten wir je sieben schulinterne Weiterbildungsseminare durch. Sie sind beschrieben in Kyburz-Graber et al. (1996).

17 Zur Projektmethode und den zahlreichen zeitlichen und organisatorischen Variationen vgl. Frey (1995).

Anspruch einer Gesamtsicht eines Handlungssystems durchgeführt werden, braucht es Vereinbarungen, Rollenklärungen, gemeinsame Planungsphasen, inhaltliche Strukturierung und Reflexion.

Leitfaden für die Planung sozio-ökologischer Umweltbildung

1. Lehrerinnen und Lehrer verschiedener Fächer bilden eine Gruppe, mit dem Ziel, das Konzept sozio-ökologischer Umweltbildung in einer oder mehreren Klassen gemeinsam umzusetzen. Die Lehrkräfte sind bereit, an der eigenen professionellen Entwicklung zu arbeiten.

2. Die Schulleitung betrachtet sozio-ökologische Umweltbildung als integralen Bestandteil der Schule und unterstützt die Teamarbeit offiziell und organisatorisch.

3. Die Lehrkräfte bestimmen gemeinsam mit den Schülerinnen und Schülern ein Handlungssystem gemäss dem sozio-ökologischen Umweltbildungskonzept und formulieren eine übergreifende Fragestellung als Thema.

4. Die Lehrkräfte vereinbaren unter sich, mit den Schülerinnen und Schülern und mit der Schulleitung einen organisatorischen und zeitlichen Rahmen für das Projekt.

5. Die Lehrkräfte identifizieren Arbeitsbereiche im Projekt und vereinbaren ihre Rollen. Sie überprüfen von Zeit zu Zeit, ob diese Rollen noch zutreffen oder ob sie neu definiert werden müssen.

6. Die Lehrkräfte, Schülerinnen und Schüler machen sich in der Einstiegsphase ihre Alltagskonzepte zum gewählten Thema bewusst und beziehen diese in die Themenbearbeitung ein.

7. Mit einer Problemanalyse eröffnen sie ein breites Spektrum von Meinungen und Werten, welche die am Handlungssystem beteiligten Personen vertreten.

8. Das Bewusstmachen der Alltagskonzepte und die Problemanalyse führen zur Formulierung von Leitfragen. Sie bilden für die weitere Planung die Basis für die interdisziplinäre Sachstruktur.

9. Die interdisziplinäre Sachstruktur wird in didaktischen Landkarten festgehalten. Diese dienen als Orientierungs- und Planungshilfen für den weiteren Unterrichtsverlauf.

10. Lehrkräfte, Schülerinnen und Schüler wählen mit Hilfe der didaktischen Landkarten bestimmte Aspekte zur Bearbeitung aus.

11. Sie entscheiden gemeinsam über die Art der Bearbeitung (Ziele, Inhalte, Methoden; Einzel-, Partner-, Gruppen- und Plenumsarbeitsphasen, Frontalunterrichtsphasen). In späteren Phasen überprüfen sie die ursprünglichen Entscheide und weiten allenfalls die Bearbeitungsaspekte aus.

12. Lehrkräfte, Schülerinnen und Schüler integrieren die Kommunikation mit direkt Betroffenen und mit relevanten Personen im weiteren Projektumfeld in die Anfangs-, Bearbeitungs- und Abschlussphase.

13. Sie überlegen sich, ob und in welchen Phasen sie Fachleute für inhaltliche, methodische oder gruppendynamische Aspekte beiziehen möchten.

14. Lehrkräfte, Schülerinnen und Schüler vereinbaren Zwischenhalte, Feedback- und Evaluationsphasen im Unterrichtsprozess und setzen dafür geeignete Methoden ein.

15. Sie vereinbaren ein Vorgehen für die Konfliktbewältigung.

16. Sie integrieren mit verschiedenen Methoden und in mehreren Schritten die erarbeiteten Aspekte zu einer Gesamtsicht des Handlungssystems und seines Umfeldes.

17. Sie entwickeln aus der Reflexion des Unterrichtsprojekts ein Handlungsverständnis, das auf eine nachhaltige Gesellschaft ausgerichtet ist.

Für die Realisierung ist es wichtig, dass alle Phasen als offene Lernsituationen für die Beteiligten[18] aufgefasst und mit Hilfe der fünf Elemente organisatorisch und inhaltlich strukturiert werden. Das Element der *Rahmenvereinbarung* zum Beispiel spielt am Anfang der Planung eine grosse Rolle (siehe Punkt 4); jedoch auch später, wenn es um Detailplanungen und Entscheidungen über den weiteren Verlauf des Unterrichts geht, braucht es gemeinsame Vereinbarungen (Punkt 11). Oft wird es auch vorkommen, dass ein einmal festgelegter Rahmen im Laufe des Prozesses revidiert werden muss. Das Element der *Rollenklärung* ist in die Einstiegsphase einzubauen (Punkt 5). Rollen können sich verändern, Bedürfnisse sich verschieben, Kompetenzen sich erweitern (z.B. bei den Lernenden): Rollenklärungen braucht es im Laufe des Prozesses immer wieder (zum Beispiel bei den Punkten 14, 15 und 17). Das Element der *inhaltlichen Strukturierung* und die Verwendung der didaktischen Landkarten als methodische Instrumente wurde schon erläutert. Das Element der *gemeinsamen, rollenden Planung* kann umso mehr zum Zug kommen, je weniger die Lehrkräfte mit der Vorstrukturierung einzelner Unterrichtsabschnitte verplanen. Die Prozessevaluation zeigt, dass die Lehrkräfte mit wachsender Sicherheit im Umgang mit ihrer Rolle als Lernbegleitende der gemeinsamen Planung mehr Raum geben.[19] *Reflexion* ist ein Element, das Lernende benötigen, um das Wesentliche im Lerngeschehen (im Sinne kategorialer Bildung nach Klafki) erkennen und ihre Lernfortschritte benennen zu können (Punkt 14). Reflexion hilft aber auch, im offenen Unterrichtsprozess die eingeschlagene Richtung zu bewahren oder nach Bedarf Kursänderungen vorzunehmen. So können zum Beispiel durch systematische Reflexion Konflikte aufgedeckt und bearbeitet werden (Punkt 15).

---

[18] Dies trifft auch auf die Zusammenarbeit der Lehrkräfte, zum Beispiel in der Phase der Team-Bildung, zu.

[19] Zu einem ähnlichen Ergebnis kommen Beck et al. (1995) bei ihrer Untersuchung über eigenständiges Lernen: Dialogische Lehr-Lernprozesse in Lernpartnerschaften und Klassenkonferenzen bewirken, dass sich das Lehr-Lern-Verhältnis verändert und dass offener Unterricht verstärkt wird (Beck et al., 1994, S. 52).

Die Bedeutung sozio-ökologischer Umweltbildung für den Prozess nachhaltiger Entwicklung

Zum Ziel sozio-ökologischer Umweltbildung gehört, dass die am Bildungsprozess Beteiligten die Bereitschaft und die Fähigkeit entwickeln, den gesellschaftlichen Prozess nachhaltiger Entwicklung mitzugestalten. Dies beinhaltet, (1) ein Verständnis für die Zusammenhänge zwischen gesellschaftlichen Strukturen, individuellem Handeln und Umweltbelastungen zu entwickeln, (2) Handlungsspielräume auf kollektiver und individueller Ebene zu erkennen und diese (3) mit Entscheidungsträgern, Entscheidungsträgerinnen und Betroffenen zu nutzen. Die Wirksamkeit sozio-ökologischer Umweltbildung in der Schule bemisst sich nicht an kurzfristig eintretenden Veränderungen des persönlichen Konsumverhaltens bei Schülerinnen und Schülern. Sozio-ökologische Umweltbildung lässt Jugendliche in realen Situationen erfahren, wie Aufgaben in Gesellschaft, Beruf und Privatleben verantwortungsbewusst – im Sinne nachhaltiger Entwicklung – wahrgenommen werden können.

Literatur

Altrichter, H. , Posch, P. (1990) Lehrer erforschen ihren Unterricht. Eine Einführung in die Methoden der Aktionsforschung. Julius Klinkhardt, Bad Heilbrunn

Arnold, R. (1988) Erwachsenenbildung. Burgbücherei, Baltmannsweiler

Beck, E., Guldimann, T., Zutavern, M. (1995) Eigenständig lernende Schülerinnen und Schüler. *In:* Eigenständig lernen, herausgegeben von Beck, E., Guldimann, T., Zutavern, M. in der Reihe Kollegium. UVK-Fachverlag, St. Gallen

Beck, U. (1986) Risikogesellschaft. Auf dem Weg in eine andere Moderne. Suhrkamp, Frankfurt a. M.

Benner, D. (1987) Allgemeine Pädagogik. Eine systematisch-problemgeschichtliche Einführung in die Grundstruktur pädagogischen Denkens und Handelns. Juventa, Weinheim

Biesecker, A. (1994) Familienökonomie als Interferenz – Eine sozial-ökonomische Theorie des Haushalts. *In:* Ökonomie als Raum sozialen Handelns, herausgegeben von Biesecker, A. und Grenzdörffer, K., Soznat, Bremen

Dann, H.-D., Humpert, W., Krause, F., Obrich, Ch., Tennstädt, K. (1982) Alltagstheorien und Alltagshandeln. Ein neuer Forschungsansatz zur Aggressionsproblematik in der Schule. *In:* Aggression. Natur- und kulturwissenschaftliche Perspektiven der Aggressionsforschung, herausgegeben von Hilke, R. und Kempf, W., Huber, Bern

de Haan, G. (1994) Bemerkungen zur Situation der Umweltbildung. *In:* Praxis der Umweltbildung. Neue Ansätze für die Sekundarstufe II., herausgegeben von Friedrich, G., Isensee, W. und Strobl, G., Ambos–Sonderband, Bielefeld

de Haan, G. (Hrsg., 1992) Berliner Empfehlungen Ökologie und Lernen. Verlag an der Ruhr, Mühlheim

Dewey, J. (1916) Democracy and Education. An Introduction to the Philosophy of Education. *In:* The Middle Works.9., herausgegeben von Dewey, J.(1980), Southern Illinois University Press, Carbonale

Dewey, J. (1993). Demokratie und Erziehung. 4. Aufl. Beltz, Weinheim

Diekmann, A. (1995) Umweltbewusstsein oder Anreizstrukturen? Empirische Befunde zum Energiesparen, der Verkehrsmittelwahl und zum Konsumverhalten. *In:* Kooperatives Umwelthandeln, herausgegeben von Diekmann, A., Franzen, A., Rüegger, Chur, Zürich

Einsiedler, W., Härle, H. (Hrsg., 1976) Schülerorientierter Unterricht. Ludwig Auer, Donauwörth

Elliot, J. (1995). The Dynamic Curriculum: An Outcome of ENSI. *In:* Environmental Learning for the 21st Century, herausgegeben von OECD-CERI, Paris

Eulefeld, G. et al. (1981) Ökologie und Umwelterziehung. Ein didaktisches Konzept. Kohlhammer, Stuttgart

Frey, K. (1995) Die Projektmethode. 6. Aufl., Beltz, Weinheim

Fuhrer, U. (1995) Environmental Problems as a Challenge for the Social Sciences: Issues, Approaches, Studies. *In:* Ökologisches Handeln als sozialer Prozess, herausgegeben von Fuhrer, U. (Themenhefte SPP Umwelt). Birkhäuser, Basel

Garlichs, A., Heipcke, K., Messner, R., Rumpf, H. (1974) Didaktik offener Curricula. Beltz, Weinheim

Gautschi, P., Vögeli-Mantovani, U. (1995) Bericht zum Seminar „praticien chercheur". Schweizerische Koordinationsstelle für Bildungsforschung, Aarau

Goetze, W. (1992) Auf der Suche nach Schlüsselqualifikationen. Amt für Berufsbildung, Zürich

Gudjons, H. (1992) Handlungsorientiert Lehren und Lernen. Projektunterricht und Schüleraktivität. 3. Aufl., Klinkhardt, Bad Heilbrunn

Hirsch, G. (1993) Wieso ist ökologisches Handeln mehr als eine Anwendung ökologischen Wissens? Überlegungen zur Umsetzung ökologischen Wissens in ökologisches Handeln. *GAIA, Vol. 2 (3):* 141–151

Höffe, O. (1993) Moral als Preis der Moderne. Ein Versuch über Wissenschaft, Technik und Umwelt. Suhrkamp, . Frankfurt a. M.

Ilien, A. (1994) Schulische Bildung in der Krise. Aufsätze zur Öffnung von Schule, Umweltbildung und Selbstregulierung. Theorie und Praxis, Schriftenreihe Fachbereich Erziehungswissenschaften der Universität Hannover, Band 50, Hannover

Kattmann, U. (1988) Ethik der Natur. *Mitteilungen des Verbandes Deutscher Biologen. Heft 7:* 1627–1629

Klafki, W. (1970) Normen und Ziele in der Erziehung. *In:* Funk-Kolleg Erziehungswissenschaft 2, herausgegeben von Klafki, W. et al., Fischer, Frankfurt

Klafki, W. (1991) Neue Studien zur Bildungstheorie und Didaktik: zeitgemässe Allgemeinbildung und kritisch-konstruktive Didaktik. 2. erw. Aufl., Beltz, Weinheim

Krol, G.-J. (1993) Ökologie als Bildungsfrage? Zum sozialen Vakuum der Umweltbildung. *Zeitschrift für Pädagogik, Vol. 39 (4):* 651–672

Kuckartz, U. (1995) Umweltwissen, Umweltbewusstsein, Umweltverhalten. Der Stand der Umweltbewusstseinsforschung. *In:* Umweltbewusstsein und Massenmedien. Perspektiven ökologischer Kommunikation, herausgegeben von de Haan, G., Akademie Verlag, Berlin

Kyburz-Graber, R., Rigendinger, L., Hirsch, G. (1996) Problemorientierte Umweltbildung in Maturitätsschulen als partizipativer Prozess. *In:* Umweltverantwortliches Handeln, herausgegeben von Kaufmann-Hayoz, R., Di Giulio, A., Haupt, Bern (in Vorbereitung)

Messner, R., Rumpf, H. (1993) Natur und Bildung. Gedanken zum schulischen Umgang mit Naturfragen. *In:* Natur–Umwelt–Unterricht, herusgegeben von Kremer, A., Stäudel, L., Soznat, Marburg

Meyer, H. (1987) Unterrichtsmethoden. 1. Theorieband. Cornelsen, Frankfurt a.M.

Moser, H. (1995) „Lehrer-Forschung" – Ein neues Konzept zur Revitalisierung der Aktionsforschungsdiskussion? *In:* Eigenständig lernen, herausgegeben von Beck, E., Guldimann, T., Zutavern, M. (Reihe Kollegium) UVK-Fachverlag, St. Gallen

OECD-CERI (1991) Environment, School and Active Learning. OECD, Paris

OECD-CERI (1995) Environmental Learning for the 21st Century. OECD, Paris

Pfister, Ch. (1994) Das 1950er Syndrom. Die Epochenschwelle der Mensch-Umwelt-Beziehung zwischen Industriegesellschaft und Konsumgesellschaft. *GAIA, Vol. 3 (2):* 71–90

Posch, P. (1993) Research issues in environmental education. *Studies in Science Education, Vol. 21:* 21–48

Posch, P. (1995) Environmental Education – Teaching and Learning for the Future. *In:* Learning for the 21th Century, herausgegeben von OECD/CERI, Paris

Rahmenlehrplan für die Maturitätsschulen (1994) Mit Handreichungen zur Umsetzung. Dossier 30 A. Erziehungsdirektorenkonferenz, Bern

Ramseger, J. (1977) Offener Unterricht in der Erprobung. Juventa, München

Ramsey, J.M., Hungerford, H.R., Volk, T.L. (1989) A Technique for Analyzing Environmental Issues. *The Journal of Environmental Education, Vol. 21 (1):* 26–30.

Reetz, L. & Reitmann, T. (Hrsg., 1990) Schlüsselqualifikationen. Dokumentation des Symposiums in Hamburg: „Schlüsselqualifikationen" – Fachwissen in der Krise. Feldhaus, Hamburg

Rigendinger, L. (1996) Die ökonomische Dimension in der Umweltbildung – zwischen Verabsolutieren und Ausblenden. *In:* Biologieunterricht und Lebenswirklichkeit, herausgegeben von Bayrhuber, H. et al. (i.V.)

Robottom, I. (Hrsg., 1987) Environmental Education: Practice and Possibility. Deakin University Press,Victoria

Schäfer, K.-H., Schaller, K. (1976) Kritische Erziehungswissenschaft und kommunikative Didaktik. 3. Aufl. Quelle & Meyer, Heidelberg

Schreier, H. (Hrsg., 1994) Die Zukunft der Umweltbildung. Krämer, Hamburg

Tulodziecki, G. (1994) Unterricht mit Jugendlichen. Eine handlungsorientierte Didaktik mit Unterrichtsbeispielen. Julius Klinkhardt, Bad Heilbrunn

Wagner, A., Uttendorfer-Marek, I., Laible-Nann, R., Uttendorfer, J., Kais, P., Mack, J., Vogel, H. (1976) Schülerzentrierter Unterricht. Urban & Schwarzenberg, München:

Waldmann, K. (1992) Pädagogische Anmerkungen zum Konzept ökologischer Bildung. *In:* Umweltbewusstsein und ökologische Bildung, herausgegeben von Waldmann, K. Leske und Budrich, Opladen

Winkel, R. (1983) Die kritisch-kommunikative Didaktik. *In:* Didaktische Theorien. 2. Aufl., herausgegeben von Gudjons, H., Teske, R., Winkel, R., Agentur Pedersen, Braunschweig

WWF Schweiz (1995) Materialien zur Umwelterziehung. Gesamtverzeichnis 1996. WWF-Schulservice, Zürich

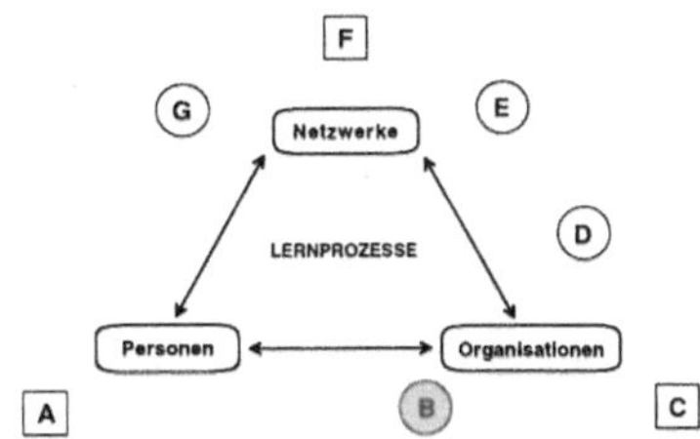

Ansätze zur Förderung organisationaler Lernprozesse im Umweltbereich

Matthias Finger / Silvia Bürgin / Ueli Haldimann

Einleitung

Dieser Beitrag befasst sich mit der Frage, wie Organisationen lernen können, umweltverträglich zu werden.[1] Anhand von Fallstudien soll das Verständnis für diese Art von Lernprozessen gefördert werden. So werden die Ansatzpunkte erkennbar, um umweltbezogene organisationale Lernprozesse gezielter und wirksamer beeinflussen zu können.

---

1 Eine Grundlage dafür bildet das Forschungsprojekt „Umweltbezogene organisationale Lernprozesse", das im Rahmen des SPP Umwelt des Schweizersichen Nationalfonds zur Förderung der wissenschaftlichen Forschung (SNF) durchgeführt wurde, wo in verdankenswerter Weise noch folgende Personen beteiligt waren:
- Andràs November, Professor am Institut Universitaire d'Etudes du Dévelopement (IUED), Genf
- Gabriela Kocsis, Umweltberaterin, Basel
- Ueli Bernhard, Leiter der Bildungsstelle Umweltberatung WWF, Bern.
Eine weitere Grundlage stellen die praktischen Erfahrungen der Autoren in der Beratung von Organisationen im privaten und öffentlichen Sektor dar.

Die Entscheidung, umweltbezogene organisationale Lernprozesse zu untersuchen, wurde von zwei verschiedenen Überlegungen beeinflusst. Die Analyse der öffentlichen Politiken weist seit den 70er Jahren auf Vollzugsdefizite im Umweltbereich hin (Mayntz et al., 1978; Linder, 1987; Knoepfel, 1992). Im Schweizerischen Jahrbuch für Politische Wissenschaft nennt Delley (1993, S. 29) drei Merkmale, die für Umweltprobleme charakteristisch sind und auch die Vollzugsschwierigkeiten erklärt:

- grosses Mass an Unbestimmtheit (Mangel an Information),
- grosses Mass an Komplexität (des sachlichen Problems und der staatlichen Intervention),
- grosses Konfliktpotential (Interessen- und Wertekonflikte).

Von verschiedenen Seiten werden deshalb neue politische Steuerungsformen vorgeschlagen, wo vom staatlichen Handeln betroffene Akteure (also auch Organisationen) eine aktivere Rolle erhalten und übernehmen sollen. Als Beispiel erwähnt sei das Mediationsverfahren (Weidner, 1993) und das Bilden von Plattformen für Verhandlungen über die nachhaltige Ressourcennutzung, wie sie von Röling et al. in diesem Band beschrieben werden.

Auf der individuellen Ebene zeigen zahlreiche Untersuchungen, dass Umweltwissen und Umweltbewusstsein nicht automatisch zu umweltverträglicherem Handeln führen. Der Spielraum der Veränderungen ist in Wirklichkeit eingeschränkt durch das Umfeld der Person, vor allem durch strukturelle und institutionelle Faktoren (Finger, 1994; Fuhrer, 1995). Die Ebene der Organisation, die zwischen Individuen und öffentlichen Politiken angesiedelt ist, dürfte also von strategischer Bedeutung sein, um die Umweltproblematik anzugehen. Organisationen sind zudem eine der wichtigsten Zielgruppen der neueren Umweltpolitik. Die Umsetzung der Umweltpolitik könnte erleichtert werden durch ein besseres Verständnis des Verlaufs der Prozesse und der wesentlichen Faktoren, die in „Ökologisierungsprozessen" eine Rolle spielen. Schliesslich beeinflussen Organisationen auch umweltbezogene Lernprozesse bei Individuen, in dem sie hierfür einen Teil der Rahmenbedingungen für individuelles Handeln prägen. Das Verständnis von Organisationen ist also wichtig für die Lösung der Umweltproblematik, weil hier ein erhebliches Potential für das Vermeiden von Umweltbelastungen - oder positiv ausgedrückt - für das Fördern einer nachhaltigen Entwicklung in Wirtschaft und Gesellschaft liegt (Meffert/Kirchgeorg, 1993, Hopfenbeck, 1990).

Der Ansatz der organisationalen Lernprozesse

Unsere Studie basiert auf der Theorie des „organisationalen Lernens". Dies bedeutet, dass wir die ökologische Entwicklung von Organisationen als einen Prozess betrachten, der über eine gewisse Zeitspanne verläuft und eine bestimmte Dynamik hat. Dieser Prozess verändert die fortlaufende Entwicklung aller Dimensionen der Organisation, inklusive ihrer Kultur. Durch diesen Ansatz haben wir auch versucht, möglichst viele Faktoren, die diesen Entwicklungsprozess beeinflussen, zu erfassen und wollten uns nicht nur auf einige bestimmte Faktoren einengen. In der Fachliteratur ist der Begriff des „organisationalen Lernprozesses" seit etwa 30 Jahren bekannt (Cangelosi/Dill, 1965; Cyert/March, 1963). Diese Autoren versuchen zu verstehen „how organisations encode, store and retrieve the lessons of history despite the turnover of personnel and the passage of time" (Levitt/March, 1988, S. 319). Diese Ansätze wurden dann weiterentwickelt, um dem internen Veränderungspotential (Whyte, 1991; Argyris/Schön, 1978; Argyris 1992) und anderen dynamischen Faktoren gerechter zu werden. Der sehr naheliegende Begriff der „lernenden Organisation" wurde anfangs neunziger Jahre durch Peter Senge (1990) entwickelt. Bei den Autoren, die diesen Begriff benutzen, wird die Fähigkeit, als Organisation kontinuierlich lernen zu können, als eine Notwendigkeit angesehen, um im sich immer rascher wandelnden Umfeld überleben zu können. Es geht also darum, die Strukturen und die Kultur der Organisation so zu gestalten, dass das kontinuierliche und kollektive Lernen erleichtert und gefördert wird (Dixon, 1992; Watkins/Marsick, 1993).

In unserer Untersuchung verstehen wir unter einem organisationalen Lernprozess jenen Prozess, durch den die Organisation ihre Strukturen und ihre Kultur als Folge einer Interaktion zwischen individuellem Lernen und organisationaler Transformation verändert. Entsprechend ist hier mit einem „umweltbezogenen organisationalen Lernprozess" der Prozess gemeint, der über verschiedene Phasen dazu führt, dass die Ökologie als Thematik und das umweltverträgliche Handeln in die Kultur und die alltäglichen Aktivitäten einer Organisation integriert werden. Der sichtbarste Teil dieses Prozesses ist die fortlaufende Ökologisierung der Organisation, also die Steigerung ihrer ökologischen Effizienz, wie dies Dyllick & Belz in diesem Band konzeptualisiert haben.

Methodenbeschreibung

Gewählt wurde eine explorative Methode, um die umweltbezogenen organisationalen Lernprozesse von mehreren Organisationen zunächst als Fallstudien zu beschreiben.[2] Bei ihrer Auswahl wurde auf eine gewisse Vielfalt im Bereich der Aktivitäten (Branchen, öffentlicher und privater Sektor) und der Grösse der Organisation geachtet, sowie auf ihre Zugehörigkeit zu den Sprachregionen der Schweiz.

Parallel zu den Fallstudien wurde eine Umfrage unter den beruflich im Bereich Umweltberatung tätigen Personen in der Schweiz durchgeführt und eine Ausbildung zum "Umweltberater" evaluiert. Die Resultate dieser Untersuchungen wurden anschliessend miteinander konfrontiert, um Empfehlungen für eine sinnvolle Ausbildung von Personen abzuleiten, die dereinst umweltbezogene organisationale Lernprozesse mitgestalten möchten.

Der Lernprozess der CopyFaxAG

Zur Illustration der Analyse wird kurz die Geschichte erzählt, wie CopyFaxAG lernte, umweltverträglicher zu werden. CopyFaxAG ist ein Grosshändler von Bürogeräten, eben insbesondere von Kopier- und Faxgeräten. Beschäftigt sind 700 Personen einerseits am Hauptsitz und anderseits in 12 Filialen, die sich in der ganzen Schweiz mit Service und Verkauf beschäftigen. Jede dieser 12 Filialen hat eine eigene Firmenkultur. Die CopyFaxAG ist Teil einer Holding, die 1993 von der Canonball-Gruppe, dem Hauptlieferanten der Kopiergeräte, übernommen wurde. CopyFaxAG ist in einem gesättigten Markt tätig, der sich durch eine rasche technologische Entwicklung und durch grosse Konkurrenz auszeichnet. Verlangt wird ein Management, das ein Innovationsklima zu fördern vermag. CopyFaxAG verbindet die Kunden mit dem Gerätehersteller Canonball. Um die Kundenwünsche befriedigen zu können,

2 Folgende Organisationen wurden als Fallstudien aufgearbeitet, die beim IDHEAP bezogen werden können: Trisa (Triengen, LU), Givaudan-Roure (Genf), Walter Rentsch AG (Dietlikon, ZH), SV-Service (Zürich), Gemeinde Reinach (BL), Hotelplan (Zürich)

muss CopyFaxAG dem Hersteller die Erwartungen der Kunden mitteilen und so dafür sorgen, dass der Hersteller seine Produkte laufend verbessert.

Bedeutung von Umweltfragen für CopyFaxAG: Die Aktivitäten der CopyFaxAG sind von der Umweltschutzgesetzgebung kaum betroffen. Indirekt ist die Branche jedoch gleichwohl herausgefordert, ihre ökologische Effizienz zu steigern, indem beispielsweise der Ernergieverbrauch der Geräte gesenkt und das Recycling derselben gefördert wird. CopyFaxAG versucht sich auf mögliche Entwicklungen vorzubereiten: „Wir wollen dem Gesetzgeber vorgreifen." Im Rahmen der allgemeinen Sensibilisierung für Umweltprobleme, bedenken die Kunden immer häufiger ökologische Konsequenzen, die der Kauf eines Gerätes bei CopyFax haben könnte und stellen entsprechende Fragen. Als kundenorientierter Händler konnte CopyFaxAG dies nicht ignorieren: „Die Fragen gingen immer in die gleiche Richtung." Gleichzeitig begannen sich auch verschiedene Konkurrenten mit diesem Thema zu befassen.

Ablauf des Lernprozesses: Ein Wechsel in der Direktion gab 1990 der CopyFax Holding SA eine Gelegenheit, die Leitbilder der gesamten Gruppe zu überarbeiten. Unter Berücksichtigung der gerade erwähnten Faktoren, vor allem der Kundenwünsche, ergriff die Direktion die Gelegenheit, den Schutz der Umwelt in die Leitbilder der Unternehmung zu integrieren. Dieses Zeichen der Holding veranlasste eine kleine Kadergruppe der CopyFaxAG die Initiative zu ergreifen. Dieses Signal wollten sie konkretisieren und in die Realität umsetzen. Die Direktion der CopyFaxAG akzeptierte 1991 ihr Projekt und gründete eine Arbeitsgruppe, die den Auftrag erhielt, ein Umweltkonzept auszuarbeiten. Für diese Arbeit holte sich die Arbeitsgruppe die Unterstützung eines externen Beraters, mit dem „von Anfang an die Chemie stimmte", wie es hiess. Diese Arbeitsgruppe war mit Personen aus den oberen Hierarchiestufen der CopyFaxAG zusammengesetzt, auch der Direktionspräsident war dabei. „Wir wollten die Gruppe in der Hierarchie möglichst hoch ansiedeln." Sie hat so die volle Unterstützung der Direktion. Der externe Berater war von Anfang als beratendes Mitglied dieser Gruppe im Prozess integriert. Er nahm sowohl die Funktion des Fachexperten als auch des Prozessmoderators wahr. Als erstes wurde ein Umweltkonzept ausgearbeitet, das konkrete Ziele und Massnahmen in den wichtigsten Tätigkeitsbereichen umfasste. Eine erste Firmenökobilanz wurde erstellt. Die so gewonnenen Daten erlaubten es der Arbeitsgruppe, die Tätigkeitsbereiche mit den grössten Potentialen zur Steigerung der ökologischen Effizienz zu identifizieren.

Für jeden Bereich wurden verschiedene Ökoprojekte gestartet, die von Mitglieder der Arbeitsgruppe geleitet wurden. So konnten die Projekte in der Arbeitsgruppe und in der oberen Hierarchiestufe des Unternehmens verankert werden. Die Projektleiter hatten grosse Kompetenzen bei der Durchführung ihrer Projekte. Die Arbeitsgruppe ihrerseits hatte den Auftrag, das Umweltkonzept und die verschiedenen Ökoprojekte ständig den sich wandelnden Bedingungen anzupassen. Die erste Konzeptrevision führte zu einer Umweltpolitik, die zwischen dem generellen Leitbild und dem konkreten Umweltkonzept für das Unternehmen formuliert wurde. Im Verlauf der Arbeit in der Arbeitsgruppe widmete sich vor allem eine Person hauptsächlich diesen Umweltfragen. Sie wurde schliesslich 1995 als Umweltbeauftragte der CopyFaxAG bestimmt.

Umweltmassnahmen: Die im Umweltkonzept formulierten Projekte begründeten alle Umweltaktivitäten der CopyFaxAG in folgenden Tätigkeitsbereichen:

- Innenbereich: Büroökologie (Einsatz von Recyclingpapier, Abfallbewirtschaftung, Energiesparmassnahmen), Fahrkurse für Servicetechniker für umweltschonendes Fahren, Überprüfung der im Service verwendeten Produkte, Information und Motivation aller Angestellten, Integration von Umweltkriterien bei Stellenausschreibungen und Pflichtenheften.
- Produktebereich: Energiesparmassnahmen bei Geräten, Energiemanagement bei Faxgeräten, Beratung der Kunden in bezug auf Papierverwendung, Test der auf dem Markt angebotenen Papiersorten, Recycling ausgedienter Bürogeräte.
- Aussenbereich: Werbung mit Umweltmassnahmen, Mitarbeit in Kommissionen des Bundes, Zusammenarbeit mit anderen Importeuren, was nur möglich war, weil die Massnahmen in den anderen Bereichen glaubwürdig waren.

Hauptmerkmale des organisationalen Lernprozesses: Der Ökologisierungsprozess der CopyFaxAG erfolgt im Zusammenwirken von Ökologie und Ökonomie. Das Unternehmen hat die Signale der Kunden nach umweltverträglicheren Produkten aufgenommen und die höhere ökologische Effizienz der Produkte wurde ein Verkaufsargument. Entsprechend war CopyFaxAG unter den ersten, die umweltverträglichere Bürogeräte anbieten konnte. Das Engagement der CopyFaxAG im Umweltbereich muss auch im Zusammenhang mit der Umstrukturierung der Firma gesehen werden. Durch sein proaktives Engagement wollte CopyFaxAG gegenüber der Canonball AG eine eigenständige Firmenkultur entwickeln. Sie wollte bei der Entwicklung der Branche vorne dabei sein und sich nicht von ihr überrollen lassen.

Resultate aus der Analyse organisationaler Lernprozesse

Die Fallstudien wurden aus zwei Perspektiven analysiert. Ein Quervergleich über alle Fallstudien hinweg liess jene Faktoren erkennen, die organisationale Lernprozesse offenbar immer wieder beeinflussen. Die einzelnen Ablaufanalysen, wie bei CopyFaxAG geschildert, liessen andererseits verschiedene Vorgehensweisen sichtbar werden. Schliesslich wurde auch deutlich, dass organisationale Lernprozesse drei Dimensionen umfassen sollten, wenn die Potentiale zur ökologischen Verbesserung ausgeschöpft werden wollen.

Einflussfaktoren auf umweltbezogene organisationale Lernprozesse

Die Auslöser: Wir haben festgestellt, dass es den auslösenden Faktor nicht gibt. Die Lernprozesse werden durch eine bestimmte Konstellation verschiedener Faktoren ausgelöst. Immer spielte das gesellschaftlichen Umfeld eine auslösende Rolle, das gekennzeichnet ist durch eine wachsende Sensibilisierung der Gesellschaft für Umweltfragen. Dieses Umfeld wird durch konkrete Auslöser wie die Gesetzgebung, die Presse, die Anwohner, die Kunden oder die umweltverantwortliche Konkurrenten verstärkt. Die gesellschaftliche Sensibilisierung wird auch innerhalb der Organisation, von engagierten Personen wahrgenommen, die in der Geschäftsleitung oder in Mitarbeitergruppen tätig sind.

Die Massnahmen: Sie werden in drei Bereichen ergriffen. Im Produktionsbereich betreffen sie die Rohstoff- und Abfallbewirtschaftung, die Verwendung umweltverträglicherer Materialien sowie die Emissionen in Wasser, Boden und Luft. Im Administrativbereich geht es um die Abfallbewirtschaftung, den Papierverbrauch, die Beschaffung von Büromaterial und von Reinigungsmitteln, um Energieverbrauch und Verkehrsfragen. Und im Bereich, der für die Kunden erkennbar ist, geht es um die Entwicklung von umweltgerechteren Produkten und Verpackungen. Auch entsprechende Dienstleistungen wie Kundenberatung gehören dazu.

Die Akteure: Vier verschiedene Akteurtypen haben Einfluss. Das Top-Management, die internen Arbeitsgruppen, die internen Umweltbeauftragten sowie die externen (Umwelt-) Berater. Das *Top-Management* kann sowohl aktiv in den Prozess involviert sein als auch eine unterstützende und motivierende Rolle spielen. Die deutliche Zustimmung der obersten Hierarchiestufe in der Organisation ist für das Gelingen des umweltbezogenen Lernprozesses unentbehrlich. Bei den *interner Arbeitsgruppen* ist zwischen der Strategie- und der Projektgruppe zu unterscheiden. Die *Strategiegruppe* ist besonders in der Anfangsphase des Lernprozesses aktiv. Ihr Auftrag ist es, sich mit den allgemeinen Zielen der Organisation im Bereich Ökologie zu beschäftigen. Es ist wichtig, dass die Arbeiten der Strategiegruppe vom Top-Management unterstützt werden. Durch Diskussionen und gemeinsames Arbeiten bilden die Strategiegruppen einen wichtigen Rahmen für Umdenkprozesse im Kader. Die Strategiegruppe spielt ebenfalls eine wichtige Rolle beim Entwickeln von Grundlagen für die geplanten Umweltmassnahmen. Die *Projektgruppen* beschäftigen sich dann mit der konkreten Umsetzung von Projekten. In ihnen sind vor allem die Spezialisten und Entscheidungsträger, die von Umweltprojekten konkret betroffen sind, zusammengefasst. *Umweltbeauftragte*, deren Position in den Organisationen verschieden sein können, werden in der Regel erst wichtig, wenn die organisationalen Lernprozesse in Gang gekommen sind. Ihre Aufgabe besteht darin, Umsetzungsmassnahmen zu überwachen, zu koordinieren und Diskussionspartner in ökologischen Fragen zu sein, um so die Weiterentwicklung des Prozesses zu gewährleisten. Die *externen Berater* schliesslich nehmen zwei Funktionen wahr. Zum einen bringen sie ihr konkretes Fachwissen ein (Ausarbeiten einer Studie, Bestandsaufnahmen durchführen, Massnahmenplan erarbeiten, Ökobilanz berechnen), oder sie führen Massnahmen durch, für die intern die Kompetenzen oder die notwendige Zeit fehlen. Meist werden sie nur punktuell beigezogen. Seltener werden sie eng und langfristig in den organisationalen Lernprozess integriert, sei es als Mitglied einer Strategie- oder Projektgruppe.

Die Dokumente: Gemeint sind jene schriftlich verfassten Unterlagen, die sich mit der Umweltthematik innerhalb der Organisation befassen, wie zum Beispiel das Unternehmensleitbild, die Unternehmenspolitik, das Umweltkonzept oder die ökologischen Aktionsprogramme. Angefangen bei einem Paragraphen im Leitbild (allgemeine Deklaration, umweltverträglich zu handeln) bis zur Formulierung konkreter ökologischer Massnahmen (Auftrag, Verantwortlichkeiten, Budget) spielen diese Dokumente eine wesentliche Rolle im organisationalen Lernprozess.

Die Führungsinstrumente: Dies sind einerseits Statistiken, um anderseits Ökobilanzen rechnen zu können, Umweltaudits, eine ökologische Buchhaltung oder Stofflussanalysen. Diese Instrumente sind wichtig für die Bestandsaufnahme, die Bestimmung der Umweltstrategien und deren Ziele sowie für die Evaluation der durchgeführten Massnahmen.

Die Kommunikation: Nach innen werden damit drei Ziele verfolgt. Die Information über die Aktivitäten im Umweltbereich (Hauszeitung, Anschlagbrett), die Motivation (spezielle Ereignisse, Umfragen, Ideenbörsen), die Aus- und Weiterbildung. Gegen aussen soll die ökologische Orientierung der Organisation bekanntgemacht werden (Leitbild, Videos, Teilnahme an Tagungen und Messen, Teilnahme an Umweltwettbewerben). Die externe Kommunikation kann ebenfalls zur Information und Weiterbildung der Kunden beitragen (Kurse für Kunden, Broschüren, Kataloge). In diesem Sinne ist auch die Verwendung von Umweltzeichen oder Umweltlabels eine Form nach aussen gerichteter Kommunikation.

Die externe Zusammenarbeit: Im Bereich Umwelt arbeiten die Organisationen mit folgenden vier Gruppen zusammen: Organisationen aus der gleichen Branche, mit Handelspartnern, mit Behörden und mit Organisationen aus anderen Branchen. Durch den gemeinsamen Austausch versuchen die Beteiligten individuell zu profitieren und Synergien für gemeinsame Lösungen zu nutzen (vgl. Geelhaar et al. in diesem Band).

Vorgehensweisen bei der Förderung umweltbezogener organisationaler Lernprozesse
Die beschriebenen Einflussfaktoren waren nicht in allen Organisationen zu beobachten. Auch wirkten sie sich nicht überall gleich aus. Die zweite Analyse der Fallstudien zeigt auch Unterschiede im Verlauf der umweltbezogenen organisationalen Lernprozesse. Sie können anhand von vier empirisch festgestellten Vorgehensweisen bei der Ökologisierung von Organisationen charakterisiert werden.

Die sektorielle Vorgehensweise: Eine oder mehrere Abteilungen einer Organisation beginnen langsam Umweltmassnahmen umzusetzen, sei es aufgrund von Druck von aussen oder aus Eigeninitiative. Der Lernprozess entwickelt sich dank des Engagements einzelner speziell interessierter und motivierter Mitarbeiterinnen und Mitarbeiter. Dieses Engagement erstreckt sich aber nicht auf die gesamte Organisation und berührt auch nicht ihre Kultur. Diese Vorgehensweise ist in der Praxis wahrscheinlich besonders verbreitet. Der Lernprozess gliedert sich in zwei Phasen: der Phase der „Initianten" folgt die Phase der „aktiven Gruppen". Die Impulse gehen von besonders sensibilisierten Einzelpersonen aus, die in ihrem Kompetenzbereich punktuelle Massnahmen ergreifen. Da diese Massnahmen oft bereichsübergreifend sein sollten, müssen neue Strukturen geschaffen werden. In einer Projektgruppe werden sie von den Verantwortlichen der betroffenen Bereiche konkretisiert und umgesetzt. Durch interne Kommunikation aber auch dank Rückwirkung der externen Kommunikation (z. B. gutes Echo in der Presse) versucht die Projektgruppe auch Schlüsselpersonen und weitere Mitarbeiterinnen und Mitarbeiter zu sensibilisieren. Es wird auch versucht, die Umweltthematik in der Organisation zu verankern, beispielsweise mit Dokumenten, die der Direktion zur Genehmigung vorgelegt werden. Diesen Gruppen stehen meistens nicht genügend Ressourcen (Geld, Zeit, Personal) zur Verfügung und der umweltbezogene organisationale Lernprozess kommt nur sehr langsam voran.

Bilanz: Obwohl sich in der zweiten Phase die Massnahmen vermehren und auch von einer immer grösseren Anzahl von Personen getragen werden, bleiben die umweltbezogenen Aktivitäten sehr punktuell und sektoriell. Die Entwicklung dieses Prozesses wird gehemmt durch den Mangel an Unterstützung durch die Direktion und durch die unveränderten Entscheidungskriterien, die der Umweltthematik keine Priorität einräumen.

Die ideelle Vorgehensweise: Hier nehmen Schlüsselpersonen der Organisation unerwünschte Entwicklungen in der Gesellschaft und speziell auch in ihrem Handlungsbereich wahr. Parallel zu eigenen Anstrengungen innerhalb der Organisation, wird versucht, die Handelspartner und Kunden zu einem umweltverträglicheren Handeln zu motivieren. Im Vordergrund steht die Idee das Überleben der Branche und letztlich der Gesellschaft sicherzustellen. Im Verlauf der Zeit werden die idealistischen Ziele mehr und mehr der Realität angepasst, so dass zum Schluss die Ökologie (auch) zum Überleben der Organisation beitragen soll. Der Lernprozess gliedert sich in drei Phasen: in die Phase der „Bewusstwerdung",, der „Sensibilisierung" und der „Neuorientierung". In der ersten Phase wird sich die Geschäftsleitung der unerwünschten Entwicklung bewusst. Diese entscheidet sich für ein vernetztes Vorgehen, das intern (Verhalten der Organisation anpassen, Produkte kritisch hinterfragen) wie extern (Branche, Handelspartner im Hinblick auf die Entwicklung vom Angebot und Kunden im Hinblick auf die Entwicklung der Nachfrage) Auswirkungen haben soll. Eine Strategie-Gruppe wird dazu ins Leben gerufen. In der zweiten Phase steht die Sensibilisierung der internen und externen Adressaten im Vordergrund. Es werden sehr rasch punktuelle, wenig koordinierte, kurzfristig wirkende Massnahmen getroffen, ohne dass ein umfassendes ökologisches Konzept besteht. Die Idee ist leitend, dass im Bereich der Ökologie ein grosser Handlungsbedarf besteht. Durch die erreichten Resultate (wie Reduktion der Belastung, Einsparungen, gute Presse) werden die Massnahmen für sich selbst sprechen und dadurch werden Mitarbeiter, Partner und Kunden sensibilisiert. Parallel dazu entwickelt die Strategie-Gruppe ein Umweltkonzept und bewirkt die Verankerung der Ökologie im Leitbild der Organisation. Damit ist die Aufgabe dieser Gruppe erfüllt und sie wird aufgelöst. Die dritte Phase ist durch eine Neuorientierung und Systematisierung charakterisiert. Die Stelle des Umweltbeauftragten wird kreiert, um das Umweltkonzept umzusetzen. Das Umfeld hat sich jedoch verändert. Die ökonomische

Situation erzwingt Einsparungen und Umweltschutz hat nicht mehr dieselbe Priorität in der Gesellschaft. Die Idee, dass die umweltbezogenen Ziele und Massnahmen auch den wirtschaftlichen Zielen der Unternehmung dienen müssen, ersetzt die erste Idee der ökologischen Transformation der Branche. Der Umweltbeauftragte entwickelt dementsprechend auch ein neues Argumentarium für die Geschäftsleitung, in dem das ökologische Engagement unter dem Blickwinkel von wirtschaftlichen Grössen und im Hinblick auf die Prioritäten der Organisation neuinterpretiert wird. Die ökologischen Massnahmen werden in einem systematischeren Vorgehen weiterentwickelt.

Bilanz: Der idealistisch geprägte Lernprozess beginnt mit weiten, allgemeinen und relativ revolutionären Gedanken und Zielen, die sich in einem rasch wandelnden Umfeld nicht realisieren lassen. In der Folge findet ein Überdenken dieser Massnahmen statt. Die Neukonzeption ist meist viel pragmatischer und realistischer und bedeutet in der Regel den Auftakt für einen neuen Start im Lernprozess.

Die zielgerichtete Vorgehensweise auf äusseren Druck: Diese Vorgehensweise ist zielgerichtet im Sinne, dass der Ökologisierungsprozess gut geplant ist und von einer konkreten Vorstellung ausgegangen wird, wie Ökologie und Ökonomie vereinbart werden können. Allerdings kommt er erst auf äusseren Druck hin in Gang. Der Phase der „Bewusstwerdung", folgt der „Aufbau eines Umweltmanagementsystems" und schliesslich die „Umsetzung". In der ersten Phase wird sich die Geschäftsleitung bewusst, dass wachsender externer Druck sie dazu zwingt, im Bereich Ökologie ein systematisches und umfassendes Vorgehen zu entwikkeln. Die gesellschaftliche Kritik, der dieses Unternehmen stark ausgesetzt ist, oder die Einführung einer neuen Gesetzgebung wird mit den Entwicklungsperspektiven der Unternehmung in Beziehung gesetzt. Sinkende gesellschaftliche Akzeptanz führt zu Regulierungen und Kontrolle, was vermieden werden soll. Als Folge wird im Umweltbereich sehr systematisch vorgegangen. In der zweiten Phase wird also mit Hilfe von externen Beratern, Experten aus Mutterunternehmen und gestützt auf internationale Programme (EMAS, Responsible Care), ein umfassendes, planmässiges System entwickelt, um ökologischen Standards gerecht zu werden. Dieses sehr systematische und eher technische Vorgehen entspricht der Kultur der Organisation. Es werden umfassende Führungsinstrumente entwickelt und primär technisch

Massnahmen beschlossen. In der dritten Phase werden die Führungsinstrumente implementiert. Die Massnahmen werden umgesetzt, evaluiert und bei Bedarf verbessert. Die Umweltthematik wird so in die bestehenden Abläufe und in die bestehende Kultur der Organisation integriert.

Bilanz: Diese Vorgehensweise ist charakteristisch für die Umsetzung zielorientierter Planungen im Rahmen eines klassischen Regelkreises. Zu Beginn steht eine strategische Planung. Sie wird in der Folge konkretisiert, umgesetzt und verbessert in einem Top-Down-Prozess. Dieser Prozess sieht zwar eine laufende Verbesserung und Anpassung der Massnahmen während der Umsetzung vor, es ist aber nicht geplant, grundsätzlich die Strategie in Frage zu stellen oder substantiell neu aufzubauen. Lernen findet bei der Umsetzung der Massnahmen statt.

Die zielgerichtete Vorgehensweise ohne äusseren Druck, die übrigens bei CopyFaxAG zu erkennen war: Hier gliedert sich der organisationale Lernprozess in die Phasen „Konzeptualisierung", „Umsetzung" und „Weiterentwicklung". Die erste Phase beginnt im Zusammenhang mit Grundsatzüberlegungen über die Zukunft des Unternehmens und seinen Entwicklungsmöglichkeiten. Im Rahmen dieser Überlegungen wird der Umweltschutz als wichtiges Kriterium in die Unternehmensstrategie integriert. Eine Strategie-Gruppe wird ins Leben gerufen, um dieses Vorhaben zu entwickeln. Sie definiert das Verhältnis zwischen der Organisation und der Ökologie, was zu einem Umweltkonzept führt. Die zweite Phase beinhaltet die Umsetzung der Umweltmassnahmen, die vom Umweltkonzept abgeleitet werden. Projektgruppen werden eingesetzt, um die Massnahmen zu realisieren. Ein Umweltbeauftragter wird bestimmt. Wenn dieser Umsetzungsprozess gut angelaufen ist, beginnt die Organisation, ihr Umweltengagement nach aussen zu kommunizieren. Die Resultate der Umsetzung führen aber zu weiteren Arbeiten und Verbesserungen. Die dritte Phase führt deshalb wieder vermehrt zu konzeptuellen Entwicklungen. Um die ökologische Glaubwürdigkeit aufrechterhalten zu können, sind laufende Verbesserungen und neue Massnahmen notwendig.

Bilanz: Diese Vorgehensweise zeichnet sich dadurch aus, dass die Ökologie als eine Chance betrachtet wird und in einer positiven Weise in die langfristige Strategie der Firma integriert ist. In der Phase der Umsetzung führen die Überprüfung der bereits durchgeführten

Massnahmen, die Offenheit für neue Entwicklungen im Umweltbereich und die Zusammenarbeit mit anderen Unternehmen zur Ausarbeitung neuer Projekte und auch zur Aktualisierung der Zielsetzungen. Dies ermöglicht eine kontinuierliche Verbesserung. Die Akteure zeichnen sich durch ihr Interesse aus, von andern lernen zu wollen und zeigen eine grössere Lernfähigkeit als die Akteure in den anderen Vorgehensweisen. Diese Art von Lernprozess entspricht dem in der EMAS-Verordnung oder der ISO-Norm 14001 festgelegten Vorgehen für den Aufbau eines Umweltmanagementsystems und der Sicherstellung einer kontinuierlichen Verbesserung der Umweltleistung der Organisation.

Die von den umweltbezogenen organisationalen Lernprozessen erfassten Dimensionen

Ein wichtiges Kriterium für die Beurteilung der Qualität umweltbezogener organisationaler Lernprozesse, die aufgrund unserer Fallstudien durch die oben beschriebenen Vorgehensweisen repräsentiert werden, sind die Dimensionen einer Organisation, die durch die Lernprozesse verändert oder eben nicht verändert werden. Wie im einleitenden Kapitel dargestellt, ergab die Analyse der Fallstudien folgende empirische Definition des umweltbezogenen organisationalen Lernprozesses: Es ist der Prozess, der über verschiedene Phasen zur Integration der Umweltthematik in die Kultur, die Strukturen und die Tätigkeiten eines Unternehmens führt. Die von aussen sichtbaren Ergebnisse dieses Lernprozesses sind die Tätigkeiten oder Aktivitäten, die zur Steigerung der ökologischen Effizienz erfolgten. Der organisationale Lernprozess muss aber noch zwei weitere Dimensionen umfassen, wenn das Potentiale ausgeschöpft werden sollen.

Als erste Dimension sind die konkreten *Aktivitäten* der Organisation im Umweltbereich zu nennen. Der Lernprozess führt in dieser Dimension zu immer besseren Massnahmen, die zur Steigerung der ökologischen Effizienz der Organisation beitragen, was auch die dafür notwendigen strukturellen und organisatorischen Voraussetzungen beinhaltet. Als zweite Dimension ist die kontinuierliche *Durchdringung* aller Abteilungen und Stufen der Organisation mit der Umweltthematik zu beobachten. Immer mehr Hierarchiestufen und Abteilungen der Organisation befassen sich damit und die einzelnen Massnahmen werden in Gesamtkonzepten zusammengefasst. Die konsequente Integration äussert sich in umfassenden Umweltmanagementsystemen, wie sie heute aufgebaut werden. Als Dritte Dimension erachten wir die Veränderung der *Unternehmenskultur* durch das Aneignen der Umweltthematik. Dadurch sich das Selbstverständnis, das die Organisation von sich hat sowie die Werte und Normen, die das Handeln der Organisation bestimmen.

Lernprozesse in der *sektoriellen Vorgehensweise* führen zu Aktivitäten in einem oder mehreren Bereichen der Organisation durchgeführt. Wo die betreffenden Personen besonders aktiv sind, kann das Handeln der Organisation sogar ökologisch vorbildlich sein. Dagegen findet keine bereichsübergreifende Durchdringung der Umweltthematik statt, womit auch die Unternehmenkultur nicht tangiert werden kann.

Lernprozess in der *ideellen Vorgehensweise* führen zu konkreten und meist kurzfristig realisierbaren Massnahmen, die jedoch auf keinem realistischen Umweltkonzept beruhen. Diese Massnahmen betreffen schrittweise mehr und mehr Bereiche der Organisation, gehen also durchaus vom Materialeinkauf bis zum Marketing. Trotzdem können sie die Organisation nicht systematisch durchdringen. Die Unternehmenskultur erfährt auch keine tiefgreifende Veränderung. Sie geht nicht über eine gewisse Bewusstwerdung bezüglich der Komplexität der Umweltthematik hinaus. Es ist aber wahrscheinlich, dass die zweite Konzeption, die sich aufdrängt, jene Lernprozesse auszulösen vermag, die zu einer systematischen Durchdringung der Organisation und zu einer Unternehmenskultur führen, weil sie weniger in Widerspruch zu der ursprünglichen Kultur der Organisation steht.

Lernprozesse in der *zielgerichteten Vorgehensweise auf äusseren Druck* führen zu Massnahmen, die in einem umfassenden Umweltkonzept begründet sind, das systematisch die Organisation durchdringt. Von Anfang an wird eine klare Beziehung zwischen der Ökologie und den Entfaltungsmöglichkeiten der Unternehmung hergestellt. Die Umweltthematik wird in Beziehung zu Werten wie Sicherheit und Qualität, die für die bestehende Organisationskultur grundlegend sind. Die Umweltthematik wird in die Kultur integriert, ohne dass diese jedoch verändert wird.

Lernprozesse in der *zielgerichteten Vorgehensweise ohne äusseren Druck* verlaufen flexibler und pragmatisch. Die Massnahmen basieren auf einem Umweltkonzept, das durch die Bewertung der durchgeführten Aktivitäten immer wieder aktualisiert wird. Im Laufe der Entwicklung neuer Projekte betreffen die Massnahmen langsam alle Bereiche der Organisation. Die Durchdringung verläuft nicht systematisch. Trotzdem wird die Ökologie im Verlauf dieses Prozesses in der gesamten Organisation verankert. Die Umweltthematik revolutioniert die Unternehmenskultur nicht, sie wird in die Kultur integriert. Es handelt sich dabei aber schon um eine offene, lernfähige Kultur, die durch diese neue Herausforderung noch zusätzlich verstärkt wird.

Konzeptualisierung des umweltbezogenen organisationalen Lernprozesses

Mit der empirische Studie haben wir diese Prozesse in einem gewissen Moment ihrer Entwicklung erfasst. Aufgrund dieses empirischen Materials können wir nicht bestimmen, ob es sich wirklich um vier verschiedene Lernprozesse handelt, oder ob es verschiedene Vorgehensweisen desselben Lernprozesses sind. Deshalb soll nun versucht werden, auf der Grundlage dieser Fallstudien aber unter Einbezug von theoretischen Elemente aus der Literatur und auf der Basis von bekanntem Fachwissen, eine idealtypische Konzeptualisierung von umweltbezogenen organisationalen Lernprozessen vorzunehmen.

Das Ziel umweltbezogener organisationaler Lernprozesse

Die beschriebenen Lernprozesse sind durch die Geschichte der jeweiligen Organisation, durch ihre Kultur, ihre konkrete Situation innerhalb ihrer Branche und durch weitere interne und externe Faktoren begründet. Die Organisationen schlagen daher unterschiedliche Wege ein, um die Umweltthematik in ihre Aktivitäten, ihre Strukturen und ihre Kultur zu integrieren. Alle Organisationen, die ihre Verantwortung gegenüber der Umwelt wahrnehmen wollen, streben aber eigentlich dasselbe Ziel an. Sie versuchen sich in eine Organisation zu entwikkeln, die ökologischen Nachhaltigkeitskriterien entspricht (vgl. Dyllick & Belz in diesem Band). Die beschriebenen Lernprozesse unterscheiden sich vermutlich vor allem in der Anfangsphase, nicht aber im generellen Ziel. Obwohl die Lernprozesse also unterschiedliche

Vorgehensweisen erkennen lassen, gleichen sie sich im Verlaufe des Prozesses tendenziell an, weil das Ziel sonst nicht erreicht werden kann.

Abbildung 1. Gemeinsames Ziel bei verschiedenen Vorgehensweisen

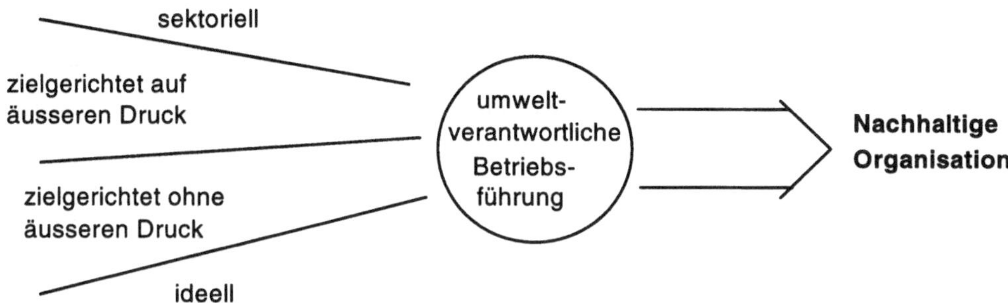

Wir nehmen also an, dass ein umweltbezogener organisationaler Lernprozess zu einer umfassenden Integration der Umweltthematik in das Handeln (Aktivitäten, Massnahmen, organisationale Strukturen), in die gesamte Organisation (Durchdringung) und in die Kultur der Organisation führen, sofern der Prozess nicht unterbrochen wird.

Die Lernschritte im organisationalen Lernprozess

Für die Konzeption des Lernprozesses wird zunächst das in der Fachliteratur bekannte Konzept der *Lernstufen* kurz besprochen, das hierfür von Bedeutung ist. Bekannt ist besonders die Unterscheidung in Anpassungs- und Veränderungslernen. Das *Anpassungslernen* besteht darin, dass Handlungsvorgaben und Regeln innerhalb eines Komplexes etablierter Normen und Werten angepasst werden. Es geht um das Ausschöpfen von Verbesserungspotentialen innerhalb eines gegebenen Bezugsrahmens. Auf dieser Lernstufe werden kleinere, reversible Veränderungen verhaltensbetonter und instrumenteller Art vorgenommen. Das Anpassungslernen wird von Autoren wie Cyert und March (1963) beschrieben und wird von Argyris und

Schön (1978) als „Single-loop learning" bezeichnet. Das *Veränderungslernen* besteht dagegen im Hinterfragen des bestehenden Bezugsrahmens. Bei Bedarf werden dann die für das bisherige Handeln richtungsweisenden Annahmen, Normen ja selbst Werte verändert. Auf dieser Lernstufe kommt es zu substantiellen und irreversible Veränderungen. Gesprochen wird hier bei Agyris und Schön (1978) von „Double-loop learning". In seiner synthetischen Arbeit über Lernstufen beschreibt Hedberg (1981) das *Entlernen* (engl. „unlearning") als eine weitere Lernstufe. Ohne uns den behavioristischen Grundlagen anzuschliessen, auf die Hedberg Bezug nimmt, ist diese Lernstufe unserer Erfahrung nach für die Anfangsphase des organisationalen Lernprozesses charakteristisch (Finger/Bürgin, 1996). Entlernen bedeutet das Hinterfragen bestimmter geteilter Annahmen und Handlungsweisen sowie entsprechende Änderungen derselben. Es beinhaltet also signifikante und irreversible Teilveränderungen auch auf der Ebene der Normen und Werte. Es kommt deshalb dem Veränderungslernen nahe, ohne jedoch dessen gesamtes Ausmass zu haben und könnte somit eine Vorstufe bilden. Als letzte und vielleicht anspruchsvollste Lernstufe wird schliesslich die organisationale Fähigkeit zum *kontinuierlichen und kollektiven Lernen* (Dixon, 1994; Watkins/Marsick, 1993) genannt. Gemeint ist hier das Entwickeln einer „Lernkultur", die das ständige Lernen aller Mitglieder der Organisation ermöglicht.[3]

Die Entwicklung einer Organisation in Richtung Nachhaltigkeit ist ein Prozess, der sich über eine längere Zeitperiode in mehreren Phasen entwickelt. Am Anfang stellt die Ökologie kein Thema dar, dem die Organisation besondere Beachtung schenkt. Im Laufe der Zeit wird die Umweltthematik in der Organisation immer wichtiger. Sie wird zunehmend in die Aktivitäten, Strukturen und Entscheidungsprozesse der Organisation integriert, was zu einer Organisation mit einer umweltverantwortlichen Betriebsführung führt. Indessen muss der Prozess noch weiter fortschreiten, um die Situation zu erreichen, in der die Ökologie in der Kultur der Organisation so integriert ist, dass die Funktion der von ihr hergestellten Produkte sowie die

---

3 Diese „Lernkultur" kann in Bezug gebracht werden mit dem in der pädagogischen Psychologie bekannten „Lernen zu lernen". „Der zentrale Bestandteil dieser Lernebene ist die Verbesserung der Lernfähigkeit, in dem Lernen selbst zum Gegenstand des Lernens wird". (Probst/Büchel, 1994). Diese Autoren sehen dieses Lernergebnis jedoch als Vorstufe zum Anpassungs- und Veränderungslernen, um die organisationalen Hindernisse, die sich bei jeder Veränderung stellen, zu überwinden. Dies entpricht aber nicht dem Ablauf der Lernprozesse, den wir in unseren Fallstudien beobachten konnten.

Mission der Unternehmung selbst im Hinblick auf ökologische Kriterien hinterfragt wird. [4] Es scheint uns nun zweckmässig, den umweltbezogenen organisationalen Lernprozess in vier Lernschritten zu konzeptualisieren (vgl. Abbildung 2).

Abbildung 2. Die Lernschritte eines umweltbezogenen organisationalen Lernprozesses

Lernschritt Entlernen: Im Laufe dieses Lernschritts findet innerhalb der Organisation eine Bewusstwerdung der unerwünschten und nicht länger akzeptierbaren Auswirkungen bestimmter Aktivitäten der Organisation auf die Umwelt statt. Das umweltmissachtende Verhalten wird in Frage gestellt und eine neue Beziehung zwischen Ökologie und Unternehmen definiert. Im Laufe dieses ersten Lernschritts wird eine Strategie definiert, wie diese Beziehung gestaltet werden soll (Aktionsbereiche, wechselseitiger Nutzen von Ökologie und Organisation), neue Verfahrensweisen werden eingeführt und andere werden ausgemustert. Dieser Schritt war in allen Lernprozessen der beschriebenen Vorgehensweisen zu beobachten.

Lernschritt Anpassungslernen: Während dieses Lernschritts strebt die Organisation eine ständige Verbesserung ihrer Aktivitäten unter ökologischen Gesichtspunkten an, aber dies im dafür eingeräumten Rahmen. Die Aktivitäten der Organisation werden zunehmend unter der ökologischen Lupe betrachtet. Die Instrumente zur Feststellung von ökologischen Problemen werden entwickelt. Der Erfolg bereits getroffener Massnahmen wird beurteilt und Schlussfol-

4 Vgl. dazu das Konzept der 4 Ebenen ökologischer Effizienz bei Dyllick & Belz in diesem Band.

gerungen für neue Projekte oder für neue Konzepte werden gezogen. Die Organisation zeigt sich aufgeschlossen gegenüber theoretischen und technologischen Entwicklungen, auch bezüglich den Aktivitäten der Konkurrenz. Sie will in Umweltfragen auf dem Laufenden sein. Dieser Schritt war in den beiden zielgerichteten Vorgehensweisen zu beobachten. Auch bei der ideelle Vorgehensweise wird in der Phase der Neuorientierung vermutlich dieser Lernschritt gemacht.

Lernschritt Veränderungslernen: Dieser Lernschritt stellt einen qualitativen Sprung in der Berücksichtigung der Umwelt dar. Er impliziert ein grundlegendes Umdenken bezüglich der Mission der Organisation in der Gesellschaft, er impliziert das Hinterfragen auf der Ebene der Produkte und Dienstleistungen der Organisation und ihrer Zweckmässigkeit nach ökologischen Kriterien. Nach diesem Schritt hat die Umweltthematik die gesamte Organisation durchdrungen und ist in der organisationalen Kultur integriert. Keine der analysierten Vorgehensweisen war soweit fortgeschritten.

Lernschritt umweltbezogene Lernkultur: Mit diesem Lernschritt wird eine Lernkultur entwikkelt, welche die Organisation befähigt, ständig nach neuen Möglichkeiten für ökologische Verbesserungen in der Organisation selbst aber auch in Zusammenarbeit mit marktlichen und/oder gesellschaftlichen Anspruchsgruppen zu suchen. Eine solchermassen nachhaltige Organisation wird zum Akteur in der Transformation von Bedürfnisfeldern im Sinne ökologischer Nachhaltigkeit.

Implikationen für das Begleiten umweltbezogener organisationaler Lernprozesse

In diesem Kapitel werden nun die Faktoren, die in den untersuchten Fallstudien die Lernprozesse beeinflusst haben, in die dargelegte Konzeptualisierung integriert. Wie die Analyse der Abläufe organisationaler Lernprozesse gezeigt hat, können diese Prozesse gefördert, aber auch erschwert oder sogar abgebrochen werden. Jene Personen, die umweltbezogene organisationale Lernprozesse fördern wollen, müssen deshalb die Faktoren und Rahmenbedingungen verstehen, die den Prozess von einer Phase zur nächsten voranbringen können. Wie schon ausgeführt wurde, wird der erste Lernschritt sowohl durch externe Faktoren oder Bedingungen (Gesetzgebung, Presse, Marktentwicklungen) und interne Faktoren (Bewusstwerdung auf der Ebene des Managements oder einer Mitarbeitergruppe) ausgelöst.

Lernschritt Entlernen: Die von den Organisationen getroffenen ökologischen Massnahmen stellen einerseits den sichtbarsten Teil dar, in dem sich der Entlernprozess der Organisation konkretisiert. Im Laufe dieses ersten Lernschritts werden interne Massnahmen bezüglich des Betriebsablaufs und der Produktionsprozesse gestartet. Andererseits stellen bestimmte Massnahmen auch zum Lernprozess beitragende Faktoren dar. So ist zum Beispiel die Einführung der Abfallsortierung im Büro (Trennen des Papiers von den übrigen Abfällen) insbesondere für Dienstleistungsunternehmen eine sehr verbreitete Einstiegsmassnahme. Sie betrifft jeden, ist leicht realisierbar und übermittelt eine symbolische Botschaft an alle Mitglieder der Organisation. Bei diesem ersten Lernschritt spielen insbesondere drei Personentypen eine entscheidende Rolle. Das Top-Management muss seine moralische und finanzielle Unterstützung der umweltbewussten Ausrichtung der Organisation zum Ausdruck bringen. Die strategischen Gruppen sind ein wichtiger Faktor für das Gelingen dieses ersten Schrittes. Die Mitglieder dieser Gruppen sind bestrebt, die Verankerung der Ökologie in der Organisation (insbesondere durch Leitlinien, durch die Installierung von Instrumenten) zu erreichen, damit der Umweltschutz legitimiert und mit den erforderlichen Mitteln ausgestattet wird. Sie spielen auch eine Rolle bei der ökologischen Bewusstseinsbildung in der Organisation, insbesondere durch die hier stattfindenden Umdenkprozesse und durch ihre Vorbildfunktion. Zudem kommt den strategischen Gruppen eine Begleitfunktion bei der Massnahmenrealisierung zu. Bei diesem Lernschritt können auch externe Berater methodologische und konzeptuelle Hilfe leisten.

Dokumente wie Leitbilder oder Umweltprogramme sind ein wichtiger Faktor für die Verankerung des Lernens in der Organisation. Mit ihrer Hilfe wird die umweltbewusste Ausrichtung von bestimmten Einzelpersonen gelöst und ein diesbezüglicher Beschluss der Direktion liefert die Legitimierung dieses Prozesses, auf den sich die Personen anschliessend berufen können.

Die interne Kommunikation vermittelt die neue umweltbewusste Ausrichtung der Organisation und erläutert die Notwendigkeit der Berücksichtigung ökologischer Gesichtspunkte. Da das umweltbewusste Verhalten des Unternehmens eine Anstrengung von Seiten des Personals erfordert, zielt die Kommunikation besonders auf die Motivierung und Beteiligung der Mitarbeiterinnen und Mitarbeiter ab. Die externe Kommunikation ist hier noch nicht sehr entwikkelt, da man zunächst intern die Glaubwürdigkeit festigen möchte. Organisationen, die sich zu rasch nach aussen wandten, haben diese Voreiligkeit bedauert. Trotzdem haben bereits bestimmte interne Massnahmen einen Kommunikationseffekt nach aussen (z.B. die Verwendung von Recycling-Papier).

Die Zusammenarbeit mit anderen Organisationen zielt auf die Entwicklung neuer Lösungen (Zulieferer, Kunden) zur Realisierung der Massnahmen ab. Bisweilen stellt die Kooperation mit externen Unternehmen eine wichtige Informationsquelle dar (z.B. internationale Programme, Muttergesellschaft), ansonsten bietet sie Aktionsmöglichkeiten.

Übergang zum Lernschritt Anpassungslernen: Dieser Übergang erfordert Dynamik. Intern muss die Legitimität des Prozesses, insbesondere auf der Direktionsebene, gut gefestigt sein. Zudem müssen die Entscheidungsträger der Organisation ebenfalls die Vorteile erkennen, die ein umweltbewusstes Verhalten für ihre Organisation hat. Die nötige Dynamik kann durch folgende Elemente erzeugt werden:

- neue Aktionsprogramme und Führungsinstrumente,
- Ausdruck von Erwartungen seitens der Mitarbeiterinnen und Mitarbeiter,
- ein ausreichend grosser Kern motivierter Personen (insbesondere in Strategiegruppen),
- das Gefühl, dass sich die Organisation für die Aufgabe schon exponiert hat und daher vom Umfeld (Kunden, Partner, Gesellschaft) eine Fortsetzung erwartet wird.

Lernschritt Anpassungslernen: Dieser Lernschritt ist durch die kontinuierliche Verbesserung innerhalb des im ersten Lernschritt geschaffenen Rahmens charakterisiert. Neben internen Massnahmen werden nun auch externe Massnahmen entwickelt. Zum Beispiel werden eine Produktreihe oder Verpackungen umweltbewusst gestaltet. Infolgedessen erkennen die Kunden die umweltbewusste Einstellung der Organisation. Strategische Gruppen, hier auf einen kleinen Kern reduziert, stellen eine weitere Impuls- und Erneuerungsquelle dar. Indessen hat oft der Umweltbeauftragte die Kontinuität des Prozesses gewährleistet und weitere Impulse gegeben. Diese Person hat eine wichtige Begleit- und Unterstützungsfunktion für die mit der Realisierung der Massnahmen betrauten Projektgruppen. Ihm kommt sowohl eine beratende Funktion zu wie auch die Funktion, bei Bedarf die Verbindung zu externen Informationsquellen beziehungsweise externem Wissen herzustellen. Die Strategiegruppen und die Umweltbeauftragten achten darauf, dass die von den Projektgruppen erzielten Ergebnisse regelmässig ausgewertet werden, um die Erfolge und die zu beseitigenden Schwachstellen festzustellen. Ihre Aufgeschlossenheit gegenüber Neuheiten ermöglicht die Weiterentwicklung der Prozesse. Externe Berater können eine wichtige Quelle ständiger Erneuerung und Verbesserung sein. Auch zur Überwindung von Schwierigkeiten kann auf Berater zurückgegriffen werden.

Führungsinstrumente wie Ökobilanzen oder Statistiken stellen ebenfalls einen internen Dynamisierungsfaktor dar. Sie liefern regelmässig Daten über die Entwicklung der ökologischen Situation der Organisation. Sie zeigen verbleibende ökologische Schwächen auf und fordern zur Festlegung von Zielen sowie zur Ergreifung der entsprechenden Massnahmen auf. Auf diese Weise tragen sie zur Fortsetzung und Erneuerung des Prozesses bei. Ausserdem erlauben diese Führungsinstrumente die Bewertung der Ergebnisse und die Bereitstellung wichtiger Informationen für die interne Kommunikation. Je mehr konkrete Elemente (Massnahmenprogramme, konkrete Ziele) die Dokumente enthalten, desto dringender verlangen sie nach Umsetzung, weshalb ihnen ebenfalls eine dynamisierende Funktion zukommt. Ausserdem ist die regelmässige Aktualisierung dieser konkreten Elemente in den Leitlinien ein Symbol der Erneuerungsfähigkeit des vielleicht in eine Sackgasse geratenen Prozesses.
Die interne Kommunikation zielt auf die Motivierung der Mitglieder, damit diese zur ökologischen Verbesserung der Organisation beitragen. Weiter möchte diese Kommunikation auch die Identifikation mit dieser neuen Ausrichtung bewirken (Beteiligung der Mitarbeiter/innen mittels Umfragen, Ideenbörsen usw.). Durch die Sensibilisierung der Mitarbeiterinnen und Mitarbeiter möchte man eine interne Dynamik des ökologischen Prozesses in die Wege leiten, um eine Druckausübung der „Basis" auf die Entscheidungsträger zu bewirken. Parallel zur fortschreitenden Realisierung ökologischer Massnahmen innerhalb der Organisation entwikkeln sich externe Kommunikationsaktivitäten. Sie tragen zum umweltbewussten Image bei,

das die Organisation vermitteln möchte. Hierzu kann sich die Organisation insbesondere auf die durch die Führungsinstrumente gelieferten Daten stützen. Ausserdem erzeugt die externe Kommunikation eine „Glaubwürdigkeitsdynamik". Denn wenn die Organisation ihr Image als Bahnbrecherin auf dem Gebiet des Umweltschutzes bewahren möchte, muss sie ständig besser werden, um einen Vorsprung gegenüber den anderen aufrechtzuerhalten. Parallel dazu stellt das positive Echo, das die Organisation von der Gesellschaft (Kunden, Presse, Öffentlichkeit usw.) erhält, einen Legitimierungsfaktor für die interne Fortsetzung des Prozesses dar. In manchen Fällen zielt die externe Kommunikation auch auf die Beratung und Erziehung der Kunden oder Wirtschaftspartner ab, da eine Verhaltensänderung ihrerseits erforderlich ist, damit die Organisation ihren eigenen Prozess durchführen kann (z.B. Ernährungs-, Reisegewohnheiten).

Bei diesem Lernschritt Anpassungslernen stellt externe Kooperation in mehrfacher Hinsicht eine Impulsquelle dar. Einerseits dient sie weiterhin als Quelle für Informationen und Entwicklungen neuer Lösungen, was die Organisation in die Lage versetzt, sich ständig zu verbessern. Sehen die Organisationen ihre Position als Bahnbrecherinnen im Rahmen dieser Kooperationen bestätigt, hat dies andererseits Anerkennung und Stimulierung zu ständiger Verbesserung zur Folge (vgl. Geelhaar et al. in diesem Band).

Übergang zum Lernschritt Veränderungslernen: Dieser Übergang erfordert einen qualitativen Sprung auf die Werteebene, wo die Bedeutung der ökologischen Frage für die Organisation festgelegt wird. Wenn auch während des Lernschritts des Anpassungslernens die Massnahmen immer zahlreicher und besser werden, die Ökologie zunehmend die Organisation durchdringt und teilweise in die Kultur der Organisation integriert wird, ist doch noch ein qualitativer Sprung erforderlich, damit gesamte Aktivität der Organisation unter ökologischem Gesichtspunkt überdacht wird und so ein breites Veränderungslernen stattfindet kann. Ausserdem wird im Beitrag von Dyllick und Belz in diesem Band überzeugend argumentiert, dass es für das Verbesserungspotential einer einzelnen Organisation eine Grenze gibt und dass Veränderungslernen mit entsprechenden Lernschritten bei den Anspruchsgruppen der Organisation verbunden ist. Dieser Lernschritt erfolgt parallel zu Veränderungen im Kundenverhalten und wird von Veränderungen der Rahmenbedingungen der Organisation und der sie umgebenden Motivationssysteme (insbesondere politische, wirtschaftliche und soziale) begleitet. Pionierorganisationen kommt sicherlich eine Impulsfunktion bei dieser Veränderung zu (wie auch Geelhaar et al. in diesem Band aufzeigen).

Lernschritt Veränderungslernen: Während das Anpassungslernen durch seine kontinuierliche Verbesserung charakterisiert wird, ist für den Lernschritt Veränderungslernen das Ersetzen alter Verhaltensnormen und allgemein akzeptierter Werte durch neue Normen und Werte bezeichnend, wobei die ökologische Dimension in den Prioritäten der Organisation steigen muss. Dieser Lernschritt war in den Fallstudien nicht festzustellen, weshalb die weiteren Ausführungen explorativen Charakter haben.

Im Laufe dieses Lernschritts werden die Produkte, und damit die Funktion der Organisation in der Gesellschaft selbst, unter ökologischem Gesichtspunkt überdacht. Die wichtigsten Akteure bei diesem Lernschritt sind wahrscheinlich das Top-Management und neue strategische Gruppen. Denn ein solcher Lernschritt muss die Personen einschliessen, die Einfluss auf die Normen und Werten haben, die in einer Organisation handlungsleitend sind. Ein weiterer wichtiger Faktor dürfte bei diesem Lernschritt die externe Kooperation spielen. Denn nur mit ihrer Hilfe kann die Organisation ihren beschränkten Handlungsspielraum überwinden und ihre Rahmenbedingungen zu verändern helfen. Es kann sich hier um Kooperationen entlang eines ökologischen Produktlebenszylus's handeln oder auch um die Kooperation im gesamten Bedürfnisfeld, in dem sich die Organisation befindet (vgl. wiederum Dyllick & Belz in diesem Band). Das Ergebnis des Veränderungslernens wird in den Dokumenten und in den Führungsinstrumenten der Organisation niederschlagen. Diese werden den Mitarbeiterinnen und Mitarbeiter vermutlich eine noch höhere Bedeutung für die erfolgreiche Weiterentwicklung der Organisation beimessen.

Übergang zur umweltbezogenen organisationalen Lernkultur: Auf diese Weise erfolgt die kontinuierliche Verbesserung über die Einführung einer umweltbezogenen Lernkultur, was bedeutet, dass die Organisation eine Fähigkeit zum permanenten und kollektiven Lernen unter Einbezug des marktlichen und gesellschaftlichen Umfeldes erlangt hat. Aufgrund der Fallstudien können wir diesen Lernschritt nicht weiter beschreiben. Dennoch ist es wichtig, sich noch einmal in Erinnerung zu rufen, dass diese Lernkultur den letzten Lernschritt sowie das Ziel des organisationalen umweltbezogenen Lernprozess darstellt.

Schlussfolgerungen

Auf der Basis der untersuchten Fallstudien und unter Einbezug von Konzepten aus der Literatur, werden in dieser Studie Lernschritte vorgestellt, die Organisationen zur Nachhaltigkeit führen können. Es werden dazu auch praktische Hinweisen abgeleitet für Personen, die solche Lernprozesse begleiten oder fördern möchten. Drei dieser Hinweisen möchten wir in Erinnerung rufen.

Die Analyse hat zunächst gezeigt, dass verschiedene Personentypen, und nicht nur die internen Umweltbeauftragten und die externen Umweltberater, wichtige Funktionen im organisationalen Lernprozess wahrnehmen. Das Lernen dieser Personen sowie ihre Aktivitäten interagieren mit den Elementen, die eine Organisation in ihrer strukturellen und kulturellen Dimension bilden. Diese Dimensionen werden nach und nach so umgewandelt, dass das Umweltengagement nicht die Aufgabe einiger motivierter Personen bleibt, sondern zum integrierten Bestandteil der Organisation wird.

Die Analyse zeigt weiter die Faktoren auf, darunter auch die Personen, die bei jedem Lernschritt von Bedeutung sind. Sie und ihre Funktionsweise zu kennen, helfen beteiligten Personen, sich im umweltbezogenen organisationalen Lernprozess zurechtzufinden und zu verstehen, auf welche Faktoren sie in welchem Moment des Prozesses und mit welchem Ziel zurückgreifen können. Dieses Verstehen trägt sicherlich zur Effizienz ihrer Interventionen bei.

Schliesslich hat die Analyse auch noch gezeigt, dass der Übergang von einem Lernschritt zum nächsten nicht automatisch erfolgt. Viele Lernprozesse enden zumindest zeitweise in einer Sackgasse, wie die beschriebenen Vorgehensweisen gezeigt haben. Darum ist das Verständnis davon, wie der Übergang von einem Lernschritt zum anderen bewältigt werden kann, besonders wichtig. Wie gezeigt wurde, können verschiedene interne und externe Faktoren direkt oder indirekt die dafür notwendige Dynamik bewirken. Bei all dem wurde auch darauf hingewiesen, dass eine Organisation, die allein vorgeht, früher oder später an bestimmte Grenzen stösst, sei es das Kundenverhalten oder das Verhalten der Geschäftspartner und Konkurrenten, seien es die Anreizstrukturen der öffentlichen Hand. Folglich ist eine wichtige aus dieser Analyse zu ziehende Lehre die, dass Organisation ab einem gewissen Stadium sich in „interorganisationale Lernprozesse" einbringen müssen, damit die eigene Entwicklung in Richtung einer nachhaltigen Organisation weitergehen kann.

Bibliographie

Argyris, C. (1983) Reasoning, Learning and Action: Individual and Organizational. Jossey-Bass, San Francisco

Argyris, C. (1992) On Organizational Learning. Blackwell. Oxford:

Argyris, C., Schön, D. (1978) Organizational Learning: a Theory of Action Perspective. Addison-Wesley Publisher, Reading (Mass.)

Bardach, E. (1977) The implementation Game. The MIT Press, Cambridge (Mass.)

Cangelosi, V. E., Dill, W. R. (1965). Organizational Learning: Observations towards a Theory. *Administrative Science Quarterly, Vol. 10:* 175-203.

Cyert, R. M., March, J. G. (1963) A Behavioral Theory of the Firm. Prentice-Hall, Englewood-Cliffs

Delley, J.-D. (1993) Le dire et le faire. Sur les modalités et les limites de l'action étatique. *In:* Schweizerisches Jahrbuch für Politische Wissenschaft. Haupt, Bern

Dixon, N. (1992) Organizational Learning: A Review of the Literature with Implications for HRD Professionals. *Human Resource Development Quarterly, Vol. 3:* 29-49.

Dodgson, M. (1993) Organizational Learning: A Review of some Literature. *Organizational Studies, Vol 14:* 375-394.

Finger, M. (1994) From knowledge to action ? Exploring the relationship between environmental experiences, learning and behavior. *Journal of Social Issues, Vol. 50:* 141-160.

Finger M., Bürgin S. (to be published) Steps towards the learning organisation. In: In Action: The learning organisation, herausgegeben von Watkins, K., Marsiok, V. American Society for Training and Development, Washington:

Fiol, M. C. , Lyles, M. A. (1985) Organizational Learning. *Academy of Management Review, Vol. 10:* 803-813.

Fuhrer, U. (1995) Ökologisches Handeln als sozialer Prozess. Birkhäuser, Basel

Garvin, D. (1993) Building a Learning Organization. *Harvard Business Review, Vol. 71:* 78-91.

Glynn, M. A., Milliken, F., Lant, T. (1991) Learning about Organizational Learning: A Critical Review and Research Agenda. Manuscript.

Gorsler B. (1991) Umsetzung ökologisch bewussten Denkens. Paul Haupt, Bern

Hedberg, B. (1981) How organizations learn and unlearn. *In:* Handbook of organizational design, herausgegeben von Nystrom, P. C., Strabuck, W. H., Oxford University Press, Oxford

Hopfenbeck W. (1990) Umweltorientiertes Management und Marketing. Verlag Moderne Industrie, Landsberg, Lech,

Kim, D. (1993) The Link between Individual and Organizational Learning. *Sloan Management Review, Fall:* 37-50.

Knoepfel, P. (1992) La protection de l'environnement en proie aux problèmes d'acceptation et aux déficits de mise en oeuvre. *In:* Droit de l'environnement: mise en oeuvre et coordination, herausgegeben von Morand C.-A. Helbing und Lichtenhahn, Basel

Lazaric, N., Monnier, J.-M. (1995) Coordination économique et apprentissage des firmes. Collection stratégies et organisations. Economica, Paris

Levitt, B. March, J. G. (1988) *Organizational Learning. Annual Review of Sociology, Vol. 14:* 319-340.

Linder, W. (1987) La décision politique en Suisse. Genèse et mise en oeuvre de la législation. Réalités sociales, Lausanne

March, J. G. (1991) Exploration and Exploitation in Organizational Learning. *Organization Science, Vol. 2:*71-87.

Mayntz, R. (Hrsg) (1980) Implementation politischer Programme. Athenäum, Königstein/Ts

Mayntz, R. et al. (1978) Vollzugsprobleme der Umweltpolitik. Kohlhammer, Wiesbaden

Meffert H., Kirchgeorg M. (1993) Marktorientiertes Umweltmanagement. Schäffer-Poeschel, Stuttgart

Sattelberger, T. (ed.) (1991). Die Lernende Organisation. Konzept für eine neue Qualität der Unternehmensentwicklung. Gabler, Wiesbaden

Schaltegger S., Sturm A. (1994) Ökologieorientierte Entscheidungfen in Unternehmen. Paul Haupt, Bern

Schulz E., Schulz W. (1994) Ökomanagement. So nutzen Sie den Umweltschutz im Betrieb. C.H. Beck, München

Senge, P. (1990) The Fifth Discipline: the Art and Practice of the Learning Organization. Doubleday, New York

Shrivastava, P. (1983) A Typology of Organizational Learning Systems. *Journal of Management Studies, Vol. 20:* 7-28.

Umweltbundesamt Berlin (1991) Umweltorientierte Unternehmensführung. *Berichte 11/9.* Berlin

Ventriss, C., Luke, J. (1988) Organizational Learning and Public Policy. *American Review of Public Administration, Vol. 18:* 337-357.

Watkins, K. , Marsick, V. (1993) Sculpting the Learning Organization. Jossey-Bass, San Francisco

Weidner, H. (1993) Der verhandelnde Staat. Minderung von Vollzugskonflikten durch Mediationsverfahren. *In:* Schweizerisches Jahrbuch für Politische Wissenschaft. Paul Haupt, Bern.

Whyte, W. F. (1991) Social Theory for Action: How Individuals and Organizations Learn to Change. Sage, London

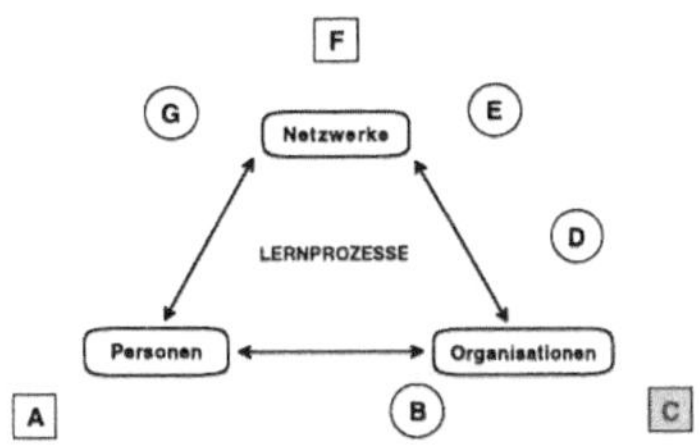

Ökologische Effizienz als Massstab organisationaler Lernprozesse

Thomas Dyllick / Frank Belz

Einleitung

Betrachtet man die Unternehmung als ein sozioökonomisches System, dann ist die ökonomische Effizienz eine zentrale Lenkungsgrösse. Unter dem Begriff der ökonomischen Effizienz wird allgemein eine Form der Leistungserstellung verstanden, die bei gegebenen Mitteln ein maximales Ziel erreicht (Maximumprinzip) oder die bei gegebenen Zielen möglichst wenig Mittel einsetzt (Minimumprinzip). Aus der herkömmlichen ökonomischen Perspektive sind Arbeit und Kapital die zentralen Inputfaktoren. Der Massstab erfolgreichen Wirtschaftens ist der möglichst effiziente Einsatz dieser Produktionsfaktoren. Dies kommt in betriebswirtschaftlichen Kennzahlen wie Produktivität oder Rentabilität zum Ausdruck. Betrachtet man die Unternehmung jedoch als ein stofflich-energetisches System, dann ist die ökologische Effizienz eine zentrale Lenkungsgrösse. Aus dieser Perspektive sind natürliche Ressourcen und Energie die zentralen Produktionsfaktoren, die es möglichst ökonomisch einzusetzen gilt. Es ist das Verdienst von Stephan Schmidheiny und dem von ihm präsidierten Business Council for Sustainable Development, den Begriff der ökologischen Effizienz in die Diskussion eingebracht und verbreitet zu haben. In dem Buch "Kurswechsel" umschreibt er den Begriff wie folgt:

> "Wir bezeichnen diejenigen Unternehmen als »öko-effizient«, die auf dem Weg zu langfristig tragbarem Wachstum Fortschritte machen, indem sie ihre Arbeitsmethoden verbessern, problematische Materialien substituieren, saubere Technologien und Produkte einführen und sich um die effiziente Verwendung und Wiederverwendung von Ressourcen bemühen."[1]

Diese Definition bezieht sich vor allem auf die ökologische Verbesserung von Prozessen und Produkten. Das relevante System, das die ökologische Effizienz verbessern soll, ist hierbei die Unternehmung bzw. Teilbereiche davon.

In dem vorliegenden Beitrag soll der Begriff der ökologischen Effizienz erweitert werden. Die ökologische Effizienzbetrachtung erfolgt auf vier verschiedenen Stufen: Betrieb, Produkt, Funktion und Bedürfnis. Dementsprechend soll von ökologischer Betriebseffizienz, ökologischer Lebenszykluseffizienz, ökologische Funktionseffizienz und ökologischer Bedürfnissuffizienz gesprochen werden. Bevor jedoch diese unterschiedlichen Stufen ökologischer Effizienz herausgearbeitet und verdeutlicht werden, soll das Thema zunächst in den Rahmen der bestehenden Vorstellungen zum organisationalen Lernen eingeordnet werden.

Organisationales Lernen in einem ökologischen Kontext

In der betriebswirtschaftlichen und organisationswissenschaftlichen Literatur zum organisationalen Lernen werden schwergewichtig zwei Fragestellungen behandelt: Zum einen die Frage, inwiefern sich individuelles und organisationales Lernen voneinander unterscheiden, zum anderen die Frage nach den unterschiedlichen Lerntypen oder Lernstufen.

---

1 Schmidheiny (1992), S. 38.

Im Hinblick auf die erste Fragestellung spielt die Unterscheidung von *individuellem und organistorischem Lernen* eine wichtige Rolle. Ausgangspunkt ist die Feststellung, dass das Lernen der Organisationsmitglieder zwar als notwendig für organisationales Lernen angesehen werden kann, aber noch nicht als hinreichend. Was zum individuellen Lernen hinzukommen muss, damit es zu organistorischem Lernen wird, lässt sich mit Bezug auf Pawlowsky folgendermassen festhalten. Organisationales Lernen ist demnach ein Prozess:

"- der eine Veränderung der Wissensbasis der Organisation beinhaltet,
- der im Wechselspiel zwischen Individuen und der Organisaton abläuft,
- der durch Bezugnahme auf existierende Handlungstheorien in der Organisation erfolgt und
- der zu einer Systemanpassung der internen bzw. an die externe Umwelt und/oder zu erhöhter Problemlösungsfähigkeit des Systems beiträgt."[2]

Die zweite Fragestellung bezieht sich auf die Unterscheidung qualitativ verschiedener *Lernstufen*. Mit Sander-Gittermann[3] kann man diesbezüglich zwischen "niveauimmanentem" und "niveauüberwindendem Lernen" unterscheiden. Ziel niveauimmanenten Lernens ist die Steigerung der Effizienz einzelner Handlungen im Rahmen eines durch bestehende Normen und Werte vorgegebenen Rahmens. Piaget bezeichnet diese Lernform im Rahmen seiner individuellen Lerntheorie als "Assimilation", Argyris/Schön sprechen in Anlehnung an die kybernetisch ausgerichteten Arbeiten von Bateson diesbezüglich von "single-loop-learning", andere Autoren[4] sprechen von "Anpassungslernen". Niveauimmanente Anpassungen bezwecken eine Stabilisierung des erreichten Entwicklungsniveaus unter Ausnutzung aller auf diesem Niveau bestehenden Rationalisierungs- und Effizienzverbesserungspotentiale. Demgegenüber geht es beim niveauüberwindenden Lernen um eine Erweiterung des Rahmens selber, indem die dahinter stehenden Annahmen und Werte überprüft und angepasst werden. Dies entspricht bei Piaget seinem Konzept der "Akkomodation", bei Bateson und Argyris/Schön dem kybernetischen Konzept des "double-loop-learning", andere Autoren sprechen von "Veränderungsler-

2 Pawlowsky (1992), S. 201
3 vgl. Sander-Gittermann (1994), S. 110ff
4 vgl. z.B. Sattelberger (1994), Harde (1994), Pfriem (1995)

nen".[5] Es geht darum, bestehende Handlungskontexte, damit aber auch die damit verbundenen Begrenzungen zu überwinden.

Bezogen auf die Umwelt bzw. auf Umweltlernen lässt sich der Unterschied zwischen Anpassungslernen und Veränderungslernen anhand zweier Beispiele illustrieren. Im Hinblick auf ökologische Massnahmen im Produktionsbereich von Unternehmen dominieren bisher "End-of-Pipe-Massnahmen", indem die Luft- oder Wasserbelastungen bestehender Produktionstechnologien durch nachgeschaltete Reinigungsmassnahmen, z.B. durch Luftfilter, so weit reduziert werden, dass sie innerhalb verlangter Grenzwerte zu liegen kommen, während die eigentlichen Emissionsverursacher in Gestalt bestehender Produktionstechnologien oder Produkte dabei nicht ins Blickfeld geraten. Erst durch den Übergang zu "prozessintegrierten Technologien" wird ein neuer Kontext geschaffen, der auch veränderte Merkmale im Hinblick auf die ökonomische und die ökologische Effizienz aufweist. Veränderungslernen ist hierbei in jedem Fall mehr als nur die Anwendung einer anderen Technologie. Es umfasst das ganze Handlungssystem, bestehend aus Handlungszielen, Handlungsabläufen und Mitteln.

Ein anderes Beispiel betrifft den erforderlichen Übergang von einem reaktiven Umgang zu einem proaktiven, selbstgesteuerten Umgang, wie es die ISO-Norm 14.001 ("Umweltmanagementsysteme") oder die EMAS-Verordnung der EU verlangen.[6] Auch hier liegt der Kern des Veränderungslernens nicht im Aufbau eines Umweltmanagementsystems alleine, sondern in der Übernahme einer anderen Philosophie und der entsprechenden Ausrichtung der Handlungsregeln und -abläufe in der Organisation. Es geht, mit anderen Worten, nicht nur um einen Austausch der organistorischen "Hardware", sondern um die Entwicklung und den Einsatz einer neuen "Software".

Im vorliegenden Beitrag soll jedoch nicht die Unterscheidung zwischen Anpassungs- und Veränderungslernen im Vordergrund stehen, und auch nicht diejenige zwischen individuellem und organisationalem Lernen. Was hier als neuartige Fragestellung in einem Kontext des

---

5 Manche Autoren unterscheiden noch eine dritte Stufe des Lernens, das "Lernen zu lernen" (vgl. Sattelberger (1994), Harde (1994), Pfriem (1995)), bei der das Lernen selbst zum Gegenstand des Lernens wird. Es setzt an den Lernprozessen und Lernpraktiken an, um hierdurch die Lernfähigkeit zu verbessern. Auf diese Form einer Verstärkung und Beschleunigung des Veränderungslernens soll hier nicht speziell eingegangen werden.

6 vgl. hierzu Dyllick (1995a, 1995b)

ökologischen Lernens aufgeworfen werden soll, das ist vielmehr die Frage des *relevanten lernenden Systems*. Es ist zu fragen: *Wer* muss eigentlich lernen, wenn es darum gehen soll, die ökologische Effizienz wirtschaftlichen Handelns zu verbessern? Oder: *Was* ist das relevante Lern-System? Dass Unternehmen selber als wichtige Akteure lernen müssen, ist naheliegend. Dass dies jedoch bereits ausreicht, ist in Frage zu stellen, nicht zuletzt deshalb, weil die Spielräume für autonome Veränderungen an ökonomische Sanktionsgrenzen stossen. Sollen weitergehende ökologische Effizienzpotentiale erschlossen werden, so bedingt dies über die einzelne Unternehmung hinausgehende kollektive Strategien und Massnahmen, die nach einem umfassenderen Lern-System verlangen und weitere Anspruchsgruppen, aber auch übergeordnete Systemebenen mit einbeziehen. In den folgenden Ausführungen wird dieser Gedanke in Form von fünf Thesen erläutert und vertieft.

Ebenen und Ausprägungen ökologischer Effizienz

These 1: Im Hinblick auf den "ökologischen Reifegrad" einer Unternehmung kann man vier verschiedene Stufen unterscheiden: ökologische Betriebseffizienz, ökologische Lebenszykluseffizienz, ökologische Funktionseffizienz und ökologische Bedürfnissuffizienz.

Betrachtet man sich die Umweltaktivitäten in der unternehmerischen Praxis, dann sind es vor allem Massnahmen im Bereich der Produktion, die von Unternehmen ergriffen werden. In letzter Zeit werden zunehmend auch Massnahmen relevant, die sich über den gesamten ökologischen Produktlebenszyklus "von der Wiege bis zur Bahre" erstrecken. Um Unternehmen jedoch zur Nachhaltigkeit zu führen, bedarf es auch einer Betrachtung der Funktions- und der Bedürfnisebene. Eine solche mehrdimensionale Betrachtung wird im Rahmen des COSY-Konzeptes vorgenommen.[7] *COSY* steht für *C*ompany *O*riented *S*ustainabilit*Y* und stellt den

---

[7] Vgl. zum COSY-Konzept Schneidewind (1994, 1995).

Versuch dar, die Idee der nachhaltigen Entwicklung auf Unternehmens- und Branchenebene zu konkretisieren. In Abbildung 1 werden die vier Ebenen von COSY dargestellt.

Abbildung 1. Ebenen und Zielgrössen von COSY

COSY-Ebene	Zielgrösse	Ort der Lernprozesse
Bedürfnisebene	Ökologische Bedürfnissuffizienz	In der Gesellschaft als Ganzes
Funktionsebene	Ökologische Funktionseffizienz	Produkt- und branchen-übergreifend
Produktebene	Ökologische Lebenszykluseffizienz	Entlang des ökologischen Produktlebenszyklus
Betriebsebene	Ökologische Betriebseffizienz	Innerhalb des Betriebes bzw. der Unternehmung

Auf der vierten und untersten Ebene geht es darum, den eigenen Betrieb ökologisch zu verbessern. Die relevante Zielgrösse ist die ökologische Betriebseffizienz. Das Schliessen von Wasserkreisläufen in der Produktion oder die Optimierung von logistischen Prozessen können beispielsweise zu einer Verbesserung der ökologischen Betriebseffizienz beitragen. Auf der dritten Ebene von COSY geht es um den gesamten ökologischen Produktlebenszyklus. Die relevante Zielgrösse ist die ökologische Lebenszykluseffizienz. So kann zum Beispiel die Rücknahme von Produkten oder Verpackungen zwecks Wiederverwendung zu einer Erhöhung der ökologischen Lebenszykluseffizienz führen. Die zweite Ebene von COSY beschäftigt sich mit dem Funktionsverbund. Relevante Zielgrösse in diesem Kontext ist die ökologische Funktionseffizienz. Denkt man an das Beispiel des Waschens, so mag es für Waschmaschinenhersteller und Waschmittelhersteller sinnvoll sein zu kooperieren, um ökologische Optimierungspotentiale auszunutzen. Auf der ersten und höchsten Ebene werden die Bedürfnisse thematisiert. In diesem Zusammenhang kann man von ökologischer Bedürfnissuffizienz sprechen. Dabei geht es um die kritische Hinterfragung der heutigen Konsumbedürfnisse unter Berücksichtigung ökologischer Aspekte: Ist es unbedingt notwendig, jeden Tag Fleisch zu essen? Müssen wir uns jede Sommer-/Wintersaison Kleidung nach dem neuesten Trend der Mode kaufen? Ist die Reise in den Vorderen Orient wirklich interessanter und erholsamer als eine Wander- oder Fahrradtour in den einheimischen Regionen? Je höher die jeweilige Ebene, desto grösser sind die ökologischen Optimierungspotentiale und desto schwieriger sind diese aufgrund von wirtschaftlichen, politischen und gesellschaftlichen Restriktionen zu realisieren. Von Nachhaltigkeit auf Unternehmens- bzw. Branchenebene kann man dann sprechen, wenn die ökologischen Optimierungspotentiale auf allen vier Ebenen ausgeschöpft werden.[8] In den folgenden Ausführungen wird näher auf die vier COSY-Ebenen und die entsprechenden Ausprägungen der ökologischen Effizienz eingegangen. Darüber hinaus wird der Ort und die Art organisationaler Lernprozesse bestimmt, welche notwendig sind, um die ökologischen Optimierungspotentiale in vollem Umfang auszuschöpfen.

Ökologische Betriebseffizienz

These 2: Auf der vierten Stufe von COSY geht es um die Steigerung der ökologischen Betriebseffizienz (ökologische Optimierungen 4. Grades). Der Fokus der ökologischen Lernprozesse liegt bei einzelnen Unternehmensbereichen bzw. innerhalb der Unternehmung.

Auf der vierten und untersten Stufe von COSY geht es primär um die Steigerung der ökologischen Betriebseffizienz, d.h. die Öko-Effizienz innerhalb der eigenen Unternehmung. Dabei ist zunächst an die Produktion, aber auch an die innerbetriebliche Logistik, die Verwaltung und die Infrastruktur zu denken. Um das "eigene Haus" möglichst öko-effizient zu gestalten, bedarf es geeigneter Informationen in Form von:

- Ressourceneffizienz (Energie, Wasser, Boden usw.)
- Emissionseffizienz (CO_2, NO_x, Pb usw.)
- Abfalleffizienz (Siedlungsabfälle, Sonderabfälle usw.)
- Risikointensität (Unfälle, Auflagen usw.)

---

8 Vgl. Schneidewind (1995), S. 28.

je Tonne Produkt oder je Franken Umsatz.[9] Als Beispiel nehme man den Umweltbericht des Schweizer Chemiekonzerns Ciby-Geigy (Werk Schweizerhalle) für das Jahr 1993, welcher ausführlich über derartige ökologische Kennzahlen im Hinblick auf folgenden Bereiche Auskunft gibt:[10]

- Luft (Emissionen an VOC, NO_x, SO_2, CO_2)
- Wasser (Gesamtabwasser, Organika im Abwasser, Metalle im Abwasser, adsorbierbare organischer Halogene)
- Abfälle/Recycling (flüssige Sonderabfälle, feste Sonderabfälle, Industrieabfall, Lösungsmittelrecycling).

Alle Angaben werden einheitlich in Tonnen gemacht. Ein solches ökologisches Kennzahlensystem kann zu einem regelrechten Öko-Controlling ausgebaut werden, wie es etwa Hallay/Pfriem für mittelständische Unternehmen vorschlagen.[11] Ein weiteres Instrument zur Erfassung der ökologischen Ausgangssituation im Betrieb und zum Ergreifen von gezielten Umweltmassnahmen ist die Betriebs-Ökobilanz.[12] Insbesondere in der Chemiebranche, aber auch in anderen Branchen sind in den letzten Jahren erhebliche Anstrengungen unternommen worden, um die Umweltbelastungen im eigenen Betrieb zu reduzieren. Dabei darf jedoch nicht übersehen werden, dass die ökologischen Anstrengungen primär gesetzlich induziert sind. Verschärfte Auflagen im Bereich der Luftreinhalteverordnung und des Gewässerschutzgesetzes haben zu entsprechenden Anpassungen bei den Unternehmen geführt. Insofern handelt es sich primär um ein Anpassungslernen bzw. ein adaptives Lernen.[13] Die ökologischen Lernprozesse finden vorrangig innerhalb der eigenen Unternehmung bzw. den einzelnen Unternehmensbereichen statt. Vielfach sind es noch die Umweltbeauftragten oder die Produktionsmanager, welche sich mit operativen Fragen des Umweltmanagementes beschäftigen und nach technischen Lösungen für die Umweltprobleme suchen. Wird die Ökologie als Querschnittsfunktion aufgefasst und ein umfassendes Umweltkonzept angestrebt, dann sind auch Unternehmensfunktionen wie F&E, Beschaffung, Vertrieb und Marketing mit einzubeziehen.

---

9 Vgl. Dyllick (1992), S. 397-398.

10 Vgl. Ciba-Geigy (1994).

11 Vgl. Hallay/Pfriem (1992).

12 Vgl. zum Konzept der Ökobilanz und praktischen Anwendungsbeispielen Braunschweig/Müller-Wenk (1994).

13 Vgl. zu dieser Einschätzung auch Harde (1994).

Damit rücken das Produkt und die ökologische Lebenszykluseffizienz in den Mittelpunkt der Betrachtung.

Ökologische Lebenszykluseffizienz

These 3: Auf der dritten Stufe von COSY geht es um die Steigerung der ökologischen Lebenszykluseffizienz (ökologische Optimierungen 3. Grades). Die ökologischen Lernprozesse sind unternehmensübergreifend und finden zwischen den einzelnen Akteuren entlang des ökologischen Produktlebenszyklus "von der Wiege bis zur Bahre" statt. Dazu bedarf es horizontaler und vertikaler Kooperationen über den ganzen ökologischen Produktlebenszyklus hinweg.

Ökologische Produktprobleme werden häufig erst jenseits des eigenen Handlungsbereichs virulent. Dabei denke man beispielsweise an Automobile und die Verkehrsprobleme oder die Entsorgung von PVC. In letzter Zeit werden die Unternehmen für diese ökologischen Probleme sowohl von der Gesellschaft als auch vom Gesetzgeber zunehmend zur Verantwortung gezogen (Beispiel: deutsche Verpackungsverordnung aus dem Jahr 1992 und das in der Diskussion befindliche Kreislaufwirtschaftsgesetz). Um diesen Anforderungen gerecht zu werden, bedarf es einer umfassenden Sichtweise, wie sie etwa im Konzept des ökologischen Produktlebenszyklus verankert ist. Im Mittelpunkt des Konzeptes steht das gesamte Produktleben "von der Wiege bis zur Bahre". Neben dem Prozess der eigenen Leistungserstellung werden auch vor- und nachgelagerte Stufen explizit mit einbezogen. Die einzelnen Stufen können von Branche zu Branche sehr unterschiedlich sein. In der Lebensmittelbranche handelt es sich dabei beispielsweise um: Landwirtschaft, Lebensmittelindustrie, Lebensmittelhandel und Konsumenten.[14] Relevante Stufen der Baubranche sind: Rohstoffgewinnung/Baumaterialherstellung, Transport, Planung, Bauprozess, Instandstellung/Abbruch, Nutzung/Betrieb und Wiederverwertung/Entsorgung.[15] Aus einer solch erweiterten Perspektive geht es nicht lediglich darum, den eigenen Betrieb öko-effizient zu gestalten, sondern das Produkt entlang des ge-

---

14 Vgl. Belz (1995).
15 Vgl. Koller (1995).

samten Lebenszyklus. In diesem Zusammenhang kann man von "ökologischer Lebenszykluseffizienz" sprechen.[16]

Dazu zwei Beispiele aus der Lebensmittelbranche und der Baubranche: Im Jahr 1992/93 entschliesst sich der Schweizer Getränkehersteller Rivella, seine Fruchtsäfte von Einweg auf Mehrweg umzustellen.[17] Eine solche Umstellung bedingt einen höheren Energieverbrauch in der Produktion von Rivella aufgrund zusätzlicher Wasch-, Handlungs- und Pasteurisierungsprozesse. Der Verschlechterung der ökologischen Betriebseffizienz steht jedoch eine wesentliche Verbesserung der ökologischen Lebenszykluseffizienz gegenüber. Die mehrmalige Wiederverwendung der Glasflaschen wirkt sich aus stofflich-energetischer Sicht positiv aus. Im Zusammenhang mit den Mehrweg-Glasflaschen könnte man auch von einem ökologischen Produktlebenszyklus "von der Wiege bis zur Wiege"[18] sprechen. Als zweites Beispiel sei die Baubranche angeführt: Für die Nutzung eines konventionellen Hauses wird heute rund 10x (!) soviel Energie verbraucht wie für dessen Herstellung.[19] Eine solche lebenszyklusweite Betrachtung legt dringend notwendige Massnahmen zur Verbesserung der Nutzungseffizienz nahe. Darunter zählen beispielsweise die verbesserte Wärmedämmung und Isolation beim Bau des Hauses, aber auch passive und aktive Sonnenenergienutzung in Form von Wintergärten und Sonnenkollektoren auf den Dächern.[20]

Für ein solch umfassendes Umweltmanagement entlang des gesamten ökologischen Produktlebenszyklus finden sich in der angloamerikanischen Literatur Begriffe wie "Life Cycle Management", "Integrated Chain Management" oder "Product Stewardship".[21] Steger spricht in diesem Zusammenhang vom umweltorientierten Management des gesamten Produktlebenszyklus.[22] Für ein derart umfassendes Produktmanagement bedarf es ökologischer Kooperationen auf vertikaler und horizontaler Ebene. So ist es beispielsweise der Getränkeindustrie gelungen, die Recyclingquoten von PET-Flaschen innerhalb kürzester Zeit auf 72% (!) zu steigern. Diese Steigerung wurde erst durch den "Verein PET-Recycling Schweiz PRS", einer

16 Vgl. Dyllick (1994), S. 68.
17 Vgl. Belz (1995), S. 140.
18 Vgl. Meffert/Kirchgeorg (1995), S. 23.
19 Vgl. Koller (1995), S. 114-115.
20 Vgl. zu praktischen Beispielen aus diesem Bereich von Weizsäcker/Lovins/Lovins (1995), S. 39-57.
21 Vgl. bspw. Cramer (1994) und Welford (1995).
22 Vgl. Steger (1994).

ökologiebedingten Kooperation auf vertikaler und horizontaler Ebene, möglich. Der PRS verfolgt den Zweck, ein flächendeckendes Recyclingsystem für gebrauchte PET-Getränke-flaschen aufzubauen, zu fördern und zu erhalten. Erst durch die Bereitschaft des Handels, ein solches Redistributionssystem einzurichten und die Bereitschaft der Kunden, die PET-Flaschen zurückzubringen, kann ein solches Mehrwegsystem funktionieren und die ökologische Lebenszykluseffizienz verbessert werden. Die ökologischen Lernprozesse finden bei allen Akteuren entlang des ökologischen Produktlebenszyklus statt. Um solche Lernprozesse in Gang zu setzen und zu halten, bedarf es geeigneter Kommunikationsforen, die dem Austausch ökologischer Informationen dienen. Auch in diesem Fall handelt es sich primär noch um adaptive Lernprozesse. Die Unternehmen und die Akteure entlang des ökologischen Produktlebenszyklus passen sich an sich verändernde Rahmenbedingungen an, ohne das Produkt als solches oder die dahinterstehenden Bedürfnisse in Frage zu stellen. Eine solche weiterführende Betrachtung wird auf der zweiten Ebene von COSY vorgenommen.

Ökologische Funktionseffizienz

These 4: Auf der zweiten Stufe von COSY geht es um die Steigerung der ökologischen Funktionseffizienz (ökologische Optimierungen 2. Grades). Die ökologischen Lernprozesse finden auf einer produkt- und branchenübergreifenden Ebene statt. Daher bedarf es ökologischer Kooperationen im Funktionsverbund sowie des ökologischen Anspruchsgruppenlernens.

Auf der zweiten COSY-Stufe steht die Verbesserung der ökologischen Funktionseffizienz im Vordergrund. Dabei geht es nicht mehr um die ökologische Verbesserung einzelner Produkte, sondern um die Funktion, welche ein oder mehrere Produkte erfüllen. Eine Funktion wie der "Gütertransport von A nach B" kann auf ganz unterschiedliche Weise erbracht werden.[23] Soll diese Funktion ökologisch optimiert werden, dann bietet sich vielfach kombinierter Verkehr an. Dieser bedarf ökologischer Kooperationen im Funktionsverbund: Transportunternehmen

---

23 Vgl. Hugenschmidt (1995).

und Bahnbetriebe. Eine weitere Funktion wäre z.B. "saubere Wäsche": Würden sich Waschmaschinenhersteller und Waschmittelhersteller besser miteinander abstimmen, dann liessen sich noch einige ökologische Optimierungspotentiale in diesem Bereich ausschöpfen. Weitergehend wäre die Idee eines Textil-Care-Centers. Anstatt eine Waschmaschine zu kaufen und zu besitzen, mag es sinnvoll sein, lediglich die Dienstleistung nach sauberer Wäsche bereitzustellen. Das konsequente Denken in Funktionen anstatt in Produkten hat weitreichende ökonomische, soziale und gesellschaftliche Folgen, welche heute noch gar nicht absehbar sind. Auf jeden Fall bedarf es generativer umweltbezogener Lernprozesse, die bestehende Strukturen und Prozesse hinterfragen und neu modellieren. Diese Form des Lernens ist auf einer qualitativ höheren Ebene angesiedelt: Während beim adaptiven Lernen normative Handlungs- und Bewertungsmuster grundsätzlich nicht in Frage gestellt werden, geht es beim generativen Lernen gerade um die kritische Reflextion derartiger Muster.[24] Der damit einhergehende Wandel beschränkt sich nicht auf einzelne Unternehmen und Branchen, sondern ist unternehmens- und branchenübergreifend. Damit werden aber auch ökologische Anspruchsgruppen wie bspw. Umweltschutzorganisationen, -wissenschaftler und -berater relevant, die am ehesten die Fähigkeit besitzen, von bestehenden Produkt- und Branchenlösungen zu abstrahieren und neue Ideen in die Diskussion einzubringen. In diesem Zusammenhang kann man vom ökologischen Anspruchsgruppenlernen sprechen ("stakeholder based learning"[25]). Erst durch den Einbezug unterschiedlichster Anspruchsgruppen kann ein kollektiver Lernprozess in Gang gesetzt werden, der nicht nur Unternehmen und Branchen, sondern auch deren Kontext transformiert.[26]

Ökologische Bedürfnissuffizienz

These 5: Auf der ersten und höchsten Stufe von COSY geht es um die Steigerung der ökologischen Bedürfnissuffizienz (ökologische Optimierung 1. Grades). Die ökologischen Lernpro-

---

24 Vgl. Houcken (1995), S. 18 und die dort angegebene Literatur.
25 Vgl. zum Begriff des "stakeholder based learning" im ökologischen Kontext Hall/Ingersoll (1993).
26 Vgl. Dyllick/Belz (1994), S. 12.

zesse sind branchenübergreifend und sind in der Gesellschaft als Ganzes zu orten. Die Steigerung der ökologischen Bedürfnissuffizienz bedarf gesellschaftsweiter Verständigungs- und Lernprozesse bzgl. der Befriedigung von Bedürfnissen und Wohlstandsversprechen angesichts erkennbarer absoluter Knappheiten.

Die Steigerung der ökologischen Effizienz im Hinblick auf Betriebe, Produkte und Funktionen kann zu erheblichen Umweltentlastungen führen. Die Ausschöpfung der ökologischen Entlastungspotentiale in diesen drei Bereichen wäre bereits ein grosser Schritt in Richtung Nachhaltigkeit und sind bei weitem noch nicht ausgeschöpft. Es ist jedoch fragwürdig, ob damit das ultimative Ziel der Nachhaltigkeit tatsächlich auch erreicht werden kann. Bei der ökologischen Betriebs-, Produkt- und Funktionseffizienz handelt es sich um relative Grössen, die noch nichts über die absolute Umweltbelastung aussagen. Dies bringt Schmidt-Bleek wie folgt zum Ausdruck:

> "Wenn der Besitzer eines ökologisch exzellenten Autos mehr fährt als früher, nur weil er sich ein umweltfreundliches Produkt zugelegt hat, dann ist der Vorteil für die Umwelt schon dahin. Die technisch machbare Erhöhung der Ressourcenproduktivitität muss ergänzt werden durch eine mehr und mehr selbstverständliche Genügsamkeit der Menschen im Umgang mit materiellen Dingen. In der Sonne zu faulenzen oder Fische zu füttern, ist allemal ökologischer, als Motorrad zu fahren. Die Seele baumeln zu lassen, kostet keine Energie."[27]

Das Zitat macht deutlich, dass eine Steigerung der Öko-Effizienz nicht gezwungenermassen zu einer Umweltentlastung führen muss. Das Mehr an Etwas kann die ökologischen Effizienzvorteile sehr schnell wieder zunichte machen. Daher ist die Effizienzdiskussion um eine Suffizienzdiskussion zu ergänzen. Angesichts erkennbarer "Grenzen des Wachstums"[28] und "absoluter ökologischer Knappheiten"[29] stellt sich heute und in Zukunft die Frage, welche Bedürfnisse wir wie und in welchem Masse befriedigen wollen. Dazu bedarf es einer kriti-

---

27 Schmidt-Bleek (1994), S. 171.

28 Vgl. zu den "neuen Grenzen des Wachstums" Meadows/Meadows/Randers (1992).

29 Vgl. zu absoluten ökologischen Knappheiten im Gegensatz zu relativen ökologischen Knappheiten Minsch, J. (1994), S. 7-9.

schen Bedürfnisreflexion[30], die nicht von Unternehmen alleine, sondern nur von der Gesellschaft als Ganzes geleistet werden kann. Es fragt sich: Welche Art von Bedürfnissen haben wir heute? Inwiefern ist die Erfüllung dieser Bedürfnisse (überlebens-) notwendig? Welches Mass an Bedürfnisbefriedigung gestehen wir uns angesichts absoluter ökologischer Knappheiten zu? Kann man die Bedürfnisse auch auf andere Art und Weise befriedigen? Lässt sich dadurch eventuell. sogar die Lebensqualität verbessern? Unternehmen, die sich dem Gedan-ken einer nachhaltigen Entwicklung verpflichtet fühlen, müssen sich auf derartige Fragen einlassen. Sie mögen zunächst unangenehm erscheinen, können aber auch vollkommen neue Perspektiven eröffnen: Ein Unternehmen, das Lebensmittel herstellt, sieht sich nicht mehr länger als Lebensmittelhersteller, sondern vielmehr als Wegbereiter und Förderer "nachhaltigen Ernährens" (genussvoll, ausgewogen, sozialökologisch);[31] ein Unternehmen, das Baumaterialien herstellt, sieht sich nicht mehr länger als Baumaterialienhersteller, sondern als Förderer "nachhaltigen Wohnens"; ein Unternehmen, das Textilien herstellt, ist nicht mehr länger ein Textilienhersteller, sondern Promotor "nachhaltigen Kleidens".[32] Dabei handelt es sich nicht lediglich um einen Etikettenwechsel, sondern hat weitreichende Folgen für das Selbstverständnis und die Aktivitäten von Unternehmen. Ein Lebensmittelunternehmen, welches sich einer nachhaltigen Ernährungsweise verpflichtet fühlt, wird beispielsweise vegetarische Produkte im Zusammenhang mit Gesundheits-, Ernährungs- und Kochkursen anbieten; ein Baumaterialienhersteller, der sich einer nachhaltigen Wohnweise verpflichtet fühlt, wird beispielsweise Kurse für die Steigerung der Öko-Effizienz im Haus anbieten und Sonnenenergie sowie Erdwärme beim Bau von Häusern aktiv nutzen. Je früher sich Unternehmen mit Fragen der Nachhaltigkeit beschäftigen, desto grösser sind die Handlungsoptionen und desto grösser die Möglichkeit, ökologische Lernprozesse aktiv mitzugestalten.[33]

---

30 Vgl. zur Bedürfnisinterpretion bzw. -reflexion Knobloch (1994), insbesondere S. 153-160 und die dort angegebene Literatur.

31 Zu Aspekten der Nachhaltigkeit in der Lebensmittelbranche vgl. Belz (1995), S. 276-280.

32 Zur Übertragung von COSY auf die Bedürfnisfelder Ernähren, Wohnen und Kleiden vgl. Belz/Schneidewind (1995).

33 Zu einer Auseinandersetzung mit nachhaltigen Lebensstilen und deren Implikationen für verschiedene Branchen vgl. DOW Europe/SustainAbility (1995).

Schlussbetrachtung

Mit dem COSY-Konzept und seinen 4 Betrachtungsebenen wird ein erweiterter konzeptioneller Rahmen angeboten, um auf die Frage eine Antwort geben zu können, wer eigentlich das relevante Lern-System sein muss. Dabei wurde deutlich, dass das relevante System je nach Betrachtungsebene ganz anders geartet ist. Ist es auf unterster Ebene die Unternehmung oder Teilbereiche davon, so wandelt sich das System über den ganzen Produktlebenszyklus, den Funktionsverbund bis hin zur Ebene der gesellschaftlichen Diskursprozesse. Je weiter man hinaufsteigt, desto grössere Effizienzspielräume eröffnen sich, desto mehr Akteure kommen jedoch auch ins Spiel und desto anspruchsvoller ist es auch, koordinierte Veränderungs- und Lernprozesse in Gang zu setzen. Dennoch eröffnet das Konzept neue Handlungsspielräume, wobei kooperative Strategien und ökologische Anspruchsgruppen-Netzwerke eine bedeutende Rolle spielen.

Gleichzeitig wird der Begriff der Öko-Effizienz erweitert um die Handlungspotentiale, die sich erst auf den höherliegenden Handlungsebenen ergeben. Unternehmungen, die heute daran gehen, die ökologischen Effizienzpotentiale in der eigenen Unternehmung zu erschliessen, werden hier anfangs grosse Fortschritte machen können, die jedoch mit zunehmender Erschliessung dieser Potentiale kleiner und kostspieliger werden. Hier eröffnen die ökologischen Effizienzpotentiale höherer Ebene Suchfelder, die es praktisch zu erproben gilt.

Literatur

Argyris, C., Schön, D. (1978) Organizational Learning - A Theory of Action Perspective. Reading

Bateson, G. (1992) Steps to an Ecology of Mind. New York

Belz, F. (1995) Ökologie und Wettbewerbsfähigkeit in der Schweizer Lebensmittelbranche, Schriftenreihe "Wirtschaft und Ökologie", Bd. 3. Paul Haupt, Bern, Stuttgart, Wien

Belz, F., Schneidewind, U. (1995) COSY (Company Oriented Sustainability) - How to Build Sustainable Industries for Sustainable Societies. Arbeitspapier präsentiert auf der 4. internationalen Konferenz des Greening of Industry Network in Toronto/Kanada, November, 14-16

Braunschweig, A., Müller-Wenk, R. (1993) Ökobilanzen von Unternehmen - eine Wegleitung für die Praxis. Paul Haupt, Bern, Stuttgart, Wien

Ciba-Geigy (1994) Umweltbericht Ciba Werk Schweizerhalle 1993, Basel

Cramer, J. (1994) Experiences with Integrated Chain Management in the Netherlands. Arbeitspapier präsentiert auf der 3. internationalen Konferenz des Greening of Industry Network in Kopenhagen/Denmark, November, 14-16

DOW Europe, SustainAbility (1995) Who Needs It? Market Implications of Sustainable Lifestyles, London

Dyllick, T. (1992) Ökologisch bewusste Unternehmensführung. Bausteine einer Konzeption. *Die Unternehmung 46, no. 6*: 391-413

Dyllick, T. (1994) Umweltverträgliches Wachstum durch Innovation. *Politische Studien 45, no. 3*: 60-69

Dyllick, T. (1995a) Die EU-Verordnung zum Umweltmanagement und zur Umweltbetriebsprüfung (EMAS-Ver-ordnung) im Vergleich mit der geplanten ISO-Norm 14 001: Eine Beurteilung aus Sicht der Managementlehre. *Zeitschrift für Umweltpolitik und Umweltrecht 18, no. 3*

Dyllick, T. (1995b) Normierung von Umweltmanagementsystemen. Privatwirtschaftliche contra hoheitliche Zertifizierung. *Neue Zürcher Zeitung 216, no. 153*: 21

Dyllick, T., Belz, F. (1994) Ökologische Lern- und Entwicklungsprozess von Unternehmen. *IÖW/VÖW-Informationsdienst 9*: 17-18

Hall, S., Ingersoll, E. (1993) Leading the Change: Competitive Advantage from Solution-Oriented Strategies. A Stakeholder-based Learning Approach. Arbeitspapier präsentiert auf der 2. internationalen Konferenz des Greening of Industry Network in Boston, Mass. (U.S.A.), November, 14-16

Hallay, H., Pfriem, R. (1992) Öko-Controlling. Umweltschutz für mittelständische Unternehmen. Campus, Frankfurt, New York

Harde, S. (1994) Ökologische Lernfähigkeit: Massstab für die Qualität der Unternehmensentwicklung. *IÖW/VÖW-Informationsdienst 9* : 4-9

Houcken, R. (1995) Einsichten und Erfahrungen aus den Modellen des organisatorischen Lernens und des Anpruchsgruppenkonzepts für das Verständnis der ökologischen Unternehmensentwicklung. Diskussionsbeitrag Nr. 21 des Institut für Wirtschaft und Ökologie der Hochschule St. Gallen (IWÖ-HSG), St. Gallen

Koller, F. (1995) Ökologie und Wettbewerbsfähigkeit in der Schweizer Baubranche. Schriftenreihe "Wirtschaft und Ökologie", Bd. 5. Paul Haupt, Bern, Stuttgart, Wien

Meadows, D., Meadows, D., Randers, J. (1992) Die neuen Grenzen des Wachstums. Deutsche Verlags-Anstalt, Stuttgart

Meffert, H., Kirchgeorg, M. (1995) Ökologisches Marketing. Erfolgsvoraussetzungen und Gestaltungsoptionen. *UmweltWirtschaftsForum (UWF) 3*: 18-27

Minsch, J. (1994) Ökologische Grobsteuerung. Konzeptionelle Grundlagen und Konkretisierungsschritte. Agenda für eine Nachhaltige Entwicklung in der Schweiz. Diskussionsbeitrag Nr. 17 des Institut für Wirtschaft und Ökologie der Hochschule St. Gallen (IWÖ-HSG), St. Gallen

Pawlowsky, P. (1992) Betriebsliche Qualifikationsstrategien und organisationales Lernen. *In*: Management-forschung, Bd 2., herausgegeben von Staehle, W., Sydow, J. Berlin, New York, S. 171-237

Pfriem, R. (1995) Rauschen und Lernen. *In*: Praxis der betrieblichen Umweltpolitik, herausgegeben von Freimann, J., Hildebrandt, E., Wiesbaden, S. 221-233

Sander-Gittermann, J. (1994) Ökologie und Innovation - Informationsverarbeitende Systeme zur Steigerung der ökologischen Innovationsfähigkeit von Unternehmen. Dissertation Nr. 1559 an der Hochschule St. Gallen, Bamberg

Sattelberger, T. (1994) Die lernende Organisation im Spannungsfeld von Strategie, Struktur und Kultur. *In:* Die lernende Organisation, herausgegeben von Sattelberger, T., Wiesbaden, S. 11-56

Schmidheiny, S. (1992) Kurswechsel. Globale unternehmerische Perspektiven für Entwicklung und Umwelt. Artemis und Winkler , München

Schneidewind, U. (1994) Mit COSY (Company Oriented Sustainibility) Unternehmen zur Nachhaltigkeit führen. Diskussionsbeitrag Nr. 15 des Institut für Wirtschaft und Ökologie der Hochschule St. Gallen (IWÖ-HSG), St. Gallen

Schneidewind, U. (1995) Chemie zwischen Wettbewerb und Umwelt. Metropolis, Marburg

Steger, U. (1994) Umweltorientiertes Management des gesamten Produktlebenszyklus. *In:* Unternehmensführung und externen Rahmensbedigungen, herausgegeben von der Schmalenbach-Gesellschaft - Deutsche Gesellschaft für Betriebswirtschasft e.V., Schäffer-Poeschel Verlag, Stuttgart: S. 61-92

von Weizsäcker, E., Lovins, A., Lovins, L. (1995) Faktor Vier: doppelter Wohlstand - halbierter Naturverbrauch. Der neue Bericht an den Club of Rome. Droemer Knaur, München

Welford, R. (1995) Environmental Strategy and Sustainable Development. The corporate challenge for the twenty-first century. Routledge, London, New York.

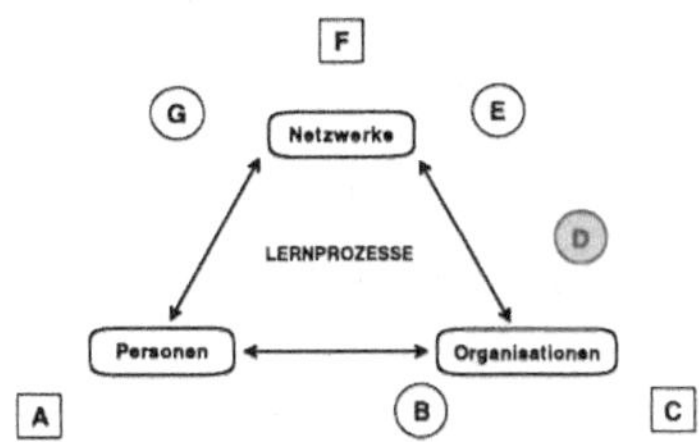

Bedeutung „Regionaler Akteurnetze" für den ökologischen Strukturwandel in der Schweiz

diskutiert am Beispiel des Kombinierten Verkehrs

Michel Geelhaar / Urs Ramseier / Marc Muntwyler

Einleitung

Um Ressourcen auf eine für die natürliche Umwelt verträgliche Weise zu nutzen, ist ein ökologischer Strukturwandel der Schweizer Wirtschaft unabdingbar. Kurzfristig steht eine Entkopplung von Wirtschaftswachstum und Umweltverbrauch im Vordergrund. Der Umweltverbrauch soll also weniger stark steigen als die Wirtschaft wächst. Bei der Entkopplung kann jedoch die Umweltbelastung immer noch zunehmen, langfristig muss daher eine nachhaltige Entwicklung das Ziel sein. Die wichtigsten Postulate lauten dabei (vgl. Minsch, 1993):

(1) Die Inanspruchnahme der erneuerbaren Ressourcen ist so zu gestalten, dass die Nutzungsrate die natürliche Regenerationsrate nicht übersteigt.

(2) Bei der Belastung der Umwelt durch Abfälle und Emissionen darf die Verschmutzungsrate nicht höher als die Absorptionsrate liegen.
(3) Grossrisiken, deren ökologische Folgen andere Nachhaltigkeitspostulate verletzen oder gar nicht abschätzbar sind, müssen vermieden werden.

Um diesen ökologischen Strukturwandel zu verwirklichen, sind die Unternehmen gefordert, innovative Lösungen zu entwickeln. Dabei handelt es sich um Schritte zur Umsetzung der oben zitierten Nachhaltigkeitspostulate. Diese Innovationen müssen aber gleichzeitig auch die Wettbewerbsfähigkeit der beteiligten Unternehmen stärken oder dürfen diese zumindest nicht gefährden. Solche Innovationen werden als *Umweltinnovationen* bezeichnet. Dabei geht es nicht nur um die Entwicklung von umweltschonenden Technologien oder von umweltverträglichen Produkten, sondern auch um Innovationen, die zu einer Veränderung der Bedürfnisbefriedigung führen. Es ist aber nicht möglich, den Beitrag einzelner Umweltinnovationen zum ökologischen Strukturwandel festzustellen. Dieser ergibt sich erst in der Summe vieler Umweltinnovationen. Daher muss sichergestellt sein, dass es sich bei den Innovationen um tatsächliche ökologische Verbesserungen und nicht einfach um Problemverlagerungen handelt. Insbesondere darf die Umweltbelastung nicht einfach auf eine vor- oder nachgelagerte Stufe im ökologischen Produktlebenszyklus verschoben werden (vgl. dazu Dyllick & Belz in diesem Band).

Es gibt verschiedene Möglichkeiten, um solche Umweltinnovationen zu fördern. Viele Strategien setzen auf der Makroebene an. Ein Beispiel dafür ist die Forderung nach der Internalisierung der externen Kosten des Strassenverkehrs, der mit einer CO_2-Abgabe entsprochen werden könnte. Diese Strategien zielen darauf ab, bessere Rahmenbedingungen für die Entwicklung von Umweltinnovationen zu schaffen. Die meisten Instrumente, wie die CO_2-Abgabe, sind heute wissenschaftlich gut untersucht, doch zeigte sich bisher stets grosser politischer Widerstand beim Versuch, diese in der Schweiz einzuführen (Stephan et al., 1994). Die Akzeptanz solcher Massnahmen setzt bei den verschiedensten Akteuren die Auffassung voraus, dass ein ökologischer Strukturwandel notwendig ist. Und die Wirtschaft muss überzeugt sein, dass eine solche Massnahme nicht nur höhere Kosten verursacht, sondern tatsächlich die Entwicklung von Umweltinnovationen auszulösen vermag.

Daneben gibt es zahlreiche Strategien, welche die einzelnen Unternehmen ansprechen. In der Regel wird hier versucht, durch umweltfreundlichere Prozesse und Produkte die Marktstellung und das Image der Unternehmen zu verbessern. Das Problem dieser Strategien besteht darin, dass die Handlungsspielräume der einzelnen Unternehmen begrenzt sind und für einen ökologischen Strukturwandel im Sinne der Umsetzung der Nachhaltigkeitspostulate nicht ausreichend sind (vgl. dazu Dyllick & Belz in diesem Band).

Neben diesen makro- und mikroökonomischen Strategien braucht es deshalb, wie Abbildung 1 verdeutlicht, eine dritte Strategie. Sie zielt einerseits darauf ab, die Handlungsspielräume der einzelnen Unternehmen zu vergrössern und kollektive Lernprozesse in Form ökologischer Innovationsprozesse bei den beteiligten Akteuren auszulösen (Crevoisier, 1993b). Dabei wird davon ausgegangen, dass Innovationen durch das Zusammenwirken verschiedener Akteure (Interaktionspartner) in Regionalen Akteurnetzen entstehen (Planque, 1991). Dazu gehören Nachfrager, Konkurrenten, Betriebe verwandter Branchen, Verbände, staatliche Organisationen, wissenschaftliche Institute und weitere mehr.[1] Alle diese Akteure verfolgen Ziele und Interessen, die sich nicht mit jenen einer bestimmten innovativen Unternehmung zu decken brauchen. Zudem verfügen diese Akteure über unterschiedliche materielle (Verkehrs- und Kommunikationsinfrastrukturen, Gebäude und Maschinen) und immaterielle Ressourcen (Know-How, Regeln, Gesetze) die für einen ökologischen Innovationsprozess von Bedeutung sind. Solche Regionale Akteurnetze[2] können relativ gross, in bestimmten Fällen auch global sein. Doch die räumliche und damit verbunden oft auch soziale Nähe erleichtert Interaktionen zwischen diesen Akteuren stark. Diese Interaktionen können in Form von Kommunikation, Güteraustausch oder - bei Stellenwechsel - in Form von Arbeitskräften erfolgen.

Durch die räumliche Nähe der Akteure entstehen überblickbare Verhältnisse, in denen es einfacher ist, anstehende Umweltprobleme zu lösen. Im weiteren spielt die Gesetzgebung auf unterschiedlicher Ebene (Gemeinde, Kanton, Bund, EU) eine wichtige Rolle. Die Rechtset-

---

1 Die Ausdifferenzierung der Akteure orientiert sich am Konzept der drei Lenkungssysteme Markt, Politik und Öffentlichkeit und deren jeweiligen Anspruchsgruppen (vgl. Dyllick, 1989 und Dyllick & Belz in diesem Band).

2 Das Konzept „Regionale Akteurnetze“ (RAN), das im Rahmen dieser Forschungsarbeit entwickelt wurde, ist weiter gefasst als das Konzept der „Netzwerke“ (Crevoisier, 1993b). Während in einem „Netzwerk“ die Interaktionen zwischen den Akteuren ausschliesslich auf deren gegenseitigen Vertrauen beruhen, sind in einem „Regionalen Akteurnetz“ auch marktliche und hierarchische Beziehungen konzeptualisiert (Geelhaar/Muntwyler, 1996).

zung ist aber immer territorial begrenzt. Durch die soziale Nähe der Akteure, gemeinsame Wertvorstellungen, informelle Kontakte und gemeinsame Routinen wird die Zusammenarbeit der Akteure weiter erleichtert.

Abbildung 1. Drei Betrachtungsebenen für Umweltinnovationen

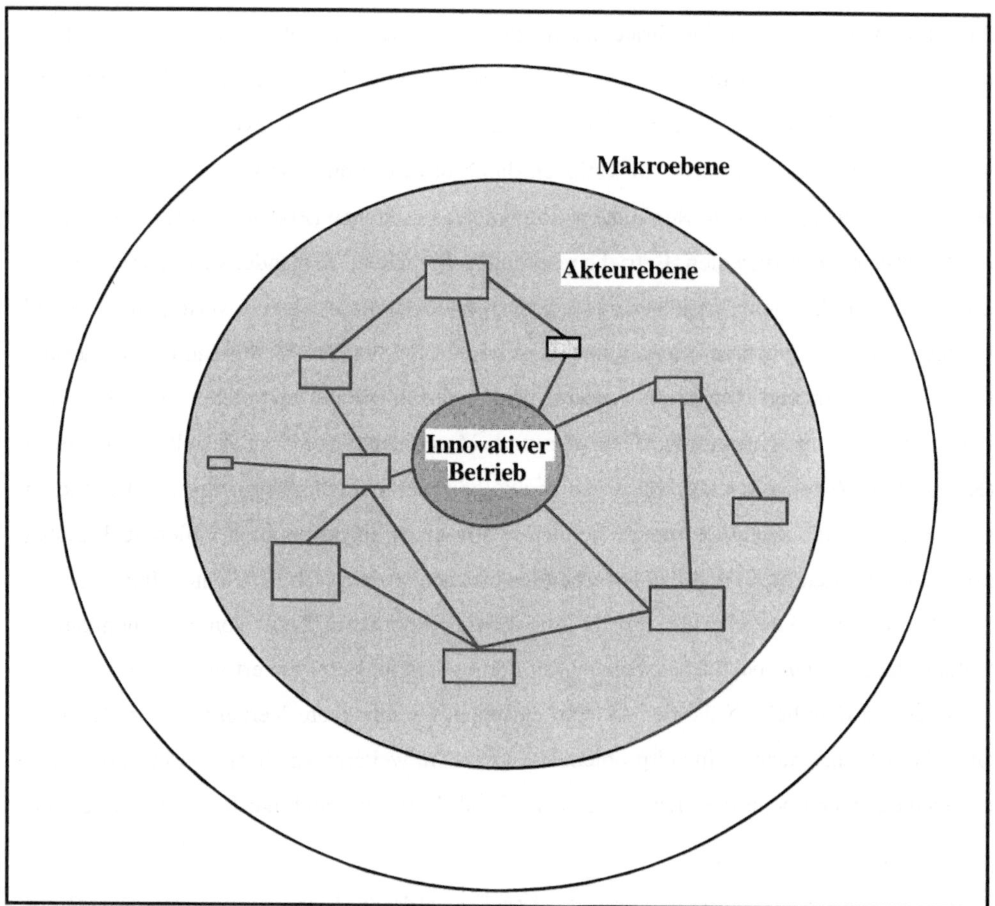

Eine wichtige Voraussetzung für Umweltinnovationen wird darin gesehen, dass Umweltprobleme von den Akteuren Regionaler Akteurnetze überhaupt wahrgenommen werden und den

Anstoss für einen ökologischen Innovationsprozess geben. Umweltprobleme sind in der Regel lokalisier- und erfahrbar, treten so ins Bewusstsein der Akteure und werden dann handlungsleitend. Selbst globale Umweltprobleme wie die Klimaerwärmung werden erst durch Überschwemmungen oder Schneemangel wahrgenommen. Solche besonders sensibilisierte Akteure sind es denn in der Regel auch, die „den Ökovirus" ins Akteurnetz einbringen.

Die Förderung von Umweltinnovationen mittels Regionaler Akteurnetze benötigt eine detaillierte Analyse der am ökologischen Innovationsprozess beteiligten Akteure. Dieser Analyse geht die Identifikation von potentiellen Umweltinnovationen voraus. Anschliessend wird das Netz der Akteure untersucht, in das die betreffenden Unternehmen eingebunden sind. Für jeden Akteur müssen die Ziele und Interessen bekannt sein. Dabei sind insbesondere hinsichtlich der zu formulierenden Strategien folgende Leitfragen wichtig:

(1) Welches sind die Akteure, die besonders sensibel auf Umweltprobleme reagieren und somit den Anstoss für potentielle Umweltinnovationen geben könnten?
(2) Welches sind die Blockierer von ökologischen Innovationsprozessen in Regionalen Akteurnetzen?
(3) Welches sind besonders einflussreiche Akteure?

Im folgenden soll an einem Fallbeispiel aus der schweizerischen Güterverkehrsbranche gezeigt werden, wie ein Regionales Akteurnetz analysiert wird und wie sich damit Umweltinnovationen fördern lassen. Im Falle des nachfolgend dargestellten Fallbeispiels des ökologischen Innovationsprozesses „Entwicklung des Kombinierten Verkehrs in der Schweiz" handelt es sich um ein komplexes Regionales Akteurnetz, an dem sehr viele verschiedene Akteure beteiligt sind.

Wirtschaftliche Herausforderungen und ökologische Ansprüche an die Schweizer Transportbranche

Die Schweizer Transportbranche befindet sich in einem tiefgreifenden Wandel, der bedingt ist durch die laufende Verkehrsliberalisierung auf dem europäischen Binnenmarkt und der gestiegenen Anforderungen der Transportnachfrager (= verladende Wirtschaft). So senkt einerseits der Wegfall der Grenzformalitäten die Kosten. Durch den Abbau hemmender nationaler Vorschriften und Sonderbestimmungen entstehen europäische Logistikketten. Anderseits stellen die Verlader vermehrt Bedingungen an Lieferzeit, -zuverlässigkeit und -bereitschaft (Krulis-Randa, 1992). Gleichzeitig ist der (Strassen-)Güterverkehr in der Gesellschaft einer ambivalenten Beurteilung ausgesetzt, der als Produkt und Voraussetzung der arbeitsteiligen Wirtschaft sowohl volkswirtschaftlichen Nutzen als auch Kosten verursacht. Zu den Kosten zählen neben der direkten Schädigung von Menschen durch Unfälle besonders die hohen Lärm- und Emissionsbelastungen (von Weizsäcker, 1992, S. 82). Die laufende Debatte um die Einführung makroökonomischer Steuerungsinstrumente (wie die CO_2-Lenkungsabgabe) scheint sich in einer ideologisch gefärbten Grundsatzdiskussion um die sogenannte „Kostenwahrheit" zu erschöpfen. Die politische Akzeptanz solcher Instrumente ist heute offenbar weder in der Schweiz noch in Europa gegeben. Im Zusammenhang mit dem gesellschaftlichen „Megatrend Umweltschutz" fordern Thom & Etlin (1992) die Unternehmen auf, dass die umweltfreundliche Beschaffungs- und Absatzlogistik eine strategische Position einnehmen muss. Dies setzt eine klare operative Umsetzung voraus, damit die sich bietenden Handlungsspielräume für einen qualitativ hochwertigen Transport genutzt werden können. Die Suche nach umfassender logistischer Qualität soll auch die umweltfreundliche Gestaltung und Abwicklung der Transportvorgänge beinhalten - dies als Differenzierung gegenüber der (internationalen) Konkurrenz. Aufgrund des harten Wettbewerbes kann diese Forderung sowohl von den Verladern als auch von den direkt betroffenen Transportunternehmen kaum umgesetzt werden. Somit sind also auf einzelbetrieblicher Ebene die Potentiale zur Ökologisierung des Güterverkehrs ebenfalls eingeschränkt.

Kombinierter Verkehr als Umweltinnovation im Bereich des Gütertransports

Zur Vermeidung oder Reduktion der im Zusammenhang mit Transporten anfallenden ökologischen Belastungen drängen sich neben den betrieblichen Bemühungen vermehrt auch systemische Lösungen auf, wie die Förderung und Verbesserung der logistischen Dienstleistungen im *Kombinierten Verkehr (KV)*. Der KV schafft durch die Verknüpfung und Vernetzung von Strassen- und Schienentransporten integrierte Transportketten unter Ausnutzung der jeweiligen Vorteile der eingesetzten Verkehrsträger. Diese bestehen darin, dass die Verlagerung der Gütertransporte auf die umweltfreundliche Schiene zu einer Verminderung der Emissionsbelastungen führt. Zusätzlich eröffnen sich den Unternehmen mit der logistischen Spezialisierung auf Schnittstellen neue Differenzierungsmöglichkeiten im sich verschärfenden Wettbewerb. Neben dem immer relevanter werdenden Zusatznutzen „umweltfreundlicher Transport” sind damit besonders die grossen Innovationspotentiale im Hard- und Software-Bereich angesprochen (Hugenschmidt, 1994, S. 4). Im Hardware-Bereich geht es um Verbesserungen, die den KV unterstützen und den Güterumschlag im Hinblick auf Zeitbedarf und Sicherheit erleichtern. Im Software-Bereich sind es neben den Tourenplanungs-, Dispositions- und Sendungsverfolgungssystemen speziell die elektronischen Frachtenmärkte, die ein verbessertes Transportmanagement garantieren. Voraussetzung ist in beiden Fällen aber eine Standardisierung der Masse oder der elektronischen Informationen, was eine intensive Zusammenarbeit aller Beteiligten bedingt. Das dadurch entstandene Schnittstellen- und Kooperations-Know-how garantiert langfristige Wettbewerbsvorteile. Somit erfüllt der KV die in der Einleitung umschriebenen Kriterien einer Umweltinnovation. Durch die Verlagerung auf die Schiene wird die Umwelt weniger stark belastet und die Unternehmen können mit diesem umweltfreundlichen und qualitativ hochstehenden Dienstleistungsangebot ihre Wettbewerbsfähigkeit stärken.

Trotz dieser positiven Aspekte gehen Experten von einem geringen Marktanteil des KV aus. Bertschi (1992) rechnet für multimodale Gütertransporte in Europa mit einem Marktanteil von nur knapp 5%. Höhere Anteile ergeben sich allenfalls bei leistungsfähigen Relationen wie zum Beispiel der Rhein/Ruhr-Lombardei-Linie. Hier erreicht der KV im Rahmen des Alpentransitverkehrs beinahe 40%. Auch in der Schweiz kann beim KV nur von einem Nischenmarkt gesprochen werden. In den letzten 20 Jahren wies dieser allerdings grosse Wachstumsraten auf. Gemessen an den transportierten Tonnen beträgt der Marktanteil aber nur 2,5% am Gesamtverkehrsmarkt. Bei den Tonnenkilometern beträgt der Marktanteil des Kombinierten Verkehrs demgegenüber immerhin 12%.[3]

Im folgenden wird auf die Rolle der einzelnen Akteure im Ökologisierungsprozess eingegangen und gefragt, wer den Anstoss für die Entwicklung von Umweltinnovationen gibt und wer sich allenfalls als blockierender Akteur verhält? Nach einer Einleitung in die Geschichte des KV in der Schweiz werden in den folgenden Kapiteln die verschiedenen Akteure des Regionalen Akteurnetzes und deren Interaktionsformen dargestellt und deren Bedeutung in der Entwicklung des KV diskutiert.

Das Regionale Akteurnetz des Kombinierten Verkehrs und dessen Entwicklung

Die Entstehung des KV in der Schweiz ist - neben der grundsätzlichen Internationalisierung der Wirtschaftsbeziehungen in der Nachkriegszeit - eng an die Firmengeschichte der Bertschi Transport AG in Dürrenäsch gebunden. Der zunehmende Transitverkehr veranlasste das Unternehmen in den 60er Jahren als Pionier erstmals Tanklastwagen für Chemietransporte auf die Bahn zu verladen. Die Idee des modernen KV wurde mit der täglichen Bahnverbindung Köln-Wohlen weiter realisiert. Die steigende Nachfrage führte zum Bau eines eigenen Umschlagterminals in Birrfeld (Kanton Aargau) und zur Gründung von Niederlassungen in ganz Europa. Die Disposition und Kontrolle der Transporte befindet sich weiterhin in der Schweiz. Das Logistikkonzept für den KV beruht auf dem vorauseilenden EDV-gestützten Informationsfluss und den schienenseitigen Transporten im Nachtsprung[4]. Im Langstreckenbereich wird ab 800 km zu 95% auf der Schiene transportiert. Die Spezialisierung des Unternehmens liegt auf Problemlösungen für internationale Flüssig-Chemie-Logistik und Festgut-Logistik.

---

[3] Eigene Berechnung aufgrund von Zahlen des Bundesamtes für Statistik (1992) und der Internationalen Vereinigung der Huckepackgesellschaften (1993).

[4] Aufgrund des LKW-Nachtfahrverbotes in der Schweiz besitzen die Bahnen einen Wettbewerbsvorteil im Transport der Waren in der Nacht.

Der Erfolg der Bertschi Transport AG blieb den anderen Strassentransporteuren in der Region nicht unbemerkt. Ende der 70er und in den 80er Jahren erweiterten als wichtigste Vertreter die Hangartner Internationale Transport AG mit Sitz in Aarau, die Frey Transport AG mit Sitz in Oberentfelden, die Giezendanner Transport AG mit Sitz in Rothrist und die Dreier AG mit Sitz in Suhr ihr ehemals strassenseitiges Transportangebot um die Möglichkeiten des KV. Dies hatte zur Folge, dass heute die wichtigsten, rein privaten schweizerischen Transportunternehmen im KV ihren Sitz in der Region Aargau haben.

Das innovationsfördernde Spannungsfeld von regionalem Wettbewerb und Kooperation

Die räumliche Konzentration dieser Unternehmen ist auf die gute verkehrstechnische Lage zurückzuführen. Als wichtige „Drehscheibe" im internationalen Transitverkehr bietet der Raum Aargau sowohl strassen-, als auch schienentechnisch optimale Standortvoraussetzungen. Die zentrale Lage führte bereits in den 60er Jahren zu einer überdurchschnittlichen Entwicklung der distributiven Dienstleistungen (Handel, Verkehr, Spedition/Lager, Nachrichtenübermittlung). Schon früh konnte sich so ein grosses Know-how im konzeptionellen Ablauf von Import-/Exportgeschäft entwickeln. Aufgrund ihres innovativen Verhaltens bilden die Unternehmen dabei eine Art *„innovatives Milieu"*. [5] Für die in der Region Aargau im KV tätigen Unternehmen bestehen durch diese Synergiepotentiale erleichterte Möglichkeiten zur fortlaufenden Entwicklung und Verbesserung der logistischen Dienstleistung. Diese qualitative Verbesserung umfasst zum Beispiel auch stark gesteigerte Sicherheitsanforderungen im Transport der Güter, was die ökologischen Risiken einschränken hilft.

Die im KV tätigen Unternehmen haben sich in den letzten Jahren auf dem hart umkämpften Markt sowohl in der Schweiz als auch in Europa behaupten können. Dabei haben sich die Unternehmen unterschiedlich spezialisiert, wie aus Abbildung 2 hervorgeht. Die Spezialisierung der Unternehmen führt zu einer Marktaufteilung, die den Wettbewerb zwischen den Konkurrenten im Raume Aargau zwar nicht ausschaltet, aber doch für alle Beteiligten

---

[5] Ein „Milieu" gilt dann als innovativ, wenn die territorial konzentrierten Akteure eine gemeinsame Problemwahrnehmung und ein gemeinsames technisches Wissen haben und partielle Kooperationen für die synergetische Nutzung von immateriellen und materiellen Ressoürcen eingehen (Crevoisier, 1993)

„erträglicher" gestaltet. Die Marktorientierung auf verschiedene Güter und Transportrelationen führte zwar zu unterschiedlichen Investitionen; diese werden aber von der „regionalen Konkurrenz" sofort wahrgenommen. Dadurch können die gestiegenen Anforderungen der Verladerschaft an die logistische Hard- und Software bei allen Unternehmen umgesetzt werden.

Abbildung 2. Übersicht über die im Raume Aargau im KV tätigen Unternehmen

	Bertschi	**Hangartner**	**Frey**	**Giezendanner**	**Dreier**
Spezialisierung	Flüssig-Chemie- und Gefahren- gut Transporte, Silotransporte	Stückguttrans- porte im In- und Ausland	Stückguttrans- porte im In- und Ausland mit Schwerpunkt: Papier, Chemie, Stahl und Haus- halt	Schutt, Bauma- terial, Altpapier, Flüssigkeiten, Schlamm, Ge- stein und Granu- late	Losetransporte, Volumengüter, Stückgut-, Heizöl- und Treibstofftrans- porte

Im täglichen Geschäft wird oftmals direkt zusammengearbeitet. So tauschen beispielsweise die Hangartner AG und die Dreier AG ihre Wechselbrücken[6] und führen die strassenseitige Vor- und Nachläufe gegenseitig aus. Die direkte Adaption der neuen Problemlösungen ist jedoch aufgrund der unterschiedlichen Spezialisierung nur beschränkt möglich. Trotzdem stellt sich im Sinne der Theorie der „innovativen Milieus"[7] aufgrund der informellen Kontakte der Akteure ein kollektiver Lernprozess ein (Crevoisier, 1993b). „Milieu-Aussenseiter" gelangen nur bedingt an solche Informationen, weil sich diese typischen Familienunternehmen nicht gerne in die eigenen Karten schauen lassen.

Wichtig ist für den Lernprozess auch die Diffusion von Know-how innerhalb des ASTAG Verbandes (vgl. Abb. 3). Im Rahmen der 6 - 8 jährlichen Versammlungen können die im Transport tätigen Unternehmen ihre Erfahrungen austauschen. Dieses kollektive „Up-grading" im Innern des Milieus muss nach Crevoisier (1993b) durch Aussenbeziehungen unterstützt

---

6 Das sind Ladebrücken, die unter den Lastwagen (Trucks) ausgetauscht werden können.
7 Im Konzept des „innovativen Milieus" ist das Spannungsfeld zwischen Kooperation und Konkurrenz besonders ausgeprägt.

werden. Diese ermöglichen es den Akteuren innerhalb des innovativen Milieus externe Trends, technische Neuheiten und Know-how aufzunehmen und in Innovationen umzusetzen. Die Analyse der verschiedenen Interaktionspartner gibt Aufschluss über deren Bedeutung im Innovationsprozess. Im Falle der im Raume Aargau im KV tätigen Unternehmen sind dies die Konkurrenten, die Nachfrager, die Zulieferer, die verwandten Branchen, die verschiedenen Informationsforen und gesellschaftlichen Anspruchsgruppen, sowie die staatlichen Institutionen und die Angestellten.

Interaktionspartner der im KV tätigen Unternehmen im Raume Aargau
Das Akteurnetz der im Raume Aargau im KV tätigen Unternehmen ist in Abbildung 3 dargestellt. Die für die Ökologisierung relevanten Akteure sind speziell gekennzeichnet.

Konkurrenten: Bei der Analyse der Konkurrenten ist im KV grundsätzlich zwischen der direkten und der indirekten Konkurrenz („Substitutionskonkurrenz") durch andere Verkehrsträger zu unterscheiden. Die direkte Konkurrenz wird durch die nationalen und internationalen Anbieter von kombinierten Transporten bestimmt. Die anderen nationalen Anbieter von KV werden nach Aussagen eines Interviewten „kaum" wahrgenommen. Einzige Ausnahme bildet die Interfrigo/Intercontainer (IF/IC), die im Auftrag der 26 europäischen Bahnen den grenzüberschreitenden Transport von Containern und Wechselbehältern vermarktet (vgl. Abb. 3). Analog zu den internationalen Konkurrenten ist auch bei den Schweizer Anbietern eine anhaltende Spezialisierung auf unterschiedliche Güter und Relationen festzustellen. Die geringe Konkurrenzfähigkeit des KV gegenüber den anderen Verkehrsträgern, allen voran der Strasse, resultiert nicht zuletzt aus dem Festhalten der Eisenbahngesellschaften an einer unkoordinierten Tarifpolitik. Das lässt den Anbietern von KV aufgrund ihres begrenzten Einflusses auf die Bahntarife nur einen sehr kleinen Spielraum in der Angebotsgestaltung. Die Folge ist die Konzentration auf grosse Distanzen oder auf Güter, die für Bahntransporte besonders geeignet sind. Neuere Untersuchungen zeigen, dass beim Einbezug der Güter-Feinverteilung der KV gegenüber der Strasse auch bei solchen Gütern nur noch begrenzt konkurrenzfähig ist (NZZ, 1994). Die Strasse gewinnt deshalb immer mehr Marktanteile. In diesem harten Wettbewerb werden sich mittelfristig nur diejenigen Unternehmen behaupten können, die dem Kunden eine problemadäquate und qualitativ einwandfreie Dienstleistung bieten können.

Abbildung 3: Das „Regionale Akteurnetz" der im Raume Aargau im KV tätigen Unternehmen

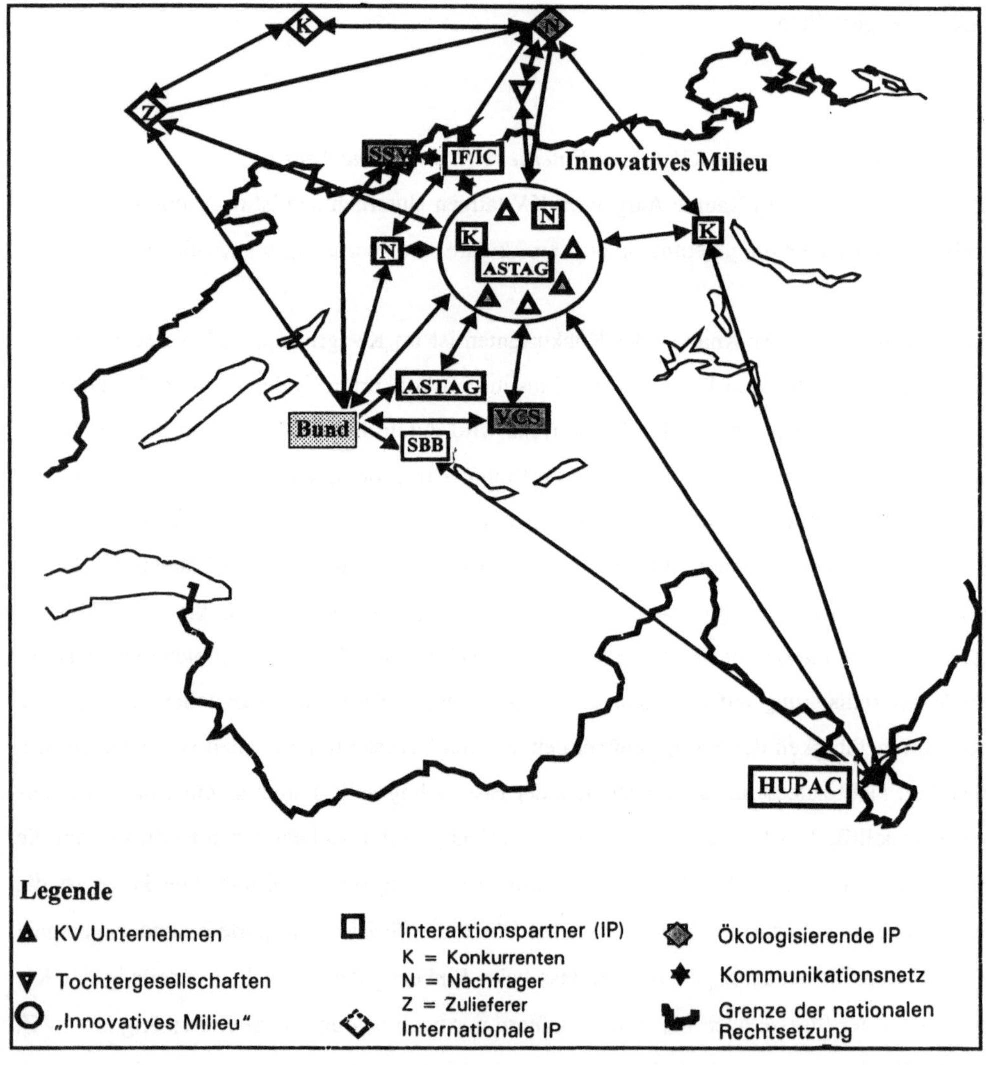

Nachfrager: Je nach Spezialisierung auf die verschiedenen Relationen und Güter haben die im KV tätigen Unternehmen im Raume Aargau unterschiedliche Nachfrager. Diese befinden sich sowohl in unmittelbarer Nähe als auch im Ausland. Das Problem der räumlichen Distanz zu den internationalen Nachfragern wird von den Unternehmen durch Niederlassungen im Ausland gelöst. Dies ist nicht zuletzt auf die Tatsache zurückzuführen, dass die Vergabe der Transportaufträge auf Vertrauen beruht. Die Anbieter müssen „vor Ort” sein.

Die Nachfrage nach KV ist in wirtschaftlich schwierigen Zeiten trotz höherer Preise nicht oder nur schwach rückläufig. Grund dafür ist nicht der Zusatznutzen „umweltfreundlicher Transport”, sondern vielmehr die gesamtlogistischen Vorteile. Das Argument ist dabei der Nachtsprung, der eine Umgehung der schweizerischen Nacht- und Sonntagsfahrverbote erlaubt. Mit der Verteuerung und Regulierung der Strassentransporte könnte bei einer gleichzeitigen Verbesserung der logistischen Dienstleistung der umweltfreundliche Transport bei der Verladerschaft an Bedeutung gewinnen.

Zulieferer und verwandte Branchen: Als Dienstleister sind Transportunternehmen auf die Bereitstellung von Transportgütern als „externe Faktoren” angewiesen. Zulieferer i.w.S. sind also alle Unternehmen, die Transportgüter bereitstellen. Die Güterstruktur hat einen grossen Einfluss auf die Wahl der Verkehrsträger und bewirkte gerade in letzter Zeit einen weiteren Marktanteilsgewinn des Strassengüterverkehrs (Düsel, 1994). Zulieferer i.e.S. sind alle Unternehmen, die sowohl die strassen-, als auch die verschiedenen schienenseitigen Vorleistungen zur Ermöglichung von kombinierten Transporten bereitstellen. Im Strassenbereich umfassen die Vorleistungen vor allem die Bereitstellung und Wartung der spezialisierten Fuhrparks und Transportbehälter. Aufgrund der hohen Investitionskosten ist ein gut funktionierender Informationsaustausch von grosser Bedeutung. Die Anschaffung neuer Transport- und Logistiktechniken muss nicht nur den kundenspezifischen Anforderungen genügen, sondern auch die kommenden Vorschriften, Verordnungen und Normierungen berücksichtigen.

Im Schienenbereich geht es in erster Linie um die Bereitstellung der bahnseitigen Infrastruktur und der Traktionsmittel. Wichtigster Zulieferer der im KV tätigen Unternehmen ist die 1967 gegründete HUPAC AG in Chiasso (vgl. Abb. 3). An der Gründung und Entwicklung war die Bertschi Transport AG wesentlich beteiligt. Als privatwirtschaftliches Unternehmen organisiert diese Gesellschaft in enger Absprache mit den Bahnen Ganzzüge zwischen den verschiedenen Terminals in der Schweiz und im Ausland und stellt das für die verschiedenen Transporte notwendige Rollmaterial zur Verfügung. Heute existieren in Europa rund 35 von der HUPAC AG betriebene oder für den KV spezialisierte Terminals. Das Monopol der SBB in der Disposition der schienenseitigen Traktion (= Zugmittel) wird von den Unternehmen durch die Zusammenarbeit mit ausländischen Zulieferern des öfteren umgangen. Dies ist nicht zuletzt auf schlechte Erfahrungen mit der SBB zurückzuführen. Bertschi (1992, S.35) erwartet, dass mit einer „Renaissance" der Bahnen, d.h. der konsequenten Ausrichtung am Markt durch eine stufenweise Privatisierung der SBB und der Liberalisierung des Marktzugangs für Dritte zum Eisenbahnsystem, die verlorenen Marktanteile teilweise zurückgewonnen werden könnten. Diese Massnahmen würden dem KV ein grosses Wachstumspotential eröffnen.

Eine verwandte Branche zum KV ist der öffentliche Verkehr. So haben öffentliche Infrastrukturinvestitionen sowohl im Strassen-, als auch im Schienenverkehrsbereich direkte Auswirkungen auf den KV. Die Wahl des Standortes Rothrist für den Bau eines privaten Terminals durch die Giezendanner AG ist beispielsweise auch auf den geplanten Ausbau der Lötschberglinie im Rahmen der NEAT (Neue Alpentransversale) zurückzuführen.

Interessengruppen und gesellschaftliche Anspruchsgruppen: Der Nutzfahrzeugverband ASTAG mit Sitz in Bern ist das offizielle Sprachrohr des schweizerischen Nutzfahrzeuggewerbes (vgl. Abb. 3). Die ASTAG ist in 19 kantonale oder regionale Sektionen mit gesamthaft rund 5'500 Mitgliederfirmen gegliedert. Der Regionalverband ASTAG Aargau hat aufgrund seiner einflussreichen Mitglieder grosse Bedeutung. Als Informationsforum ist der Verband für die Unternehmen wichtig. Neben allgemeinen Informationen zu Markt und Technik werden hier politische Vorlagen diskutiert und öffentlich kommentiert. Umweltanliegen gegenüber zeigt sich die ASTAG nur bedingt aufgeschlossen.

Einen Einfluss auf die verkehrs- und umweltpolitischen Rahmenbedingungen der Transportunternehmen haben besonders die überregionalen Umweltorganisationen und weitere gesellschaftliche Anspruchsgruppen. Im Zusammenhang mit der Annahme der „Alpeninitiative" konnte das erfolgreiche Lobbying und die gezielte Presse- und Öffentlichkeitsarbeit der verschiedenen Interessengruppen verfolgt werden.

Staatliche Institutionen: Im täglichen Geschäft wird eng mit der SBB und der eidgenössischen Zollverwaltung zusammengearbeitet. So garantiert die ganztägige Verzollung der Güter einen schnelleren Kundenservice bei der Feinverteilung. Mit den für Verkehrsfragen relevanten Bundes-, Kantons- und Gemeindestellen ergibt sich ein gelegentlicher, problemorientierter Kontakt. Relevant sind für die Unternehmen das Bundesamt für Verkehr (BAV) und in technisch-rechtlichen Fragen im Bereich des Strassenverkehrs das Bundesamt für Polizeiwesen (BAP). Das bis anhin weitgehend gute Verhältnis wird im Zusammenhang mit den politischen Forderungen nach einer Internalisierung der durch den Güterverkehr entstehenden externen Kosten immer mehr getrübt.

Angestellte: Die Mitarbeiterinnen und Mitarbeiter sind im Zusammenhang mit den erhöhten Qualitätsansprüchen auf den internationalen Märkten für die im KV tätigen Unternehmen von grosser Bedeutung. Für die Unternehmen ist die hohe Konzentration von Logistikunternehmen im Kanton Aargau von Vorteil. Dies hat zu einem für Transportzwecke attraktiven Arbeitsmarkt mit einem hohen Branchen-Know-how geführt. Dieser Fundus an qualifizierten und motivierten Fachkräften hat beispielsweise der Bertschi Transport AG den Schritt zur Spezialisierung im Bereich der Gefahrenguttransporte erleichtert. Dabei werden nicht nur hohe Anforderungen an die Fahrer gestellt, sondern auch die Disponenten und Logistiker müssen ein grosses Wissen aufweisen. Interviewte sprachen in diesem Zusammenhang unaufgefordert von einem „Transportmilieu".

Interaktionsformen der im KV tätigen Unternehmen im Raume Aargau

Für die Entwicklung des KV und die laufenden Innovationsprozesse sind zwischen den Akteuren unterschiedliche Interaktionsformen relevant. Je nach Interaktionsform kommt dabei der räumlichen Nähe der Akteure eine unterschiedliche Bedeutung zu.

Die staatliche Rechtssetzung: Diese wirkt über die Territorialität, wobei sich an einem Unternehmensstandort in den meisten Fällen die Rechtssetzungsebenen überlagern. Für die im KV tätigen Unternehmen sind dies die Ebenen des Bundes, der Kantone und der Gemeinden. Zunehmend wichtiger werden aber auch die Verordnungen der EU auf übergeordneter Ebene.

Direkten Einfluss auf die Tätigkeiten der Unternehmen wird über die verkehrs- und umweltpolitischen Bestimmungen genommen (Geelhaar, 1994, S. 41). Da in der Schweiz die politische Diskussion um zusätzliche Lenkungs- und Verkehrsabgaben auf Bundesebene blockiert ist, dürften sich in Zukunft die kantonalen Bestimmungen zur Steigerung der relativen Attraktivität der Schiene als wichtige Standortvoraussetzungen erweisen. Darunter fällt die im Zusammenhang mit der im Vernehmlassungsentwurf zur Revision der Verkehrsregelnverordnung (VRV) angestrebten kantonalen Kompetenz zur Ausscheidung von 10 km Radialzonen rund um gewisse Umschlagterminals, in denen 40t Fahrzeuge für den Vor- und Nachlauf im KV zugelassen sein sollen (EJPD, 1994). Unterschiedliche kantonale Voraussetzungen entstehen aber auch im Zusammenhang mit dem Vollzug der Umweltschutzgesetzgebung.

Kommunikation und Raum: Die Kommunikation zwischen den verschiedenen Akteuren ist im Zusammenhang mit einem sich verändernden Markt von grosser Wichtigkeit. Die Aufnahme und der Austausch von Informationen gilt aber nicht nur für marktliche, sondern auch für rechtliche und gesellschaftliche Bereiche. Wie bereits erwähnt, sind die im KV tätigen Unternehmen auf ihre Tochtergesellschaften im Ausland angewiesen. Diese dienen als „Relaisstationen" zum Mutterbetrieb in der Schweiz. Kundenspezifische Anliegen werden hier wahrgenommen und vorbearbeitet. Bei komplexen Problemen wird mit den Kunden direkt aus der Schweiz zusammengearbeitet. Diese enge Zusammenarbeit erweist sich langfristig als wichtig, weil dadurch Vertrauensbeziehungen vertieft werden, die sich nicht so leicht durch „Dumpingpreise" von Konkurrenten aufweichen lassen.

Die Kommunikation mit den staatlichen Institutionen ist problemorientiert und meistens „personifiziert". Man kennt die verschiedenen Ansprechpersonen und respektiert sich gegenseitig. Dies gilt sowohl für den Informationsaustausch mit dem Eidgenössischen Verkehrs- und Energiedepartement (EVED) und den verschiedenen Bundesämtern, als auch mit den Vertretern der kantonalen und kommunalen Amtsstellen.

Die Anliegen der gesellschaftlichen Anspruchsgruppen werden nur indirekt über politische Motionen, Initiativen und Referenden wahrgenommen. Sie gelten bei den Transporteuren als marktfremd und in den Unternehmungen kaum diskutiert. Nach aussen werden in den meisten Fällen die Erklärungen der ASTAG übernommen. Immerhin ist zur Annäherung der polarisierten Interessen die aargauische Verkehrskonferenz (AVK) als kantonale Diskussionsplattform gegründet worden. Diese vereinigt die wichtigsten Verkehrs- und Umweltverbände, die sich innerhalb dieses Forums zu verkehrspolitischen Fragen durch gemeinsame Stellungnahmen finden können.

Mobilität der Arbeitskräfte und Raum: Bei der Entstehung des KV im Raume Aargau konnte die Bertschi Transport AG neben den ausgezeichneten verkehrstechnischen Infrastrukturen und vom vorhandenen Logistik-Know-how der Arbeitskräfte profitieren. Beim Einstieg der anderen Unternehmen im Raume Aargau waren die Transfers von Wissen und Erfahrungen im KV wichtig. Obwohl in den wenigsten Fällen Mitarbeiterinnen und Mitarbeiter direkt aus den Unternehmungen abgeworben wurden, waren Stellenwechsel aufgrund der räumlichen Konzentration von Unternehmen, die auf ähnlichen Märkten tätigen sind, erleichtert. Typisches Beispiel hierfür ist die Frey Transport AG, die vor rund 10 Jahren einen ehemaligen Mitarbeiter der Bertschi Transport AG anstellte und ihn mit dem Aufbau des KV beauftragte. Ein weiteres Beispiel ist der Wechsel von zwei ehemaligen Zollbeamten zu einem der Unternehmen, die früher aufgrund ihrer Tätigkeit im Zollfreilager täglich Kontakt mit der „Materie” hatten.

Voraussetzungen für die Entwicklung von Umweltinnovationen im Raume Aargau

Die Analyse der Interaktionspartner und -formen lässt folgende Ausgangslage für die Ökologisierung des Güterverkehrs im Raume Aargau erkennen. Die für Innovationsprozesse relevanten Akteure sind zwar im Akteurnetz der Transportunternehmen eingebunden, doch scheint sich der Ökovirus „umweltfreundlicher Transport” bei den Unternehmen als künftige Wettbewerbsstrategie nur bedingt durchzusetzen. Ausser den gesellschaftlichen Anspruchsgruppen und dem Staat sind die Akteure an der Ökologisierung des Gütertransports nicht sonderlich interessiert, weil dies in traditioneller Unternehmenssicht mit höheren Kosten assoziiert wird. Es zeigt sich immer wieder, dass Restriktionen bestehen, die die Einbindung von Akteuren in Regionalen Akteurnetzen verhindern. In den Restriktionen verbirgt sich der Grund, weshalb die bestehenden Vorteile ökologischer Innovationsprozesse in RAN noch zu wenig genutzt werden. Die Erkenntnisse aus den Untersuchungen weisen zwei Arten von Restriktionen aus (Geelhaar/Muntwyler, 1996): Restriktionen bestehen darin, dass die Möglichkeit zur Zusammenarbeit mit anderen Akteuren nicht in Betracht gezogen wird (Wahrnehmungsrestriktionen) oder dass die Kosten dafür als zu hoch betrachtet werden (Kostenrestriktionen).

Es gibt im Aargau zwar Pioniere für den Kombinierten Verkehr, doch nutzen die Transportunternehmen ihre Handlungsspielräume für einen „umweltfreundlichen Transport" weder auf einzelbetrieblicher Ebene noch im Rahmen des Regionalen Akteurnetzes, das sie untereinander verbindet. In diesem Spannungsfeld von regionaler Kooperation und Wettbewerb könnte sich Wissen um umweltfreundliche Logistikdienstleistungen bei allen Akteuren allerdings rasch verbreiten, weil die Kommunikation im Regionalen Akteurnetz gut funktioniert.

Massnahmen zur Förderung des Kombinierten Verkehrs

Zu empehlen ist eine Strategie, mit der die Zusammenarbeit von Akteuren der Güterverkehrsbranche mit anderen Akteuren im Regionalen Akteurnetz angeregt wird. Damit sind insbesondere diejenigen Akteure angesprochen, die in der Transportbranche die Ökologisierungsprozesse blockieren. Im Falle des KV sind dies in erster Linie die ASTAG, die Transportunternehmen selbst sowie die Nachfrager und die Zulieferer, wie auch der Staat. Wirksam ist ein *Massnahmenbündel*, das auf alle beteiligten Akteure ausgerichtet ist.

Nach Lundsgaard-Hansen (1993, S. 22) kann ein politisches Umsetzungsprogramm von marktwirtschaftlichen Lenkungsinstrumenten nur dann erfolgreich sein, wenn zu Beginn „Klarheit und soweit möglich Einigkeit über die anzupeilenden Ziele und die dafür bestgeeigneten Methoden besteht". Als erste Massnahme muss der *Dialog* zwischen den Vertretern der verschiedenen Interessengruppen, die in einer ersten Phase möglichst breit berücksichtigt werden müssen, mit einem Kommunikationskonzept unterstützt werden. Dabei geht es zuerst um die Erarbeitung des „grössten gemeinsamen Nenners” aller beteiligten Akteure. Aus diesem werden im folgenden Ziele und Methoden abgeleitet, die sich an den übergeordneten Leitlinien der verschiedenen Sachbereiche orientieren. Als Schlüsselakteur für die Ökologisierung des Güterverkehrs ist die ASTAG anzusprechen, die sich bis anhin in den meisten Fällen gegen staatliche Massnahmen geäussert hat. Es stellt sich die Frage, ob sich diese Haltung nicht ändern liesse, wenn der Staat vermehrt direkte Anreize zur Verlagerung des Güterverkehrs auf die Schiene schaffen würde? Damit gemeint ist die Veränderung der gesetzlichen *Rahmenbedingungen* zur erleichterten Ausübung von kombinierten Transporten. Im Zusammenhang mit der Revision der Verkehrsregelnverordnung (VRV) sind weitere Verordnungen zur Förderung des KV in der Schweiz durchaus denkbar. Wie in Deutschland könnte eine solche Verordnung strassenseitig die Befreiung der Kraftfahrzeugsteuer für das Zustellen oder Abholen von Gütern im KV gemäss Kraftfahrzeugsteuergesetz (KraftStG) § 3 beinhalten. Damit die Fahrzeuge ausschliesslich für den KV eingesetzt werden, müssten sie mit einem 150 mm x 150 mm grünen Schild mit grossem „K” gekennzeichnet sein. Der § 4 KraftStg sieht ferner die Erstattung der Kraftfahrzeugsteuer vor, wenn das Fahrzeug während des Entrichtungszeitraumes eine bestimmte Anzahl von Fahrten im Huckepackverkehr vorgenommen hat (Kombiverkehr, 1994, S. 98ff.). Im Rahmen der Revision der VRV wäre denkbar, dass den Kantonen diesbezüglich vermehrt Kompetenzen delegiert werden. Bahnseitig müssten die von der SBB gemachten Vorschläge so schnell als möglich umgesetzt werden (SBB, 1993). Darunter sind für die im KV tätigen Unternehmen besonders der vorgeschlagene freie Zugang zur Bahninfrastruktur durch Dritte gegen Bezahlung von Benützungsgebühren und die Auslagerung von Aufgaben an spezialisierte Unternehmen interessant. Die Konzentration der SBB auf die Kerngeschäfte und die Auslagerung der verschiedenen Zuliefer- und abgrenzbaren Geschäftsbereiche würde seitens der Bahn zu einer Reduktion der Grundleistungspreise führen. Diese Massnahmen würden die Konkurrenzfähigkeit der Schiene erhöhen, ohne dabei die Wahlfreiheit des Verkehrsträgers zu tangieren.

Weitere Massnahmen richten sich an die *Unternehmen* selbst, die sich in Zukunft in gewissen Aspekten eines umweltfreundlichen Transportes flexibler und aufgeschlossener zeigen müssen. Dies gilt besonders für die verschiedenen Initiativen zur Förderung des KV im Binnengüterverkehr. Diese stossen bei den im KV tätigen Unternehmen auf Ablehnung, weil nach ihrer Auffassung versucht wird, etwas „Unmögliches" auf dem Markt durchzubringen. Unmöglich deshalb, weil sich schienenseitig der Einsatz des KV aus Wirtschaftlichkeitsüberlegungen erst ab einer Distanz von 500 km lohnen soll. Die Skepsis gegenüber solchen Initiativen zur Ökologisierung des Binnengüterverkehrs, wie zum Beispiel das Angebot von fahrplanmässigen Güterlinienzügen zwischen den schweizerischen Wirtschaftszentren, wirkt sich natürlich hemmend auf die Umsetzung dieser Umweltinnovation aus (Geelhaar, 1994, S. 72ff.). Diese „Blockade" verhindert, dass andere Transportunternehmen in dieses neue Geschäftsfeld eintreten.

Mittelfristiges Ziel müsste auch die verstärkte Ansprache und Einbindung der Verladerschaft sein. Die *Nachfrage* nach Transportleistungen, die durch die Verladerschaft (und die Zulieferer i.w.S.) geschaffen wird, richtet sich beim Umschlag und Transport der Güter heute noch primär nach rein betriebswirtschaftlichen Kostenkriterien. Zwar werden logistische Anliegen immer häufiger an Spezialisten ausgelagert, was zu einer Reduktion des problematischen Werkverkehrs führt. Trotzdem könnte durch betriebliche Zusammenarbeit und gezielte Kooperationen zwischen den Nachfragern und den Anbietern zugunsten der Umwelt noch mehr erreicht werden. Auf Verbandsebene erarbeiteten der Swiss Shippers' Council (SSC) und der Schweizerische Spediteur-Verband (SSV) diesbezüglich ein Grundsatzpapier für Verbesserungsansätze in Richtung eines umweltverträglichen Güterverkehrs. Als Verbände können sie alle Beteiligten, also die Mitgliederfirmen und deren Angestellte, die Behörden und die in der Politik tätigen Interessengruppen für ihre Anliegen sensibilisieren (SSC/SSV, 1992). Gefragt wäre in einem solchen Aufklärungsprozess sicherlich auch der Einbezug der ASTAG, die sich - angeregt durch positive Erfahrungen aus Regionalen Akteurnetzen - vermehrt mit der Ökologisierung des Güterverkehrs befassen müsste. Als zentrale Meinungsbildnerin hat sie grossen Einfluss auf die ihr angeschlossenen Unternehmen. Der „Akteurvernetzung" könnte somit eine grosse Bedeutung für die Förderung eines „umweltfreundlichen Transportes" zukommen. Ein Schritt in diese Richtung wurde in regionalem Rahmen mit der Gründung der aargauischen Verkehrskonferenz (AVK) gemacht.

Schlussfolgerungen

Die Ökologisierung der Wirtschaft verlangt eine breite Verständigung zwischen den beteiligten Akteuren. Die verhärteten Fronten müssen sowohl auf Anbieter-, wie auch Nachfragerseite mittels Aufklärung über die Möglichkeiten eines umweltfreundlichen Logistikangebotes aufgeweicht werden. Dabei sollte versucht werden, die Interessen und Ziele der Akteure zu verbinden und durch ein *„Management des Regionalen Akteurnetzes"* die sich bietenden Synergien so gut als möglich in Richtung eines umweltfreundlichen Transportes zu nutzen. Der gezielten Ansprache der Akteure zum Aufbau von Akteurnetzen kommt gerade bei der Umsetzung und Förderung bereits bestehender Lösungen eine grosse Bedeutung zu. Dabei könnte sich auch die räumliche Nähe von Akteuren förderlich auf den Meinungsbildungsprozess auswirken.

Die heutige Situation verlangt aufgrund der polarisierten Interessen als erste Massnahme einen *Vermittler* oder Mediator. Von Vorteil wäre eine kompetente Person oder Institution, die neutral ist, also weder in die politischen noch in die marktlichen Prozesse eingebunden ist. Je nach Bedarf kommen diesem Vermittler beratende, koordinierende oder ausführende Funktionen zu. Um diese wahrzunehmen braucht es die nötigen *Kommunikationsforen*, an denen sich die verschiedenen Akteure beteiligen. Um flexibel auf die sich verändernden wirtschaftlichen, politischen und gesellschaftlichen Rahmenbedingungen reagieren zu können, müssten dort die Ziele, Konzepte und Kompetenzen der Akteure immer wieder neu definiert werden.

Literaturverzeichnis

Bertschi, H. J. (1992) Die Zukunft des Kombinierten Verkehrs in Europa. *NZZ vom 13.10.1992*, S. 35.

Crevoisier, O. (1993a) Spatial shifts and the emergence of innovative milieux: the case of the Jura region between 1960 and 1990. *Environment and Planning C: Government and Policy*, Volume 11, S. 419 - 430.

Crevoisier, O. (1993b) Industrie et région: les milieux innovateurs de l'Arc jurassien. EDES, Neuchâtel.

Düsel, H. (1994) Angebotskonzept für einen nachfragegerechten Einzelwagen- und Teilladungsverkehr der SBB. St. Gallen.

Dyllick, T. (1989): Management der Umweltbeziehungen, Gabler, Wiesbaden.

EJPD (Eidgenössisches Justiz- und Polizeidepartement) (1994) Vernehmlassung zur Verordnung über den Vor- und Nachlauf zu Umladestationen des kombinierten Verkehrs. Bern.

Geelhaar, M., (1994) Die Bedeutung Regionaler Akteurnetze für den ökologischen Strukturwandel im Güterverkehr. Diskussionspapier Nr. 4. Geographisches Institut der Universität Bern (GIUB), Bern.

Geelhaar, M., Muntwyler, M. (1994) Ein Operationalisierungskonzept für Umweltinnovationen. Diskussionspapier Nr. 2. Geographisches Institut der Universität Bern (GIUB), Bern.

Geelhaar, M., Muntwyler, M. (1996) Beschleunigungspotentiale für ökologische Innovationsprozesse in Regionalen Akteurnetzen. Diskussionspapier Nr.7. Geographisches Institut der Universität Bern (GIUB), Bern.

Hugenschmidt, H. (1994) Ökologischer Strukturwandel in der Schweizer Güterverkehrsbranche. *In:* Ökologischer Wandel in Schweizer Branchen, herausgegeben von Dyllick, T., Belz, F. Haupt, Bern und Stuttgart.

Kombiverkehr (1994) Handbuch für den Kombinierten Verkehr. Kombiverkehr Deutsche Gesellschaft für kombinierten Güterverkehr GmbH & Co. Kg., Frankfurt.

Krulis-Randa, J.S. (1992) Megatrends und Logistik-Management. *In:* Megatrends als Herausforderung für das Logistik-Management, herausgegeben von Krulis-Randa, J. S., Hägeli, S.W. Haupt, Bern und Stuttgart

Lundsgaard-Hansen, N. (1993) Politische Umsetzung. Soziale Kosten und Nutzen im Verkehr. Bericht zur Vorstudie. Dienst für Gesamtverkehrsfragen, GVF-Auftrag Nr. 221.EVED, Bern.

Minsch, J. (1993) Nachhaltige Entwicklung Idee - Kernpostulate. IWÖ-Diskussionsbeitrag Nr. 14. HSG, St. Gallen.

NZZ (Neue Zürcher Zeitung) (1994) Bahntransporte immer weniger konkurrenzfähig. Nr. 140, S. 53.

Planque, B. (1991): Notes sur la notion de réseau d'innovation. Réseau contractuelle et réseaux „conventionelle". *RERU, Sondernummer: Milieux innovateurs: réseaux d'innovation, Heft Nr. 3/4*, S. 295-320.

Ramseier, U. (1994) Standortvoraussetzungen für Innovationen. Geographisches Institut der Universität Bern (GIUB), Bern.

SBB, Groupe de Réflexion (1993) Schlussbericht über die Zukunft der SBB an den Vorsteher des EVED. Bern.

SSC/SSV (Swiss Shippers' Council/Schweizerischer Spediteur-Verband) (1992) Ökologie und Ökonomie im Güterverkehr. Gemeinsame Verbesserungsansätze aus Sicht der verladenden Wirtschaft und des Speditionsgewerbes, Basel.

Stephan, G., Steffen, S., Wiedmer, T. (1994) Umwelt, Bewusstsein und Handeln: eine ökonomische Analyse. *GAIA Vol. 3, no 2.*, S. 36 - 43.

Thom, N., Etlin, J.M. (1992) Megatrend Ökologie als Herausforderung für das Logistik-Management. *In:* Megatrends als Herausforderung für das Logistik-Management, herausgegeben von Krulis-Randa, J. S., Hägeli, S.W. Haupt, Bern und Stuttgart

UIRR (Internationale Vereinigung der Huckepackgesellschaften) (o.J.) UIRR Report '93, o.O.

Weizsäcker von, E.U. (1992) Erdpolitik: Ökologische Realpolitik an der Schwelle zum Jahrhundert der Umwelt (3. aktualisierte Auflage). Wissenschaftliche Buchgesellschaft, Darmstadt.

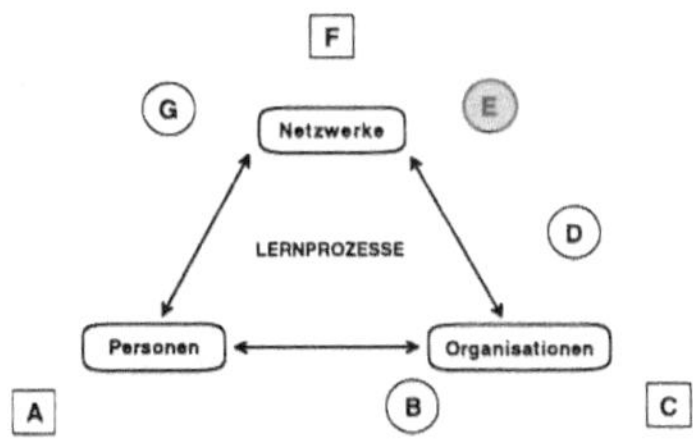

Lernprozesse für eine nachhaltige Landwirtschaft in Kulturlandschaften fördern

Michel Roux

Einleitung

Landwirte sollen möglichst aus eigener Erkenntnis und Überzeugung zu umweltgerechtem[1] Handeln kommen! Dabei muss als "umweltgerecht" beurteiltes Handeln wirtschaftlich interessant sein! Doch wird es selbst unter dieser Bedingung ohne die Durchsetzung umweltrelevanter Verhaltensvorschriften im Interesse der Allgemeinheit nicht gehen! Mit dieser Strategie will die Agrarpolitik ihre Ziele im ökologischen Bereich erreichen.[2] Forschung, Bildung und Beratung werden dabei als wichtige Instrumente gesehen, um die Lernprozesse für eine nachhaltige Landwirtschaft effizient und wirksam verstärken zu können. Diese Prioritätenordnung

---

1 Im SPP Umwelt wird "umweltverantwortliches Handeln" den Begriffen "umweltgerechtes" oder "umweltbewusstes" Handeln vorgezogen, obwohl diese Termini in der Umweltforschung oft synonym verwendet werden. Implizit werden darunter solche Handlungs- oder Verhaltensweisen von Individuen und Kollektiven verstanden, die - nach heutiger Kenntnis ökologischer Zusammenhänge - geeignet erscheinen, das Ausmass der Belastung natürlicher Systeme durch menschliche Aktivitäten zu verringern.

2 Erstmals umschrieben in: Bundesamt für Landwirtschaft (1990) Direktzahlungen in der Schweizerischen Agrarpolitik, S. 145-152, EDMZ, Bern

steht im Einklang mit dem umweltpolitischen Trend, Information und Beratung gegenüber einer zunächst rechtlichen und heute auch ökonomischen Steuerung zukünftig stärker zu gewichten (vgl. Kissling-Näf & Knoepfel in diesem Band). Individuen sollen vom Staat nicht in erster Linie als Befehls- oder Geldempfänger für Wohlverhalten angesprochen werden, sondern als Menschen, die in ihrem Wirkungsbereich möglichst eigenverantwortlich handeln. Die Verantwortung des Staates soll sich in dieser Förderstrategie darauf konzentrieren, die hierfür günstigen Rahmenbedingungen zu schaffen, damit die entsprechenden Lernprozesse ermöglicht und durch Information und Beratung erleichtert werden können.

An einem Beispiel wird zunächst aufgezeigt, *was* umweltverantwortliches Handeln von Landwirten heute in der Praxis bedeutet und *wie* die Behörden dieses Handeln in Zusammenarbeit mit dem landwirtschaftlichen Beratungswesen konkret fördern. Die Analyse dieser Förderpraxis aus lerntheoretischer Sicht wird die These nahelegen, dass umweltverantwortliches Handeln mehr bedeuten muss als das Vereinbaren von "umweltgerechtem Verhalten" mit dem Staat, wenn eine nachhaltige Landwirtschaft in den vielfältigen Kulturlandschaften der Schweiz gefördert werden soll. Vielmehr sollte umweltverantwortliches Handeln der sichtbare Ausdruck eines ständigen Lernprozesses sein, an dem neben den Nutzern einer Kulturlandschaft auch die übrigen Teilhaber (engl. "stakeholders") sowie die Behörden in verbindlicher Weise beteiligt sind. Der Beitrag schliesst mit einem Vorschlag, wie der Staat solche individuelle und kollektive Lernprozesse anregen könnte.

Das Pilotprojekt "Naturgemässe Kulturlandschaft Fricktal"

Der Regierungsrat des Kantons Aargau beschloss im August 1990 die Durchführung des Pilotprojekts "Naturgemässe Kulturlandschaft Fricktal" und bewilligte dafür einen Kredit von 1,9 Millionen Franken. Das Projekt war von nationalem Interesse. Das Bundesamt für Umwelt, Wald und Landschaft sowie das Bundesamt für Landwirtschaft beteiligten sich nicht nur an der Finanzierung. Sie arbeiteten gleich in der Projektleitung mit. Durch die Zusammenarbeit mit der Regionalplanungsgruppe Oberes Fricktal und den Gemeinden war das Projekt auch in einer Region verankert. Die Experten- und Beratungstätigkeit wurde von der Firma Agrofutura, die ausserhalb der Projektregion in Brugg domiziliert ist, in Zusammenarbeit mit dem Landwirtschaftlichen Bildungs- und Beratungszentrum in Frick wahrgenommen. Das Pilotprojekt wurde von 1991 bis 1995 durchgeführt.

Neue Instrumente für den Naturschutz in der Kulturlandschaft

Mit dem Pilotprojekt sollten neue Instrumente entwickelt werden, mit denen die Behörden die Ziele des Umwelt-, Natur- und Landschaftsschutzes in der landwirtschaftlich geprägten Kulturlandschaft besser erreichen können, als sie es mit den bisherigen Instrumenten allein vermochten. Denn seit den 50er Jahren führten die Entwicklungen in der Landwirtschaft zu einem ungebremsten Rückgang der natürlichen Artenvielfalt, zu einer allgemeinen Belastung der natürlichen Lebensgrundlagen und zu Veränderungen im Landschaftsbild, die zunehmend öffentlich beklagt wurden. Dieser von den politischen Akteuren erkannte Zusammenhang leitete Mitte der 80er Jahren einen tiefgreifenden agrarpolitischen Reformprozess ein, der selbst zehn Jahre später noch in vollem Gange ist.[3] Doch auch die Naturschutzpolitik ist in Revision. Denn es musste erkannt werden, dass sich die Ziele des Natur- und Landschaftsschutzes in der Kulturlandschaft allein mit den bisher bekannten *planungsrechtlichen Instrumenten* wie "Schutzverordnungen" und "Schutzzonen" nicht erreichen lassen (vgl. Abbildung 1).

Als neues *marktwirtschaftliches Instrument* kam im Kanton Aargau ab 1985 der "Bewirtschaftungsvertrag" zum Einsatz. Mit ihm sollte die nachhaltige Nutzung von Magerwiesen, Fromentalwiesen und Hochstamm-Obstbäume - alles bedrohte naturnahe Lebensräume der traditionellen Kulturlandschaft - auf freiwilliger Basis mit den Landwirten vereinbart werden. Diese ursprünglich im Kanton Solothurn entwickelte Neuerung wurde 1987 im Bundesgesetz über den Natur- und Heimatschutz (NHG) verankert. Gestützt auf Artikel 18 NHG sollte den Bewirtschaftern in allen Kantonen die Möglichkeit eröffnet werden, auf freiwilliger Basis bezahlte Leistungen für den Naturschutz zu erbringen. Die Umsetzung blieb allerdings den Kantonen überlassen, die für den Vollzug der Naturschutzpolitik verantwortlich sind.

---

[3] Der erste Versuch, einen neuen Leistungsauftrag für die Landwirtschaft in der Bundesverfassung zu verankern, scheiterte im März 1995 in der Volksabstimmung

Im Kanton Aargau stiess man jedoch auch mit diesem Instrument nach anfänglichen Erfolgen an neue Grenzen. Landwirte machten auf sachliche Schwierigkeiten aufmerksam, die sie bei der Bewirtschaftung von naturnahen Lebensräumen nach den vereinbarten Richtlinien erlebten. Zudem konnten sie die betrieblichen, finanziellen, rechtlichen und ökologischen Auswirkungen der gewünschten Naturschutzleistungen zu wenig gut beurteilen.

Abbildung 1. Räumliche Konzepte für den Naturschutz in der Kulturlandschaft

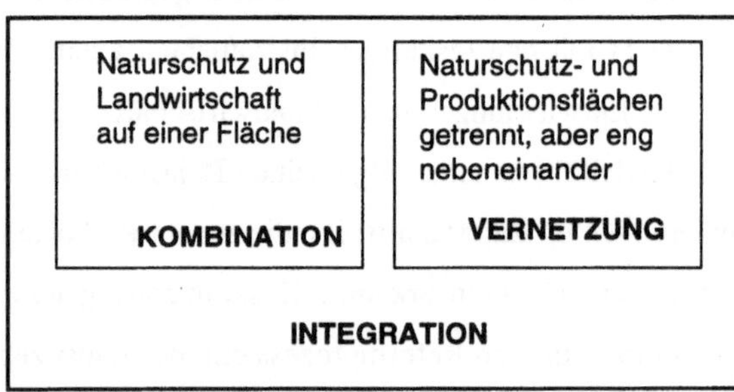

Die Segregation wird als ungenügendes räumliches Konzept für den Naturschutz in der Kulturlandschaft von Fachleuten des Naturschutzes kritisiert. Empfohlen wird die Kombination des Segregationskonzepts mit den räumlichen Konzepten der Integration (Thomet et al., 1991, S. 76ff). Weil die planungsrechtlichen Instrumente nur geeignet sind, das räumliche Konzept der Segregation in der Praxis umzusetzen, wird verständlich, weshalb neue Instrumente für den Naturschutzvollzug nötig wurden.

Die Naturschutzbehörde wollte diese Mängel beheben. Naturschutzleistungen will sie zukünftig im Rahmen einer gesamtbetrieblich sinnvollen Lösung vereinbaren können.[4] Zudem sollten die Bewirtschafter die Massnahmen aus für sie nachvollziehbaren Zielen des Natur- und Landschaftsschutzes ableiten können, um die Vereinbarungen nicht nur des Geldes wegen einzugehen, sondern auch aus Einsicht in die ökologischen Zusammenhänge.

[4] Diesen gesamtbetrieblichen Lösungsansatz zeigte 1990 eine Studie der Beratungsfirma Agrofutura auf, die von der Naturschutzbehörde des Kantons Aargau beauftragt wurde. Zudem begann das Bundesamt für Landwirtschaft 1990 mit den Vorbereitungen, um besonders umweltschonende Produktionsformen wie "Biologischer Landbau" und "Integrierte Produktion" im Rahmen von gesamtbetrieblichen Bewirtschaftungsverträgen mit finanziellen Anreizen fördern zu können, was seit 1993 auf der Basis von Artikel 31b des Landwirtschaftsgesetzes möglich ist.

Projektziele und die Interessen der Akteure im Projektgebiet

Mit diesem Pilotprojekt verfolgte die Regierung des Kantons Aargau[5] primär instrumentelle und politische Ziele. Ein *Vorgehen* für eine möglichst konfliktfreie und effiziente Umsetzung von ökologischen Massnahmen in der Landwirtschaft sollte zusammen mit den dazu notwendigen *Instrumenten* entwickelt und getestet werden. Die Projekterfahrung sollte zudem laufend in den politischen Entscheidungsprozess auf Bundesebene eingebracht werden, wo die wegweisende agrarpolitische Debatte im Gange war, die im Herbst 1992 zu einer ersten wichtigen Änderung des Landwirtschaftsgesetzes führen sollte.[6] Dadurch konnte der Bund ab 1993 ökologisch motivierte Direktzahlungen an die Landwirtschaft durch die Kantone ausbezahlen.[7] Der Naturschutzbehörde des Kantons Aargau war es ein besonderes Anliegen, dass mit diesen Geldern ein möglichst hoher Beitrag zur Erreichung der ökologischen Ziele im Bereich des Natur- und Landschaftsschutzes aber auch im Bereich des Boden- und Gewässerschutzes geleistet werden kann. Dies erforderte jedoch die Abstimmung der kantonalen Naturschutzpolitik mit der sich ändernden Agrarpolitik sowie den kooperativen Vollzug der beteiligten Behörden in Bund und Kanton, wie dieses Pilotprojekt ebenfalls aufzeigen sollte.

Um die Politiker, die Behörden, die Bauernfamilien, die Naturschutzorganisationen und die Öffentlichkeit von diesem neuen kooperativen Ansatz über die Kantonsgrenzen hinaus überzeugen zu können, sollten die Entwicklungsarbeiten praxisnah in Zusammenarbeit mit allen betroffenen Akteuren in einer konkreten Region durchgeführt werden. Ausgewählt wurde eine Tafeljura-Landschaft im Oberen Fricktal mit elf Gemeinden und rund 3000 Hektaren landwirtschaftliche Nutzfläche, die 1990 von 335 Landwirtschaftsbetrieben bewirtschaftet wurden.

Für die Wahl dieser Region waren naturschutzpolitische und sozio-ökonomische Gründe massgebend. Die Gegend liegt in einem kantonalen "Natur-Vorranggebiet". In diesen

---

5 Auf Anregung der Naturschutzbehörde, der Abteilung Landschaft und Gewässer im Baudepartement.

6 Durch die eingeleitete Öffnung der Agrarmärkte im Rahmen der internationalen Agrarverhandlungen des GATT/WTO war die Entflechtung der landwirtschaftlichen Preis- und Einkommenspolitik unausweichlich geworden. Die Einkommenseinbussen aus der Liberalisierung der Agrarmärkte und den damit verbundenen sinkenden Preise für landwirtschaftliche Erzeugnisse sollten mit Direktzahlungen für die gemeinwirtschaftlichen Leistungen der Landwirtschaft soweit wie möglich kompensiert werden. Gegenstand der agrarpolitischen Ausmarchung war somit auch die Frage, welche ökologischen Leistungen der Landwirtschaft von der Allgemeinheit in welchem Ausmass nachgefragt werden und wie der entsprechende ökologische Leistungsnachweis zu erbringen ist.

7 Artikel 29 und 31 des Landwirtschaftsgesetzes vom 9. Oktober 1992 (SR 910.1: AS 1993,1571); Verordnung über Beiträge für besondere ökologische Leistungen in der Landwirtschaft vom 26. April 1993 (SR 910.132)

Gebieten, sie entsprechen 15 % des offenen Kulturlandes im Kanton Aargau, konzentriert der Kanton mittelfristig seine Mittel und Kräfte, um die Natur- und Landschaftsschutzziele im Bereich der Kulturlandschaft zu erreichen.

Abbildung 2. Das Projektgebiet im Aargauischen Tafeljura

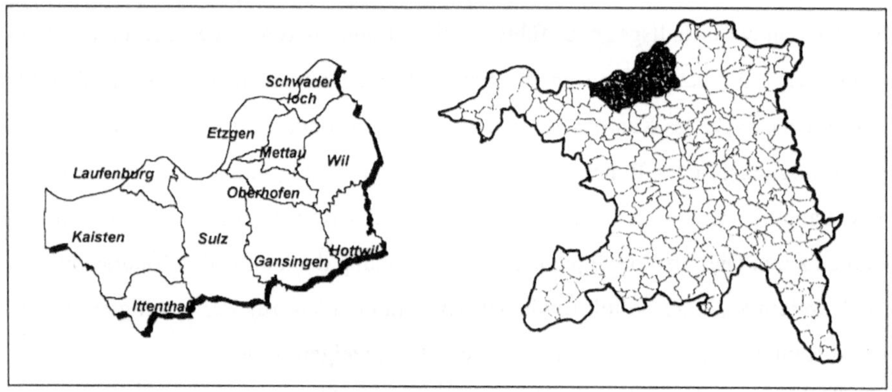

Die Projektregion ist eine verhältnismässig dünn besiedelte Tafeljura-Landschaft mit vorrangiger Bedeutung für den Natur- und Landschaftsschutz. Der südliche Teil wird zum Aargauer Jura und der nördliche Teil zum Laufenburger Hochrheintal gezählt. Die Täler sind noch von ausgedehnten Streuobstbeständen geprägt. Allerdings sind sie gefährdet. Der Ackerbau nahm - nach einem Rückgang bis in die 60er Jahre - in den letzten Jahrzehnten konstant zu und beansprucht heute etwa 40 Prozent der landwirtschaftlichen Nutzfläche. An den Hängen treten Erosionsereignisse auf. Das sommertrockene Klima begrenzt die landwirtschaftlichen Nutzungsmöglichkeiten erheblich.

Hier liessen sich auch die wichtigen regionalen Akteure für die Projektidee gewinnen: ein aktiver Regionalplanungsverband, eine aktive regionale Naturschutzorganisation sowie ein interessiertes landwirtschaftliches Bildungs- und Beratungszentrum. Zudem waren die ökonomischen Voraussetzungen günstig, denn die natürlichen Verhältnisse setzen hier einer intensiven Produktion deutliche Grenzen und der Tierbesatz ist im Vergleich zu anderen Regionen recht tief. Die Bereitschaft der Bauernfamilien für eine bewusste ökologische Ausrichtung der Produktion, so wurde vermutet, sei deshalb im Tafeljura grösser als in den landwirtschaftlichen Gunstlagen des Kantons.

Im Unterschied zu den öffentlichen Akteuren interessierten sich die privaten Akteure, die Bauern und die Naturschützer der Region, aus anderen Gründen für das Projekt. Die Bäuerinnen und Bauern wollten sich aufgrund der sich abzeichnenden Änderungen in der Agrarpolitik und mit Blick auf eine ungewisse Zukunft orientieren und die Anforderungen an eine "naturgemässe" Bewirtschaftung mit allen Konsequenzen kennenlernen. Das Projekt fand daher auch die Unterstützung der Bauernorganisationen. Die regionale Naturschutzorganisation betrachtete dieses Projekt als eine Gelegenheit, mit zusätzlichen Mitteln die Bewirtschafter zu konkreten ökologischen Massnahmen zu veranlassen, die sie als notwendig erachteten.[8] Beide Gruppen standen dem Vorhaben des Kantons mit seinen instrumentellen und politischen Zielen anfänglich skeptisch gegenüber.

Bedingungen und Strukturen für das Experiment

Unter welchen Bedingungen sich die Bauern am Projekt beteiligen würden, klärten die Projektverfasser vorgängig sorgfältig ab: So musste die Freiwilligkeit ebenso gewährleistet werden wie der wirtschaftliche Anreiz für ökologisch erwünschte Massnahmen bei einer gesamtbetrieblichen Betrachtungsweise. Zudem waren Sicherheiten gefragt. Die zuverlässige Einschätzung der politischen Entwicklungen war daher besonders wichtig, weil die Beiträge für die zu vereinbarenden besonderen ökologischen Leistungen mit dem Pilotprojekt selbst nur für drei Jahre garantiert werden konnten. Schliesslich mussten auch die Handlungsmöglichkeiten der Bauern "realistisch" beurteilt und für sie akzeptable Handlungsalternativen aufgezeigt werden können. Und schliesslich war auch die Kommunikation unter allen am Experiment beteiligten Personen zu ermöglichen.

Mit einer Projektorganisation (vgl. Abbildung 2) wurden bestehende Beziehungen unter den öffentlichen und privaten Akteuren auf den Stufen Gemeinde, Region, Kanton und Bund genutzt und neue Beziehungen geknüpft, soweit dies für das Erreichen der Projektziele notwendig erschien. Unter den relevanten Akteuren wurde so ein neues soziales Netzwerk aufgebaut. Darin eingebunden war das in der Gegend fremde, projektierende und ausführende, interdis-

---

8 Die Projektregion deckt sich genau mit dem Wirkungskreis des Verbandes der Oberfricktalischen Natur-und Vogelschutzvereine (VONV). Diese 1980 gegründete regionale Naturschutzorganisation wirkte ausserhalb der landwirtschaftlich genutzten Flächen sehr erfolgreich.

ziplinär zusammengesetzte Arbeitsteam, das sowohl fachliche Verantwortung für das Entwikkeln der Instrumente trug, als auch die Verhandlungen mit den interessierten Bauern führte.

Abbildung 3. Die Projektorganisation - ein soziales Netzwerk auf Zeit

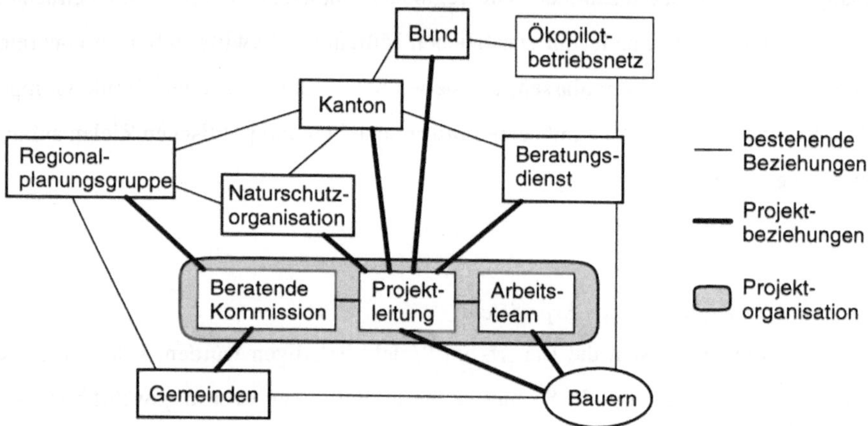

In der *Projektleitung* vertreten war der Kanton mit der Abteilung Landschaft und Gewässer sowie mit der Abteilung Landwirtschaft, der Bund mit dem Bundesamt für Umwelt, Wald und Landschaft sowie mit dem Bundesamt für Landwirtschaft. Die Bauern waren durch eine anerkannte Persönlichkeit "vertreten" und die Naturschützer durch den Präsidenten des Verbandes der Oberfricktalischen Natur- und Vogelschutzvereine. Vorsitzender war Karl Schib, ehemalige Leiter des landwirtschaftlichen Bildungs- und Beratungszentrums Frick. Die *Beratende Kommission* leitete Nationalrat Peter Bircher, Präsident der Regionalplanungsgruppe Oberes Fricktal. Mitglied waren alle elf Gemeinden mit je einem Bauern- und einem Naturschutzvertreter, die regionale und eine kantonale Naturschutzorganisation sowie der kantonale und der schweizerische Bauernverband. Das *Arbeitsteam* bildeten ein erfahrener Biologe, ein ausgewiesener Futterbauspezialist, ein Agrarwirtschafter mit langjähriger Beratungserfahrung, alle drei von der Firma Agrofutura, sowie ein Agronom, der für die Abeilung Landschaft und Gewässer die Bewirtschaftungsverträge abschloss.

Die Projektdurchführung gliederte sich in zwei Phasen. Im ersten Jahr stand die Expertentätigkeit sowie die Öffentlichkeitsarbeit im Vordergrund: Die den regionalen Anforderungen angepassten, gesamtbetrieblichen Bewirtschaftungsverträge wurden entwickelt, zusammen mit den technischen Richtlinien und dem darauf abgestimmten Modell für die Berechnung der besonderen ökologischen Leistungen. Die Grundlagen dazu lieferten Leitlinien für die Entwicklung der Landschaft in der Region,[9] detaillierte Analysen von Landwirtschaftsbetrieben der Region sowie eine Liste mit 32 Anforderungen an eine umweltgerechte Betriebsführung, die ebenfalls ab 1991 im Rahmen des "nationalen Ökopilotbetriebsnetzes"[10] vom Bundesamt für Landwirtschaft getestet wurde.[11] Gleichzeitig wurde die Beratungsmethode erprobt, die zu erfolgreichen Vertragsabschlüssen führen sollte. Mit einer intensiven Öffentlichkeitsarbeit wurde in der ganzen Region ein motivierendes Klima geschaffen. Orientierungsveranstaltungen in Zusammenarbeit mit den Gemeinderäten, Demonstrationen auf Landwirtschaftsbetrieben, Flurbegehungen und die eigene Projektzeitung waren die wichtigsten Mittel dazu. In dieser ersten Phase verliess der Präsident des Verbandes der Oberfricktaler Natur- und Vogelschutzvereine die Projektleitung, worauf noch vertieft eingegangen wird.

In den Folgejahren beanspruchten die Weiterbildungs-, Beratungs- und Verhandlungstätigkeit den grössten Teil der Arbeitszeit. Für die Weiterbildung der Landwirte wurde in Zusammenarbeit mit dem Landwirtschaftlichen Bildungs- und Beratungszentrum Frick eine neue Struktur aufgebaut. Im Projektgebiet kam es erstmals zur Gründung von vier Beratungsgruppen für "Integrierte Produktion"[12], die es seit 1993 auch in den übrigen Regionen des Kantons Aargau gibt. Während der ganzen Projektzeit wurden Grundlagen für politische Entscheide auf Kantons- und Bundesebene erarbeitet. Sie wurden in zahlreichen Begegnungen mit vielen Entscheidungsträgern aus Bund und Kanton in der Projektregion anschaulich vermittelt. Überschattet wurde die Projektarbeit durch den öffentlich ausgetragenen Konflikt mit Naturschutzorganisationen, die sich schliesslich gegen das Projekt wandten.

---

9 Diese Leitlinien, dargestellt in einem Entwurf der Agrofutura für ein Leitbild Natur und Landschaft für die Projektregion, wurden von den Naturschutzexperten des Projekts erarbeitet.

10 Nationale Projektgruppe Ökopilotbetriebe (1995) Ökobilotbetriebsnetz: Bericht der Projektperiode 1991 bis 1993. Eidgenössiche Forschungsanstalt für Agrarwirtschaft und Landtechnik (FAT), Tänikon.

11 Das Bundesamt für Landwirtschaft wollte sich so eine technische Grundlage für die Anerkennung der besonderen ökologischen Leistungen in der Landwirtschaft beschaffen, die im gesamten landwirtschaftlichen Wissenssystem anerkannt werden konnte (vgl. Blum/Roux, 1996).

12 Der Bund fördert als besonders umweltschonende Produktionssysteme den "Biologischen Landbau" und die "Integrierte Produktion". Im Unterschied zum Biologischen Landbau ist in der Integrierten Produktion die kontrollierte Anwendung von zugelassenen, chemischen Hilfsstoffen (leichtlösliche Mineraldünger und Pflanzenschutzmittel) erlaubt. Als "besonders umweltschonend" gelten beide Produktionssysteme deshalb, weil sie höhere ökologische Anforderungen erfüllen, als es die Umwelt- und Gewässerschutzgesetzgebung allgemeinverbindlich vorschreibt.

Projektbedingte Wirkungen

Wie die Wirkungsanalyse[13] ergeben hat, konnten in allen Zielbereichen bemerkenswerte Ergebnisse realisiert werden. Allerdings lassen sich die Resultate nicht nur mit dem Projekt selbst erklären, denn die Rahmenbedingungen, die mit diesem Projekt beeinflusst werden sollten, begannen sich während dieser Zeit für alle Beteiligten merklich und überraschend schnell zu verändern.

Ergebnisse im sozialen und ökologischen Bereich: Annähernd hundert Bauernfamilien[14] verpflichteten sich freiwillig zu besonderen ökologischen Leistungen, die im Urteil der zuständigen Behörden auch im Interesse des Natur- und Landschaftsschutzes liegen. Zusammgengezählt bewirtschaften sie rund die Hälfte der landwirtschaftlich genutzten Fläche im Projektgebiet. 71 Betriebsleiter unterzeichneten einen gesamtbetrieblichen Vertrag[15] und mit weiteren 27 Bewirtschaftern konnten Einzelverträge für bestimmte naturnahe Lebensräume abgeschlossen werden. Verhältnismässig viele hauptberufliche Landwirte mit entsprechender Ausbildung unterzeichneten die gesamtbetrieblichen Verträge. In den "naturgemäss" bewirtschafteten Landwirtschaftsbetrieben liegt der Anteil der naturnahen Lebensräume bei über 15 %. Der Bedarf an diesen naturnahen Flächen, die für die Erhaltung der heute noch in der Region vorhandenen Artenvielfalt notwendig sind, wird jedoch auf 20 % geschätzt. Gemessen an diesem Sollzustand sind nach Projektende 30 % oder 220 Hektaren naturnahe Lebensräume vertraglich gesichert. Vor Projektbeginn waren es 50 Hektaren. Die Projektleitung gibt sich überzeugt, dass der angestrebte Flächenanteil innerhalb der nächsten zehn Jahre realisiert werden kann, bei den extensiven Wiesen leichter als bei den Feldobstbäumen und Hecken. Dies bedeutet: *Alle* dann noch existierende Betriebe beteiligen sich am Programm "naturgemässe Landwirtschaft".

---

[13] Aufgrund von Dokumenten und Interviews, letztere wurden mit einer Methode der qualitativen Inhaltsanalyse ausgewertet (vgl. dazu den Schlussbericht).

[14] Zur Beurteilung dieser Beteiligung dienen folgende Zahlen: 1993 wurden im Projektgebiet 319 Landwirtschaftsbetriebe gezählt, wovon nur 191 mehr als 3 Hektaren Land bewirtschafteten.

[15] Alle diese Betriebe erfüllen die Anforderungen der "Integrierten Produktion", die im Projektgebiet in den ökologisch sensiblen Bereichen Pflanzenschutz und Ackerbau höher als im übrigen Kanton sind. Dies genügt aber noch nicht, um die regionalen Zielvorstellungen im Bereich des Natur- und Landschaftsschutzes zu erreichen. Dafür wurden im Pilotprojekt zusätzliche gesamtbetriebliche Anforderungen formuliert, die in der typischen Tafeljura-Landschaft zu erfüllen sind. 62 Betriebe vereinbarten auch diese Anforderungen, die nach aktuellem Wissensstand einer wirklich "naturgemässen Landwirtschaft" entsprechen.

Im sozialen Bereich hatte dieses Projekt eine weitere Wirkung. Die bisher erfolgreiche Feldarbeit der regionalen Naturschutzorganisation kam zum Stillstand. Die öffentliche Ablehnung des Projekts führte die Organisation in eine Krise, die zum Rücktritt des Präsidenten und weiterer Vorstandsmitglieder führte, wobei auch interne Gründe eine Rolle spielten.

Ergebnisse im konzeptionellen und instrumentellen Bereich: Die Behörden können die neue Strategie umsetzen, die zur ökologischen Aufwertung landwirtschaftlich genutzter Kulturlandschaften gewählt wurde: Wirksame Massnahmen für Umwelt, Natur und Landschaft lassen sich mit der Landwirtschaft realisieren, wenn die ökologischen Zielvorstellungen auf örtlicher und betrieblicher Ebene konkretisiert werden, wenn die vorgeschlagenen Massnahmen ökonomisch sinnvoll und freiwillig sind, diese dank Information und Beratung einzelbetrieblich integriert, realisiert und im Rahmen gesamtbetrieblicher Verträge gesichert werden.[16]

Abbildung 4. Neue Instrumente zur Förderung einer naturgemässen Kulturlandschaft

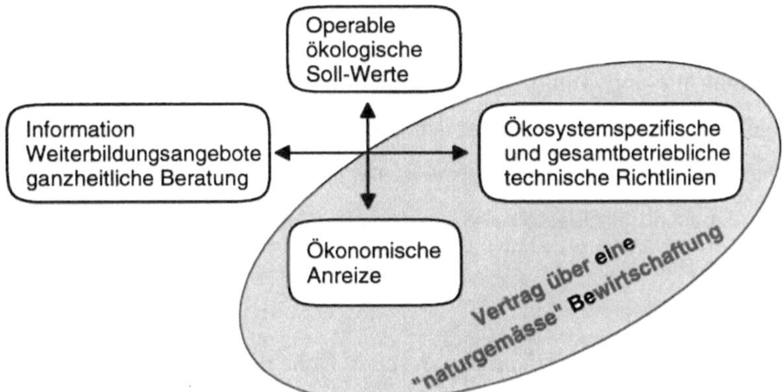

Der Vertrag über eine "naturgemässe" Bewirtschaftung präzisiert mit technischen Richtlinien die vereinbarte "besondere ökologische Leistung" und regelt die Abgeltung so, dass der ökonomische Anreiz für die Leistungserbringung gegeben ist.

---

16 Mit dem gesamtbetrieblichen Ansatz kann vermieden werden, dass infolge der Extensivierung von Wiesen andere Flächen des Betriebes überdüngt werden, um nur ein Beispiel zu nennen.

Die Handhabung des neuen marktwirtschaftlichen Instrumentariums durch die Vollzugsbehörden ist anspruchsvoll. Sie lernten es mit diesem Pilotprojekt. Um mit den neuen Bewirtschaftungsverträgen eine optimale Wirkung zu erzielen, braucht es gut informierte Landwirte, die sich gezielt weiterbilden und bei Bedarf eine kompetente ganzheitliche Beratung in Anspruch nehmen können. Landschaftsraumspezifisch sollten die ökologischen IST- und SOLL-Werte in operabler Form vorliegen, um darauf abgestützt die zu ergreifenden Massnahmen ableiten und begründen zu können (vgl. Abbildung 4).

Solche Normen haben aber nicht nur eine fachliche Dimension. Sie müssen von den Betroffenen und Interessierten auch akzeptiert werden können. Eine konstruktive Zieldiskussion war jedoch während der Projektdauer nicht möglich. Statt dessen bewegte der Konflikt mit der regionalen Naturschutzorganisation die Gemüter. Ohne *anerkannte* SOLL-Werte fehlt nun den Behörden eine wichtige Grundlage für die Erfolgskontrolle.

Für einen erfolgreichen kooperativen Naturschutzvollzug braucht es zudem nicht nur die geeigneten Instrumente, es müssen auch Daueraufgaben wahrgenommen werden können: Weiterbildung von Bauernfamilien, Kader in Naturschutzorganisationen und Gemeinden; Öffentlichkeitsarbeit und Animation in den Regionen und Gemeinden; Formulierung lokaler Zielvorstellungen für Umwelt, Natur und Landschaft; einzelbetriebliche Beratung und Vertragsabschlüsse; Erfolgskontrolle und Administration. Das Pilotprojekt förderte somit auch die Diskussion der Frage, wie diese Aufgaben unter den kantonalen, regionalen und lokalen Akteuren der Landwirtschaft und des Naturschutzes zu verteilen sind, damit ein Optimum zwischen kostengünstigem Vollzug und ökologischer Wirkung gefunden werden kann (vgl. Kissling-Näf & Knoepfel in diesem Band).

Ergebnisse im politischen und institutionellen Bereich: Ohne die erhofften Veränderungen im politischen und institutionellen Bereich, wären die bisher genannten Ergebnisse nicht von Dauer. Die sich zu Projektbeginn abzeichnende Dynamik in der Agrarpolitik wurde von der Projektleitung geschickt genutzt, um Neuerungen auf den Gesetzes-, Verordnungs- und Weisungsstufen in ihrem Sinne zu beeinflussen. Höhepunkt auf eidgenössischer Ebene und für die Ökologisierung der Landwirtschaft sehr bedeutsam war der erfolgreiche Antrag von Nationalrat Peter Bircher bei der Ausgestaltung von Artikel 31 des Landwirtschaftsgesetzes. Er vermittelte zwischen den politischen Kräften, die nur ökologisch motivierte Direktzahlungen an die Landwirtschaft bewilligen wollten (Artikel 31b) und denjenigen, die nur an den einkommenspolitisch motivierten Zahlungen (Artikel 31a) interessiert waren. Entgegen den Vorstellungen des Bundesrates[17] wurden zwei Verpflichtungen verankert, die für den Natur- und Landschaftsschutz von grosser Bedeutung sind. Erstens sollen die ökologisch motivierten Direktzahlungen ausdrücklich auch der Förderung der natürlichen Artenvielfalt dienen und zweitens sollen sie nach einer Einführungsperiode annähernd die gleiche Grössenordnung erreichen wie die einkommenspolitisch motivierten Direktzahlungen.[18] Dieser Antrag vermochte aufgrund der anschaulichen Erfahrung zu überzeugen, die Nationalrat Peter Bircher im Pilotprojekt "Naturgemässe Kulturlandschaft Fricktal" sammeln und weitergeben konnte.

Abbildung 5. Einfluss auf gesetzliche Erlasse und behördenverbindliche Programme

auf kantonaler Ebene

- Mehrjahresprogramm 1993-2001 für den Naturschutz im Kanton Aargau
- Leitbild für die aargauische Landwirtschaft
- Änderung des Baugesetzes und des Natur- und Landschaftsschutzdekretes
- Vorarbeiten für die Änderung des Landwirtschaftsgesetzes

auf eidgenössischer Ebene

- Änderung des Landwirtschaftsgesetzes vom 9. Oktober 1992: Artikel 29 und Artikel 31 a und b
- Verordnungen und Weisungen zu Artikel 31 b

Viele Politikerinnen und Politiker nutzten die Gelegenheit, um sich im Projektgebiet mit den Bäuerinnen und Bauern zu unterhalten, die Vereinbarungen zu einer "naturgemässen" Bewirtschaftung ihrer Betriebe eingegangen waren.

Damit war das neue Lenkungsinstrument mit Nachdruck in die Hände *aller* Vollzugsbehörden gelegt worden. Zudem wurde der Bundesrat verpflichtet, die Zahlungen so zu bemessen, dass sich sowohl der "Biologische Landbau" als auch die "Integrierte Produktion" im Ver-

[17] Vgl. Botschaft zur Änderung des Landwirtschaftsgesetzes vom 27. Januar 1992 (BBl 1992 II 1).
[18] Artikel 31 b, Absatz 4 des Landwirtschaftsgesetzes.

gleich mit der konventionellen Landwirtschaft lohnen.[19] Für die Anerkennung der Richtlinien und für die Evaluation der ökologisch motivierten Massnahmen wurde das Bundesamt für Landwirtschaft bezeichnet. Mit der Durchführung der administrativen Verfahren, wie die Bearbeitung der Gesuche, die Durchführung der Kontrollen und die Auszahlung der Beiträge, wurden die Landwirtschaftsbehörden der Kantone beauftragt. Den Kantonen ist es auch überlassen, die technischen Anforderungen an die "Integrierte Produktion" gegenüber den gesetzlichen[20] und vom Bundesamt präzisierten Mindestanforderungen[21] zu erhöhen oder zusätzliche, den regionalen und ökologischen Verhältnissen besser angepasste Programme anzubieten, zum Beispiel für die Förderung der "naturgemässen" Bewirtschaftung einer Tafeljura-Landschaft.

Dass dieses zusätzliche Engagement der Kantone nötig sein würde, um die gewünschten, nach Regionen differenzierten ökologischen Wirkungen zu erzielen, äusserte schon 1992 der Kanton Aargau im neuen Leitbild für die aargauische Landwirtschaft: "Die Erhaltung, Pflege und Entwicklung des Natur- und Landschaftsraumes Aargau mit seinen spezifischen regionalen Bedürfnissen soll durch *ergänzende* Beiträge unterstützt und gefördert werden. Die Ausrichtung solcher Beiträge sind an entsprechende Bedingungen und Auflagen zu binden und der bäuerliche Familienbetrieb als Gesamtheit ist im Auge zu behalten. Ein wichtiger Versuch für eine Strategie in dieser Richtung stellt das 1990 vom Regierungsrat lancierte Pilotprojekt "Naturgemässe Kulturlandschaft Fricktal" dar." [22]

Dieser Vorschlag (vgl. Abbildung 6) wurde im Pilotprojekt realisiert.[23] Um die ergänzenden, landschaftsraumspezifischen, gesamtbetrieblichen Anforderungen an eine besonders umweltschonende landwirtschaftliche Bewirtschaftung auch in anderen Regionen des Kantons Aargau langfristig finanzieren zu können, ist von der Regierung beabsichtigt, die entsprechenden Rechtsgrundlagen bei der laufenden Revision des Landwirtschaftsgesetzes zu schaffen.

---

[19] Artikel 31 b, Absatz 3 des Landwirtschaftsgesetzes.

[20] Artikel 13 der Oeko-Beitragsverordnung vom 26. April 1993 (SR 910.132, AS 1993, 1581).

[21] Weisungen über die Mindestanforderungen für die Anerkennung von Regeln der Integrierten Produktion vom 9. Dezember 1993 und für die Anerkennung von Regeln des Biologischen Landbaus vom 5. Januar 1994.

[22] Leitbild für die aargauische Landwirtschaft 1992, S. 68. Vom Regierungsrat verabschiedet am 21. September 1992, vom Grossen Rat genehmigt am 25. Mai 1993.

[23] Im Projektgebiet sind die Folgekosten für die ergänzenden Massnahmen im Interesse des Natur- und Landschaftsschutzes durch die Finanzplanung des aargauischen Naturschutzes bis 2001 gesichert, wie auch die Finanzierung der ergänzenden Massnahmen für eine "naturgemässe Landwirtschaft" in den übrigen "Natur-Vorranggebieten" des Kantons Aargau. Die Finanzierung der gesamtbetrieblichen Anforderungen an eine "naturgemässe Landwirtschaft" soll langfristig auf der Grundlage des Landwirtschaftsgesetzes gesichert werden, wie die Botschaft des Regierungsrates an den Grossen Rat vom 6. Juli 1994 ausführt.

Abbildung 6. Aargauischer Vorschlag für einen landschaftsraumspezifischen und gesamtbetrieblichen Bewirtschaftungsvertrag

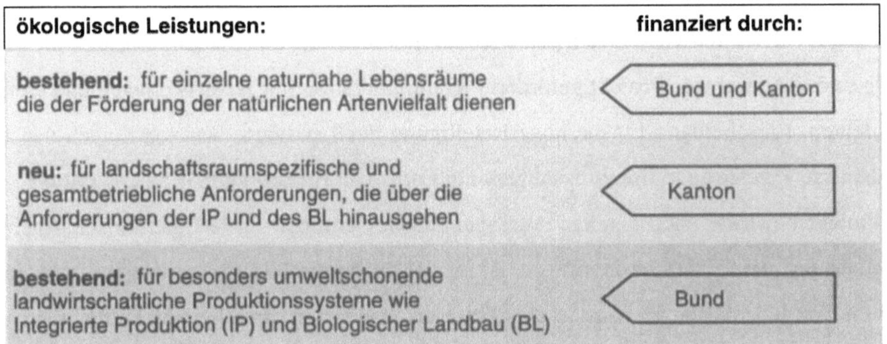

Damit die Landwirtschaftsbetriebe einen erfolgsversprechenden Beitrag zur Erreichung der Natur- und Landschaftsschutzziele in der Kulturlandschaft leisten können, soll der Kanton in Ergänzung zu den Förderprogrammen des Bundes nach Art. 31b LwG weitergehende Programme anbieten. Alle ökologische Leistungen, die von einer Bauernfamilie erbracht werden können, sollen jedoch in einem einzigen Vertrag geregelt werden. Dies bedingt den koordinierten Vollzug der Förderprogramme der Landwirtschaft und des Naturschutzes, bzw. der Förderprogramme des Bundes und des Kantons.

Beurteilung der Projektergebnisse durch die Beteiligten

Die Projektergebnisse werden von unterschiedlich beurteilt. Die regionale *Naturschutzorganisation* wertet die Ergebnisse bis zum Beweis des Gegenteils negativ. Als Bewertungskriterium lassen sie nur die feststellbare ökologische Wirkung gelten, die sich kurzfristig aber nicht beurteilen lässt. Diese Haltung kann aus zwei Gründen verstanden werden: Die regionale Naturschutzorganisation hat durch die Auseinandersetzung mit dem Pilotprojekt an Einfluss verloren und ist selbst in eine Krise geraten. In der Sache selbst misstraut sie der neuen Handlungsstrategie der Behörden, die als kostspielig und wenig wirksam kritisiert wird. Statt mit ökonomischen Anreizen die Bewirtschafter der Kulturlandschaft auf freiwilliger Basis zu ökologischem Wohlverhalten zu bewegen, ziehen sie es vor, wenn die Behörden direkt Nutzungsvorschriften erlassen würden.

Die *Landwirte* reagierten für alle Beteiligten überraschend positiv auf das Angebot. Das Pilotprojekt sensibilisierte die Bauernfamilien für die Anliegen des Natur- und Landschaftsschutzes und stärkte ihr Vertrauen in die Signale von Gesellschaft und Politik für eine naturgemässe Landwirtschaft. Als massgebende Gründe für das Abschliessen der Bewirtschaftungsverträge nannten sie die Richtungsänderung in der Agrarpolitik, das Angebot einer tauglichen Handlungsalternative, teilweise auch persönliches Interesse an einer naturgemässen Bewirtschaftung und die durch das Projekt geförderte Kommunikation mit Berufskollegen und weiteren Fachleuten. Entscheidend für die hohe Beteiligung der Landwirte war somit auch das auf die Bedürfnisse abgestimmte Beratungsangebot in Form von Einzel- und Gruppenberatung.

Das Projekt bewirkte nach eigenen Aussagen Verbesserungen in der landwirtschaftlichen Bewirtschaftung, wobei der ökonomische Anreiz für strukturelle Veränderungen, wie zum Beispiel die Aufgabe des Ackerbaus an ungeeigneten Standorten, im allgemeinen nicht ausreichend sei. Auch sei nicht zu erwarten, dass mit Beiträgen allein der arbeitsintensive Feldobstbau in der traditionellen Form des Streuobstbaus erhalten werden könne. Da müssten schon Baumgärten mit neuen Kirschensorten, die sich für die mechanische Ernte eignen, angelegt werden. Gedämpft werden auch allfällige Hoffnungen, dass nun weitere Impulse für die Ökologisierung der Landwirtschaft von den Bauern selbst ausgehen würden. In den neu geschaffenen Beratungsgruppen werde hingegen versucht, den eingeführten Standard zu optimieren.

Die *Naturschutzbehörde und die Landwirtschaftsbehörde des Kantons Aargau* sind mit ihrer Handlungsstrategie und den entwickelten Instrumenten zufrieden. Die Beteiligung der Bauern und die vertraglich gesicherten Flächen, die nun auch im Interesse des Natur- und Landschaftsschutzes bewirtschaftet würden, sind die Kriterien, die sie für die kurzfristige Ergebnisbeurteilung heranziehen. Im Rahmen der Erfolgskontrolle ist die ökologische Wirkungsanalyse in einigen Jahren vorgesehen, um so auch den Erfolg in der Sache beurteilen zu können.

Die Behörden verfügen nun über ein praxiserprobtes, politisch und gesetzlich weitgehend verankertes Instrumentarium, um in einem kooperativen Vollzug von Agrar- und Naturschutzpolitik eine naturgemässe Bewirtschaftung von Kulturlandschaften zu fördern. Damit scheint der Erfolg programmierbar geworden zu sein, obwohl noch nicht alle Voraussetzungen für die breite Anwendung der neuen Instrumente geschaffen sind. Weitere Klarheiten wird 1996 voraussichtlich das neue Landwirtschaftsgesetz mit den entsprechenden Verordnungen bringen, wo - in Koordination mit dem Natur- und Landschaftsschutzdekret - die Finanzierung der kantonalen Programme und die Verteilung der damit verbundenen Aufgaben geregelt sein wird.

Beabsichtigt ist die Dezentralisierung des koordinierten Vollzugs unter Nutzung bestehender regionaler Strukturen,[24] weil die Förderung einer naturgemässen Bewirtschaftung in Kulturlandschaften die komplexe Aufgabe beinhaltet, Ziele und Massnahmen zu erarbeiten, zu realisieren und zu evaluieren, die den regionalen landschaftlichen und naturschützerischen Verhältnissen angepasst sein müssen. Wie dieser Vollzug genau gestaltet werden soll und in welcher Form die Nutzenden und die Schützenden der Kulturlandschaften an der Gestaltung dieser Aufgabe beteiligt sein werden, ist indessen eine teilweise noch offene Frage.

Analyse des pädagogischen Handelns des Staates

Wie einleitend zitiert wurde, sollen Landwirte möglichst aus eigener Erkenntnis und Überzeugung zu umweltgerechtem Handeln kommen! Mit dieser politischen Strategie wird der Staat indirekt zu *pädagogischem Handeln* angehalten. Er wird zum Förderer von Lernprozessen, die beim einzelnen Landwirt zu einer umweltverantwortlichen Betriebsführung und - auf die Branche bezogen - zu einer nachhaltigen Landwirtschaft führen sollten.[25] So gesehen diente das Pilotprojekt den beteiligten Behörden dazu, dieses pädagogische Handeln selbst zu erlernen. Wie das Fallbeispiel gezeigt hat, lernten sie recht erfolgreich in einem neuen Netzwerk auf Zeit. In diesem Abschnitt soll nun das pädagogische Konzept beschrieben werden, das mit dem Pilotprojekt verwirklicht wurde. Es wird danach gefragt, ob das neu entwickelte marktwirtschaftliche Lenkungsinstrument in Verbindung mit der angebotenen Beratung und Weiterbildung genügt, um bei den Landwirten jene Lernprozesse zu fördern, die wirksam zu einer nachhaltigen Landwirtschaft in den vielfältigen Kulturlandschaften der Schweiz beitragen können. Es wird nach den Chancen, Risiken und Grenzen des neuen Vollzugsinstrumentariums gefragt; dies mit dem Ziel, gegebenenfalls Verbesserungsmöglichkeiten zu entdecken.

---

[24] Mit der Revision des Landwirtschaftsgesetzes ist die Auslagerung von Vollzugsaufgaben der Abteilung Landwirtschaft an die drei landwirtschaftlichen Bildungs- und Beratungszentren des Kantons Aargau vorgesehen. Die Naturschutzbehörde möchte in den Regionen zusätzlich die nötige Beratungs- und Dienstleistungskapazität aufbauen, um auch die Gemeinden beim Vollzug der Natur- und Landschaftsschutzaufgaben besser unterstützen zu können.

[25] Die Formulierung "möglichst aus eigener Erkenntnis und Überzeugung" legt die Interpretation nahe, dass das Lernziel darin bestehen könnte, umweltverantwortlich zu handeln.

Umweltverantwortliches Handeln lehren

Um zu bestimmen, welches pädagogische Konzept mit dem Pilotprojekt realisiert wurde, müssen dafür zuerst einige Grundlagen angesprochen werden. In der Pädagogischen Psychologie wird *Lernen* als der Prozess beschrieben, durch den eine Person ihr Verhalten als Resultat von Erfahrungen ändert. Bei dieser Definition von Gage und Berliner (1986, S. 260) ist zu beachten, dass Lernen die Veränderung von direkt wahrnehmbarem Verhalten bedeutet. Um beurteilen zu können, ob ein Lernprozess stattgefunden hat, wird das Verhalten zum Zeitpunkt t_1 mit dem Verhalten zum Zeitpunkt t_2 verglichen. Eine festgestellte Verhaltensänderung muss zudem auf gemachte Erfahrungen mit der Umwelt beruhen, wenn sie als Folge eines Lernprozesses eingestuft werden soll.[26]

Das Bestimmen und Formulieren von *Lernzielen* gilt als erster Schritt jeder pädagogischen Tätigkeit. Viele Pädagogen haben sich dem Prinzip verschrieben, alle Arten von Lernzielen in Form von beobachtbaren Verhaltensweisen der Lernenden zu formulieren. Wenn der Staat die Landwirte lehren möchte, umweltverantwortlich zu handeln, so empfiehlt sich dafür ebenfalls eine verhaltensbezogene Definition. Zudem sollte ein akzeptables Leistungsniveau angegeben werden, wie auch die Kriterien, an denen die Leistungen gemessen werden. So lauten breit anerkannten Anforderungen an eine gute Lernzielformulierung (a.a.O., S. 53f), wobei besonders in der Erwachsenenbildung unverzichtbar ist, dass die Lernziele zwischen den am Lernprozess Beteiligten vereinbart und bei Bedarf verändert werden können(vgl. Schritt 3).

Der zweite Schritt des pädagogischen Handelns besteht darin, sich mit der Persönlichkeit und der Situation der *Lernenden* zu befassen. Zum einen bringen natürlich auch Landwirte sehr unterschiedliche persönliche Voraussetzungen mit, um umweltverantwortliches Handeln zu lernen. Wie alle Menschen unterscheiden auch sie sich in Bezug auf Motivation, kognitive Fähigkeiten,[27] Kreativität und auch in ihren Vorstellungen von Recht und Unrecht. Zu berück-

[26] Verhaltensänderungen etwa, die auf Müdigkeit, Drogenkonsum und mechanische Kräfte zurückzuführen sind oder auf Veränderungen beruhen, die im normalen physischen Wachstums- und Entwicklungsprozess eines Menschen auftreten, werden nicht als Veränderungen betrachtet, die das Resultet von Lernprozessen sind. Nach Gage und Berliner (1986, S. 261) resultiert Lernen aus jenen Erfahrungen mit der Umwelt, durch die Beziehungen zwischen Reizen und Reaktionen hergestellt werden.

[27] Kognitive Fähigkeiten handeln von Prozessen wie Wissen im Sinne von sich erinnern können, Wahrnehmen und Erkennen, Denken im Sinne von aufgliedern einer Information in ihre konstitutiven Teile (analysieren) und im Sinne von kombinieren von Teilen zu einem neuen Ganzen (synthetisieren) sowie Beurteilen und Begründen.

sichtigen ist zudem nach Kohlberg's Theorie der moralischen Entwicklung, dass sich die meisten Menschen beim Unterscheiden von Recht und Unrecht gerne an den Konventionen orientieren, die in ihrer sozialen Umwelt gelten. Pädagogen sind jedoch der Auffassung, dass dies nicht reicht, wenn die menschliche Zivilisation überleben soll. Pädagogisches Handeln bedeutet für sie auch, die Lernenden im selbständigen Urteilen zu fördern. Das heisst sie sollen lernen, die Brauchbarkeit von Konventionen in der konkreten Situation kritisch zu überprüfen und gegebenenfalls zur Sprache zu bringen (a.a.O., S. 181f).[28] Damit ist nun die Situation angesprochen. Diese muss objektiv betrachtet einen minimalen Spielraum bieten, der für jede Art von verantwortlichem Handeln unentbehrlich ist. Pädagogisches Handeln des Staates bedeutet somit auch dafür zu sorgen, dass möglichst viele Landwirte wenigstens über einen minimalen Spielraum für die Wahl einer umweltschonenderen Handlungsalternative verfügen können.[29]

Damit ist schon der dritte Schritt im pädagogischen Handeln angesprochen. Dieser besteht im *Gestalten günstiger Lernsituationen*, in denen Lernprozesse bei möglichst allen Beteiligten stimuliert und verstärkt werden. Dabei ist zu berücksichtigen, dass nicht nur die Persönlichkeit und die Situation der Lernenden verschieden sind, sondern auch die Art und Weise, wie Menschen lernen. Wenn der Staat pädagogisch Handeln will, sollte er somit möglichst alle Formen des Lernens unterstützen können. Als besonders einflussreiche Konzeptionen von Lernen sind in diesem Zusammenhang das Lernen durch Verstärkung, das Beobachtungslernen und selbstverständlich auch das kognitive Lernen, das auf dem Erkennen und Verstehen der Ereignisse in der Umwelt beruht, zu berücksichtigen. Die Verstärkung von erwünschtem Verhalten bezeichnen Gage und Berliner (1986, S.311) als der beste Schlüssel zu einer dauerhaften Verhaltensänderung. Der Erfolg beruht auf den Konsequenzen, die der Lernende aufgrund seines Verhaltens erfährt. Die Pädagogische Psychologie nimmt mit ziemlicher Sicherheit an, dass jedes Verhalten bekräftigt werden kann, wenn nur ein angemessener "Verstärker" gefunden wird. Ein positiver Verstärker, wie die Belohnung in Form eines ökonomischen Anreizes, ist dabei wirksamer als das Androhen einer Bestrafung. Nach Auffassung mancher Kritiker repräsentieren diese Methoden jedoch Manipulation und Kontrolle. Befürworter halten entgegen,

[28] Vgl. dazu die Unterscheidung zwischen Anpassungs- und Veränderungslernen im Beitrag von Finger et al. und im Beitrag von Dyllick & Belz in diesem Band.

[29] Nicht allen Landwirten kann der Staat diesen Spielraum ermöglichen, weil dies einer Existenzgarantie für alle Landwirtschaftsbetriebe gleichkommen würde.

dass es die Aufgabe des pädagogisch Handelnden ist, die Umgebung der Lernenden so zu gestalten, dass bestimmte Lernprozesse[30] erfolgen können (a.a.O., S.308). Ethische Probleme können ihrer Meinung nach vermieden werden, wenn die angestrebte Verhaltensänderung von den Lernenden gewollt ist und die Begründung für diese Veränderung von ihnen rational nachvollzogen werden kann. Zudem muss für den Lernenden, dessen Verhalten bekräftigt werden soll, klar ersichtlich sein, unter welchen Bedingungen eine Verstärkung erfolgt. Empfohlen wird daher das Abschliessen eines fairen "Vertrages" zwischen Lehrenden und Lernenden. Um eine weitere Annäherung dieser verhaltenstheoretischen Position an humanistische Positionen zu ermöglichen, sollte zudem die Selbststeuerung des Verhaltens und damit eigenverantwortliches Handeln angestrebt werden. Deshalb sollte die Kontrolle für diese "Verträge" nach und nach den Lernenden selbst übertragen werden bis zu dem Punkt, wo schriftlich niedergelegte Abmachungen wieder zurückgezogen werden. Als zweite wichtige Form des Lernens gilt das Beobachtungslernen. Jeder Mensch lernt durch die Beobachtung anderer Menschen, und jeder kann zum "Modell" für andere werden. Der pädagogisch Handelnde muss sich bewusst sein, dass er dem Lernenden selbst zum "Modell" wird. Die Erklärung für dieses Phänomen liefert die soziale Lerntheorie, die den Menschen als soziales Wesen sieht. Sie verbindet beide Erklärungsansätze für Lernen; also Lernen durch externe Verstärkung und Lernen durch interne kognitive Prozesse: "Durch das Beobachten unserer sozialen Umgebung, durch Interpretieren dessen, was in der Umgebung vor sich geht, und durch die Verstärkung unserer Reaktionen auf das, was wir dort erfahren, lernen wir in ungemein vielfältiger Weise, Informationen zu verarbeiten und komplexe Fertigkeiten zu entwickeln (a.a.O, S.349)."

Beim vierten Schritt des pädagogischen Handelns stellt sich nun die Frage, mit welchen Interventionen die Lernprozesse in der konkreten Lernsituation möglichst wirksam gefördert werden können. Gestellt ist damit die Frage nach den *Lehrmethoden*, die üblicherweise nach der Gruppengrösse eingeteilt werden (a.a.O., S.455). Auf die Frage, welche Methode die beste ist, gibt es keine allgemein gültige Antwort. Die Wahl hängt neben der Gruppengrösse auch von den schon erwähnten Aspekten ab, insbesondere von den Lernzielen. Es ist bekannt, dass

[30] Kyburz-Graber et al. begründen in diesem Band ein didaktisches Konzept für die Umweltbildung, wo die Lernenden in *offenen Lernsituationen* erfahrungs- und problemorientiert ein Handlungssystem, in dem sie im Alltag eingebunden sind, nach ökologischen Kriterien reflektieren und vor allem nach strukturellen Verbesserungsmöglichkeiten suchen, um zu einem umweltschonenderen Handlungssystem zu kommen.

besonders in der kleinen Gruppe jene Lehrmethoden gut eingesetzt werden können, die kritische Denkfähigkeit, Einstellungsveränderungen, Motivation, freies, selbständiges Ausdrucksvermögen und auch kooperatives Entscheiden und Problemlösen fördern. Diskussionen, Erfahrungsaustausch, Rollenspiele, Werkstätten, Fallstudien und Projekte sind hierfür geeignete Lehrmethoden. Zur Vermittlung von Sachverhalten ist jedoch ein gut aufgebauter Lehrvortrag, der auch in grossen Gruppen eingesetzt werden kann, den Kleingruppenmethoden überlegen. Bei bestimmten Personen oder auch Situationen, können die Lernziele wiederum dann am besten erreicht werden, wenn die Lernenden selbständig arbeiten oder vom Lehrenden individuell unterstützt werden (Tutorensystem, Einzelberatung). Mit Berufung auf humanistische Prinzipien sollten die Lernenden zudem die Möglichkeit haben, die Wahl der Lehrmethoden mitzubestimmen, wie auch die Wahl der Lernziele. Angestrebt werden soll damit ein aktives, prozessorientiertes, selbstbestimmtes, reflektiertes und teilnehmerzentriertes Lernen, das den Wunsch wecken soll, ständig weiterlernen zu wollen.[31]

Der fünfte und letzte Schritt des pädagogischen Handelns besteht schliesslich im *Messen und Bewerten* des Lernergebnisses. Erfolgt dieser Vorgang für den Lernenden transparent und fair, das heisst nach vorher gemeinsam vereinbarten Kriterien, kann er den Lernprozess weiter fördern. Entweder werden so noch Verbesserungsmöglichkeiten erkannt oder es wird die Motivation verstärkt, neue Lernziele anzustreben.

Pädagogisches Konzept zur Förderung von umweltverantwortlichem Handeln bei Landwirten

In diesem Abschnitt wird das pädagogische Konzept beschrieben, das mit dem Pilotprojekt verwirklicht wurde. Dabei werden besonders die Lernziele und die Lehrmethoden reflektiert. Wie die folgende Abbildung deutlich macht, hängt nach dem Verständnis der sozialen Lerntheorie das Verhalten sowohl von Merkmalen der Person als auch von solchen der Umwelt ab. Diese stehen in Wechselwirkung miteinander und mit den kognitiven Ansichten und Urteilen, die man über sein eigenes Verhalten entwickelt. Ändern sich Umweltvariablen, so kann dies im Verlauf der Zeit sowohl das Verhalten als auch Merkmale der Personen

[31] Vgl. dazu den "Leitfaden für die Planung sozio-ökologischer Umweltbildung" im Beitrag Kyburz-Graber et al. in diesem Band, der u.a. auch diese pädagogischen Grundsätze für die Umweltbildung operationalisiert.

verändern. Ändern sich andererseits Personenvariablen kann dies nicht nur zu Verhaltensänderungen führen, auch Änderungen in der Umwelt können dann die Folge sein.

Abbildung 7. Verhaltensänderung in Beziehung zu Personen- und Umweltvariablen

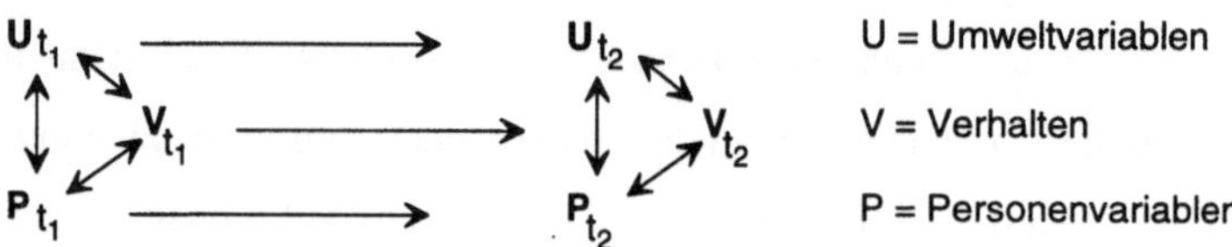

Quelle: Bandura, 1978, zitiert bei Gage/Berliner, 1986, S. 386

Nun, die Lernziele werden im untersuchten pädagogischen Konzept in Form von beobachtbaren Verhaltensweisen formuliert. Sie beziehen sich auf ein "Handlungssystem" (vgl. Kyburz-Graber et al. in diesem Band), nämlich auf die Leitung eines Landwirtschaftsbetriebes. Die angestrebten beobachtbaren Verhaltensweisen betreffen die Bewirtschaftung, worüber Aufzeichnungen zu Kontrollzwecken zu führen sind, und die Teilnahme an Weiterbildungsveranstaltungen. Das anzustrebende Leistungsniveau kann in beschränktem Ausmass verhandelt werden. So können über Mindestanforderungen hinaus Leistungen im Interesse des Natur- und Landschaftsschutzes vereinbart werden, wenn die konkrete Situation dies erlaubt. Ist der Landwirt mit dem anzustrebenden Verhalten einverstanden und der entsprechende Spielraum nachweislich vorhanden, wird eine zeitlich befristete schriftliche Vereinbarung getroffen. Diese Vereinbarung regelt die Kriterien, an denen die Leistung beurteilt wird und auch die Abgeltung, die in einem fairen Verhältnis zur Leistung steht. Dabei ist zu berücksichtigen, dass nur *besondere* ökologische Leistungen Gegenstand solcher Vereinbarungen sein können.

Die Parallele mit dem im vorhergehenden Abschnitt angesprochenen Vertrag zwischen Lernenden und Lehrenden ist auffallend. Das mit dem Pilotprojekt verwirklichte pädagogische Konzept beruht stark auf externer Verstärkung. Aber auch das Beobachtungslernen und das kognitive Lernen werden durch Beratung und Weiterbildung unterstützt. Landwirte erhalten im Rahmen von Flurbegehungen und Betriebsbesichtigungen immer wieder die Gelegenheit, das angestrebte Verhalten bei jenen Berufskollegen zu beobachten, die sich schon zur gewünschten Praxis verpflichtet haben. Umgekehrt wirkt dieser Vorgang auf die "Modelle" zurück, indem er die soziale Kontrolle fördert, was das vereinbarte Verhalten nochmals verstärkt. So kann sich unter günstigen Bedingungen rasch eine neue soziale Norm in Form eines neuen Standards für gute landwirtschaftliche Praxis etablieren. Dies war in der Testregion denn auch der Fall. Daneben wird kognitives Lernen zusätzlich mit schriftlicher Information, mit Lehrvorträgen und vor allem auch mit Einzelberatung unterstützt, was den unterschiedlichen Voraussetzungen und Bedürfnissen für individuelles Lernen breit entgegen kommt.

Bei näherer Betrachtung der kognitiven Lernziele fällt auf, dass vom Landwirt primär ein Entscheid zwischen zwei Handlungsalternativen erwartet wird, den er auf eine rationale Art und Weise aufgrund persönlicher Kosten-Nutzen-Überlegungen heraus treffen soll. Erkennt er mit der vorgeschlagenen Handlungsalternative die Aussicht auf einen Nutzenzuwachs, soll er sich folgerichtig für diese Variante und den Abschluss eines entsprechenden Bewirtschaftungsvertrages entscheiden. Dieses Lernziel trägt in Anlehnung an Hirsch (1993) der handlungstheoretischen Annahme Rechnung, dass Menschen mit ihrem Handeln in der Regel eine soziale Absicht verfolgen (vgl. Abbildung 8). Etwas zu tun oder zu unterlassen sind also Mittel, um eine bestimmte Absicht zu erreichen. Die Absicht entscheidet darüber, ob die Handlung erfolgreich war oder ob sie einer Alternative weichen soll. Die Absicht ist auch massgebend dafür, welche der entstandenen Folgen nicht beabsichtigt und somit Nebenfolgen sind.

Das hier untersuchte pädagogische Konzept geht von der Annahme aus, dass Landwirte mit ihrem Handeln auch primär soziale Absichten verfolgen, nämlich die Sicherung ihrer Existenz und eines angemessenen Lebensstandards, was eng mit der Anerkennung ihrer Leistung durch die Gesellschaft verknüpft ist. Es wird nicht erwartet, dass sie aus einer ökologischen Absicht heraus handeln, wie man dies bei Naturschützern annehmen würde. Erwartet wird auch nicht, dass sie selbst die ökologischen Nebenfolgen ihres Handelns beurteilen können. Erwartet wird lediglich das Abwägen zwischen ihrer herkömmlichen Handlungsweise und der vorgeschlagenen Handlungsalternative. Abbildung 8 illustriert den konstitutiven Charakter der Absicht für die Handlung. Umweltverantwortlich Handeln bedeutet in diesem pädagogischen Konzept folglich nach wie vor, sich für die persönlich vorteilhafte Handlungsalternative entscheiden zu können. Dieses Verständnis erhöht natürlich die Chancen für dessen Umsetzung auf breiter Basis.

Abbildung 8. Verständnis von umweltverantwortlichem Handeln von Landwirten

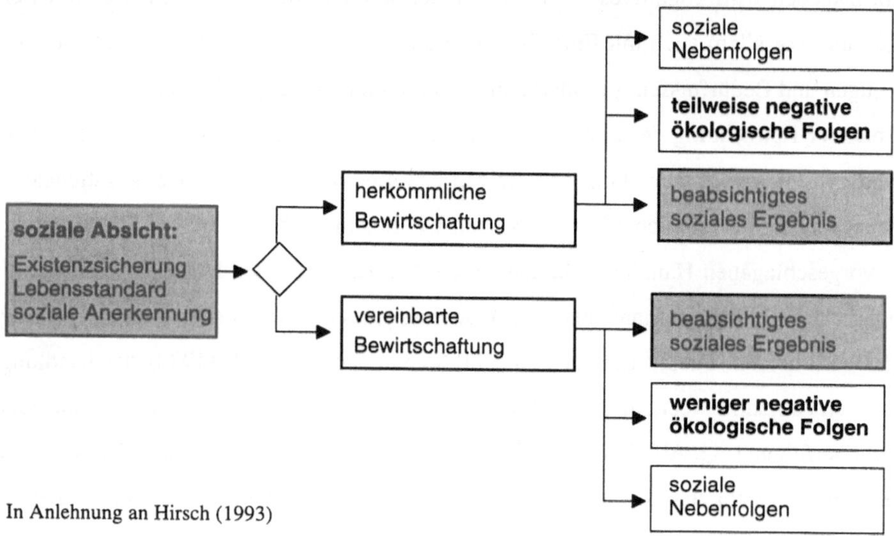

In Anlehnung an Hirsch (1993)

Mit diesem pädagogischen Konzept sind aber auch *Risiken* verbunden. Die Chance besteht zwar unter Annahme des in Abbildung 7 dargestellten Wirkungszusammenhangs, dass ein extern verstärktes Verhalten, das von der sozialen Umwelt als umweltgerecht beurteilt wird, auch bei der betreffenden Person das Interesse an diesem Verhalten soweit fördert, bis die Fremdkontrolle durch die Selbststeuerung entlastet wird. Weiter besteht die Chance, dass mit ersten Lernerfolgen die Motivation für weiteres Lernen in dieser Richtung geweckt wird, dass vereinbarte Konventionen in einem konstruktiven Sinne hinterfragt und zur Sprache gebracht werden, was dann zur weiteren Ökologisierung des Landwirtschaftsbetriebes beitragen kann (vgl. dazu Finger et al. in diesem Band). Das Risiko besteht aber eben darin, dass diese ideale Entwicklung in ihr Gegenteil verkehrt werden könnte. Mit dem Abschluss eines Bewirtschaftungsvertrages mit dem Staat oder auch mit einer Marktorganisation, wie dies heute ebenfalls in zunehmendem Masse möglich ist, gewinnt der einzelne Landwirt nicht nur die neue Anerkennung der Gesellschaft oder der Marktpartner, er könnte auf diese Weise innerlich die Verantwortung für die ökologischen Folgen seines Handelns an die Vertragspartner abtreten; denn seine Verantwortung besteht im rechtlichen Sinne nur noch darin, sich den vereinbarten Normen entsprechend zu verhalten. Darin liegt vielleicht ein weiterer Grund für den Erfolg dieses Konzepts. Allerdings stimuliert diese Situation nicht gerade zu weiterem Lernen. Leicht könnte man sich mit dem Erreichten, das ständig durch externe Verstärker und Kontrollen sichergestellt werden muss, zufrieden geben.

Schliesslich stösst dieses pädagogische Konzept an *Grenzen*. Die Behörden im Kanton Aargau möchten damit bekanntlich die naturgemässe Bewirtschaftung einer ganzen Kulturlandschaft bewirken. Obwohl dieses Konzept für sehr viele Landwirte attraktiv ist, kann diese Wirkung jedoch nicht ohne flankierende, rechtliche Massnahmen erwartet werden. Der ökonomische Anreiz kann nicht in allen Situationen stark genug sein, um die freiwillige Umstellung auf eine naturgemässe Bewirtschaftung von jedem Landwirt erwarten zu dürfen;[32] und wäre er es, könnte dann von "Freiwilligkeit", ein zentrales ethisches Prinzip in der Beratungs- und Weiterbildungstätigkeit, nicht mehr gesprochen werden. Diese Tatsache könnte sich für alle Beteiligten mit der Zeit frustrierend auswirken, weil die erhofften ökologischen Wirkungen im gesamten System nur erzielt werden können, wenn eben auf *allen* Flächen der betreffenden Kulturlandschaft eine naturgemässe Bewirtschaftung durchgeführt wird. Um den Erfolg dieses pädagogischen Konzepts nicht zu gefährden, sollte der Staat daher gleichzeitig dafür sorgen, dass *alle* Landwirtschaftsbetriebe im Minimum die Anforderungen der ökologisch relevanten Gesetzgebung einhalten, was im Extremfall die Betriebsschliessung bedeuten kann. Diese Empfehlung steht durchaus im Einklang mit der einleitend zitierten agrarpolitsichen Strategie im ökologischen Bereich.

Eine weitere Grenze dieses Konzepts, soweit es bisher in der Praxis entwickelt ist, kann darin gesehen werden, dass der Landwirt nur *als Bewirtschafter*, nicht aber *als Unternehmer* angesprochen wird. Kein formuliertes Ziel sieht vor, dass die Landwirte ihren ökologisch vorteilhaften Produkten, zu einem erfolgreichen Marktauftritt verhelfen sollen. Gelingt es jedoch

---

[32] Vgl. dazu die Bemerkung in Fussnote 29.

beispielsweise nicht, die Kirschen und das Mostobst aus den Streuobstbeständen des oberen Fricktals zu vermarkten, werden diese für den Natur- und Landschaftsschutz bedeutsamen Bestände auch mit staatlicher Unterstützung nicht gehalten werden können. Um langfristig die naturgemässe Bewirtschaftung einer Kulturlandschaft sicherzustellen, reicht die Konservierung der heute noch möglichen Bewirtschaftung also nicht aus.

Die Erwartungen der Gesellschaft an die Landwirtschaft gehen ohnehin darüber hinaus. Denn alle Menschen sind heute grundsätzlich herausgefordert, einen Lebensstil zu finden, der als umweltverantwortlich gelten kann. Hier eröffnet sich für die Landwirtschaft die Chance, Lebensmittel anzubieten, die es der Bevölkerung erlauben, sich im Bereich der Ernährung umweltverantwortlich zu verhalten. Dies geht natürlich nur in Zusammenarbeit mit der Lebensmittelindustrie, dem Handel und den Konsumentenorganisationen.[33] Doch diese Akteure werden mit dem hier untersuchten pädagogischen Konzept nicht angesprochen. Dass eine naturgemäss bewirtschaftete Kulturlandschaft dann auch gute Voraussetzungen für weitere echte "Umweltinnovationen" (vgl. dazu den Beitrag von Geelhaar et al. in diesem Band) bietet, beispielsweise im Erbringen von Dienstleistungen, die eine umweltverantwortliche Naherholung ermöglichen, braucht hier nicht ausgeführt zu werden.

Schliesslich soll noch auf eine letzte Grenze aufmerksam gemacht werden. So wie das pädagogische Konzept jetzt ausgestaltet ist, steht das Handlungssystem "Landwirtschaftsbetrieb" für alle Beteiligten stark im Zentrum. Der Aktions- und Wirkungsbereich des einzelnen Landwirts geht jedoch über den Landwirtschaftsbetrieb hinaus. Um die gewünschte ökologische Wirkung schliesslich auf der Ebene einer ganzen Kulturlandschaft erzielen zu können, sind Landwirte daher zumindest auch *als Teilhaber* einer bestimmten Kulturlandschaft anzusprechen, die zusammen mit den übrigen privaten und auch behördlichen Teilhabern befähigt werden, Verhandlungen über die nachhaltige Nutzung "ihrer" Kulturlandschaft zu führen. Das dies möglich sein könnte, hat eigentlich gerade das Pilotprojekt erkennen lassen. Röling et al. begründen diesen Ansatz ausführlich in diesem Band.

---

[33] Vgl. dazu das Konzept zu den vier Ebenen ökologischer Effizienz bzw. Suffizienz im Beitrag Dyllick & Belz in diesem Band.

Plattformen für Verhandlungen über die nachhaltige landwirtschaftliche Nutzung in Kulturlandschaften

Mit dem Vorgehen und den Instrumenten, die im Rahmen des Pilotprojekts "Naturgemässe Kulturlandschaft Fricktal" entwickelt wurden, kann es den behördlichen Akteuren heute also gelingen, eine landwirtschaftliche Bewirtschaftung zu fördern, die auch den regional unterschiedlichen Zielvorstellungen des Natur- und Landschaftsschutzes weitgehend genügen könnte. Vorbehalten bleibt aber, dass neben den landschaftsspezifischen gesamtbetrieblichen Bewirtschaftungsverträgen auch noch ein Verfahren gefunden wird, um auf der Ebene der einzelnen Kulturlandschaft zu ökologischen *Zielvereinbarungen* zwischen allen relevanten Akteuren zu treffen, die auch als Grundlagen für die Beurteilung der individuell vereinbarten ökologischen Leistungen dienen können.

Die Lösungsidee liefert das Pilotprojekt selbst, das im oberen Fricktal bekanntlich für (fast) alle relevanten Akteure eine gemeinsame Lernsituation schuff. In diesem sozialen Netzwerk auf Zeit war es möglich, dass sich Akteure aus Politik und Staat mit Landwirten und Bäuerinnen, die von dieser Politik besonders betroffen sind, zu konkreten Fragen austauschen konnten. Das Fokussieren auf diese Fragen erleichterte die Kommunikation auch zwischen den Naturschutz- und Landwirtschaftsbehörden in Bund und Kanton, die eine gemeinsame Handlungsstrategie entwickeln und implementieren wollten. Begünstigt war in diesem Netzwerk auch der Austausch zwischen Expertenwissen und Erfahrungswissen, was sich positiv auf die Qualität der Ergebnisse auswirkte.

Die Erfahrung, in solchen Situationen gemeinsam lernen zu können, lässt sich übertragen. So könnte das Potential des bisher entwickelten pädagogischen Konzepts erhöht werden. Die Förderung einer nachhaltigen Landwirtschaft in der Kulturlandschaft ist nämlich als Daueraufgabe zu betrachten, die auch von den lokalen und regionalen Akteuren, von den Produzenten bis hin zu den Konsumenten, mitgestaltet werden muss. Zu diesem Zweck schlagen Röling et al. in diesem Themenheft das Fördern von "Plattformen" vor, wo sich die Menschen treffen können, die an einer bestimmten natürlichen Ressource teilhaben, um gemeinsam die Verantwortung für die Nutzung dieser Ressource zu übernehmen. So sollte die landwirtschaftliche Nutzung von Kulturlandschaften - im Sinne der nachhaltigen Entwicklung des gesamten systems - mit dem Zweck erfolgen, Produkte auf den Markt zu bringen, die nicht nur umweltschonend bzw. ökologisch effizient hergestellt werden, sondern auch zu einer umweltverantwortlichen und gesunden Ernährung beitragen (vgl. Dyllick & Belz in diesem Band). Sowohl die Nutzung der Kulturlandschaft als auch die damit erzeugten Lebensmittel müssten daher auch Gegenstand von Verhandlungen zwischen den Teilhabern von Kulturlandschaften sein. Allerdings werden wichtige Akteure im zunehmend globalisierten Ernährungssystem, besonders die Lebensmittelindustie aber auch der Handel, kaum mehr einen Bezug zur Kulturlandschaft herstellen können oder wollen. Für die Konsumenten und Produzenten von Lebensmitteln wird diese Beziehung durch ihren beschränkten örtlichen Wirkungskreis aber immer gegeben sein und allein schon aus umweltpolitischen Gründen an Bedeutung gewinnen.

Damit rückt die Frage in den Mittelpunkt: Wie können "Plattformen für Verhandlungen über eine nachhaltige Nutzung von Kulturlandschaften" als Instrument einer integrierten Landwirtschafts- und Umweltschutzpolitik konkretisiert und implementiert werden? Dabei ist zu berücksichtigen, dass mit einem solchen Instrument auch Lernprozesse für die Weiterentwicklung des Ernährungssystems in Richtung Nachhaltigkeit stimuliert werden sollen (vgl. das Synthesekapitel in diesem Band). Diese Frage weist über dieses Forschungsprojekt[34] hinaus und soll in der zweiten Programmperiode des SPP Umwelt (1996-1999) bearbeitet werden .

Literatur

Agrofutura (1995) Naturgemässe Kulturlandschaft Fricktal, Schlussbericht. Eigenverlag, Brugg

Ban van den, A. W., Wehland W. H.(1984) Einführung in die Beratung. Paul Parey, Hamburg und Berlin

Blum, A., Roux, M., (1996) Developing standards for sustainable farming within the Swiss Agricultural Knowledge System. *In:* Learning from the Norsmen on greenland: Facilitating Sustainable Agriculture, herausgegeben von Röling, N.G., Wagemakers M.A.E. Cambridge University Press, Cambridge (in Vorbereitung)

Gage, N., Berliner, D. (1986) Pädagogische Psychologie. 4. Auflage. Belz, Weinheim und Basel

Hirsch, G. (1993) Wieso ist ökologisches Handeln mehr als eine Anwendung ökologischen Wissens? Überlegungen zur Umsetzung ökologischen Wissens in ökologisches Handeln. *GAIA, Vol. 2 (3):* 141-151

Roux, M. Lernprozessen für eine nachhaltige Landwirtschaft in Kulturlandschaften fördern und gestalten. Schlussbericht im Rahmen des SPP Umwelt (in Vorbereitung)

Thomet, P., Thomet-Thoutberger, E. (1991) Vorschläge zur ökologischen Gestaltung von Nutzung der Agrarlandschaft. Themenbericht "Natur-Landschaft-Landwirtschaft" des Nationalen Forschungsprogrammes "Nutzung des Bodens in der Schweiz", Liebefeld-Bern

[34] Projekt "Umweltbezogene landwirtschaftliche Beratung und Weiterbildung, Evaluation ausgewählter Projekte und Programme" im Rahmen des SPP Umwelt (Modul 4, Nr. 5001-034643)

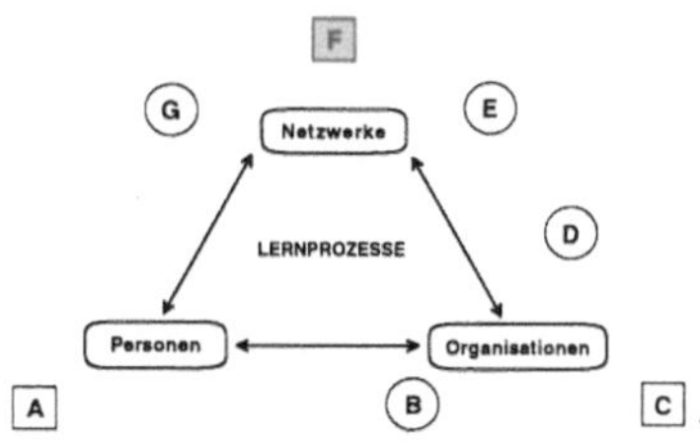

Plattformen für Verhandlungen über nachhaltige Ressourcennutzung

Niels Röling / Annemarie Dorenbos / Michel Roux

"Science contributes not by the accumulation of knowledge, but by the creation of fresh modes of perception."
(David Bohm, englischer Quantenphysiker)

Einleitung

Seit der "Club of Rome" 1968 die Welt mit der Frage alarmierte, wie lange wohl der Planet Erde unser Tun noch tolerieren mag, wenn wir weiter so tun wie bisher, reift in der Weltgemeinschaft eine neue Norm für privates und staatliches Handeln. Die soziale und wirtschaftliche Entwicklung soll dahingehend verändert werden, dass die Natur nur noch "nachhaltig" genutzt wird. Am Erdgipfel 1992 in Rio de Janeiro wurde ein diesem Ziel entsprechender Aktionsplan für das 21. Jahrhundert aufgestellt, zu dem sich 179 Staaten bekannt haben. Die Nutzung der Natur soll sich am Zweck orientieren, "die Bedürfnisse der lebenden Generation zu befriedigen, ohne die Möglichkeiten künftiger Generationen zur Befriedigung ihrer eigenen

Bedürfnisse zu beeinträchtigen", wie es 1987 die Weltkommission der Vereinten Nationen für Umwelt und Entwicklung formulierte.[1] Gemeint sind die Grundbedürfnisse aller Menschen, womit auch die Forderung nach sozialer Gerechtigkeit verknüpft ist. Denn solange das soziale Elend in der Welt zunimmt, während gleichzeitig die Ansprüche der Privilegierten steigen, muss "nachhaltige Entwicklung" eine Utopie bleiben. Deshalb müssen Interessenkonflikte angesprochen und nach Gesichtspunkten der Verteilungsgerechtigkeit gelöst werden. Weitere komplexe Beurteilungen kommen hinzu. Durch welche Art von Ressourcennutzung werden die "Möglichkeiten künftiger Generationen zur Befriedigung ihrer eigenen Bedürfnisse" nicht beeinträchtigt? Gesucht sind umweltpolitische Ziele in Form von überprüfbaren Grenzwerten und Standards, welche die ökologischen, ökonomischen und soziokulturellen Interdependenzen berücksichtigen. Heute wird empfohlen, nachhaltige Ressourcennutzung als einen ständigen Optimierungsprozess im Kontext der jeweils gegebenen individuellen, sozialen und ökologischen Erfordernisse zu gestalten.[2]

Dieser Beitrag geht von der erkenntnistheoretischen Annahme aus, dass wir Menschen unsere Wirklichkeit selber konstruieren, meistens in sozialer Interaktion mit anderen. Auch das Konzept der nachhaltigen Ressourcennutzung wird so zur sozialen Konstruktion. Damit stellt sich die Frage, wie wir zu Verhandlungen über eine nachhaltige Ressourcennutzung kommen können? Ein möglicher Ansatz bietet die Annahme, dass Menschen untereinander und in Wechselwirkung mit natürlichen Ressourcen Systeme bilden. Die individuellen Akteure in diesen Systemen sind durch die gemeinsame Ressourcennutzung gegenseitig voneinander abhängig. Um die Ressourcennutzung im Sinne der oben genannten Nachhaltigkeitspostulate zu optimieren, müssen sie sich jedoch zunächst als "Teilhaber" (engl. "stakeholders") verstehen und gemeinsam die Verantwortung für eine nachhaltige Ressoucennutzung übernehmen. Dazu müssen sie eine soziale Ebene finden, die den ökologischen, ökonomischen und sozio-kulturellen Bedingungen, unter denen die jeweilige Ressourcennutzung zu erfolgen hat, am Besten entspricht. Dies wäre dann die "Plattform", von der in diesem Beitrag die Rede ist. Eine

[1] Der Begriff "nachhaltige Entwicklung" wurde schon 1980 von den internationalen Umweltorganisationen IUCN, UNEP, WWF in ihrer "World Conservation Strategy. Living Resource Conservation for Sustainable Development" in die umweltpolitische Diskussion eingebracht. Weltweit bekannt wurde dieser Begriff 1987 mit dem "Brundtlandbericht", wie der Bericht der World Commission on Environment and Development mit dem Titel: Our common Future (University Press, Oxford) auch genannt wird.

[2] Der Rat der Sachverständigen für Umweltfragen des deutschen Bundesministers für Umwelt, Naturschutz und Reaktorsicherheit: Umweltgutachten 1994, Metzler-Poeschel, Stuttgart

vordringliche umweltpolitische Aufgabe wird darin gesehen, solche Plattformen zu fördern, die von der lokalen bis hinauf zur globalen Ebene benötigt werden, damit die Teilhaber des betreffenden Systems die entsprechenden Verhandlungen über die nachhaltige Ressourcennutzung führen können. Der Beitrag beschreibt und begründet diesen Vorschlag, zeigt Realisierungsmöglichkeiten und auch weiteren Forschungsbedarf auf.

Nachhaltige Ressourcennutzung als soziale Konstruktion

Der Vorschlag, Plattformen für Verhandlungen über die nachhaltige Ressourcennutzung zu bilden, wurzelt in der Kritik am Positivismus, einer verbreiteten erkenntnistheoretischen Überzeugung, die nach Auffassung der Verfasser einer nachhaltigen Entwicklung im Wege steht. Gleichzeitig beruht der Vorschlag auf der Idee einer Wissenschaft, wo neue Akteure das Bild von Wirklichkeit mitbestimmen.

Von der positivistischen zur konstruktivistischen Denkweise

Viele Menschen sind der Meinung, die Wirklichkeit bestehe unabhängig vom wahrnehmenden Subjekt und ausserhalb von uns Menschen. Diese Denkweise lässt glauben, dass diese Wirklichkeit mittels wissenschaftlicher Methoden zu "ent-decken" und damit objektiv zu erkennen sei. Mittels Forschung könnten somit "wahre" Kenntnisse oder "hard facts" aufgebaut werden. In dieser positivistischen Denkweise wird auch davon ausgegangen, dass die Wirklichkeit natürlichen Gesetzen unterworfen ist. Sind sie vom Menschen einmal entdeckt, so sei er in der Lage, die Wirklichkeit vorherzusagen und sie gezielt zu seinen Gunsten zu verändern. Mit Hilfe des positivistischen Ansatzes, ist es den Naturwissenschaften teilweise gelungen, die Natur mit der entsprechenden Technik instrumentell zu kontrollieren, was zum heutigen Wohlstand in der Industriezivilisation geführt hat. Dadurch konnte sich die Annahme verbreiten, dass die Wissenschaft der Auslöser und die Quelle aller neuen Entwicklungen sei. Bereitwillig wurde die Lösung der gesellschaftlichen Probleme den Experten und den spezialisierten Institutionen anvertraut (Woodhill/Röling, 1996; Röling 1994a).

Da verwundert es kaum, wenn dieses Denken auch in den Sozialwissenschaften Karriere gemacht hat. Das Verhalten von Individuen und sozialen Gruppen vorhersagen und damit auch steuern zu können, ist ein verbreiteter Wunsch in der Ökonomie, in der funktionellen Soziologie, in der Verhaltenspsychologie und kommt im Begriff des "Social Engineering" besonders schön zum Ausdruck. Doch im Unterschied zu den Naturwissenschaften hat der Positivismus in den Sozialwissenschaften keine grossen Erfolge vorzuweisen. Seit die ökologischen Folgen des wissenschaftlichen und technischen Fortschrittes in der Gesellschaft zunehmend negativ bewertet und nach Möglichkeiten der Korrektur gesucht wird, ist deutlich geworden, dass die positivistisch denkenden Sozialwissenschaften keine geeigneten Problemlösungen anzubieten vermögen. Mensch, Gesellschaft und Wirtschaft lassen sich in einem liberalen sozioökonomischen System nicht steuern.

Auch Entwicklungen in den Naturwissenschaften der achtziger Jahre stellten den Positivimus in Frage. So widerlegten die Biologen Maturana und Varela (1987) die positivistische Annahme, dass die Sinnesorgane die Wirklichkeit im Sinne einer "objektiven Projektion" widerspiegeln. Im Laborexperiment mit Würmern zeigten sie, dass die Wahrnehmung der Wirklichkeit von der Struktur des Nervensystems und von der Art der Informationsverarbeitung abhängig ist. Die Prozesse im Nervensystem verlaufen nach Maturana und Varela unabhängig von den Prozessen in der Umgebung. Externe Stimuli können im Nervensystem zwar eine aktive Verarbeitung *auslösen*. Die Art und Weise der Verarbeitung und die entsprechende Reaktion liegen aber ausserhalb des Einflussbereiches der externen Stimuli. Während dem Verarbeitungsprozess ist es möglich, dass Organismen den Kontakt zu ihrer Umgebung verlieren und sich darin nicht mehr orientieren können. Für Maturana und Valera gibt es also auch im Tierreich keine strukturelle Kopplung zwischen Organismus und Umgebung, wo das Verhalten durch Umweltreize determiniert ist, sondern bloss eine Kopplung zwischen Nervensystem und Umgebung.

Auch der Mensch registriert die Wirklichkeit nicht als "objektive Projektion" der Ereignisse, welche sich in seiner Umgebung abspielen. Vickers spricht in diesem Zusammenhang von einer Interaktion zwischen der "Geschichte der Ideen" und der "Geschichte der Ereignisse". Auf deren Schnittfläche finden allerlei Kopplungsvorgänge statt (Checkland et al., 1986).

Abbildung 1. Die Interaktion eines Akteurs mit seiner Umgebung

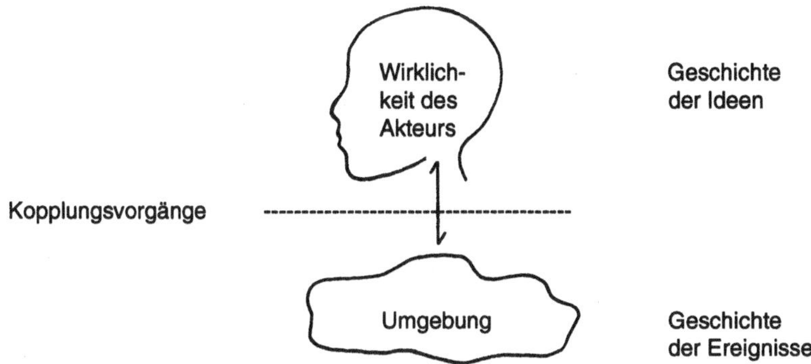

Quelle: Woodhill/Röling (1996)

Beispiele dafür sind Wahrnehmung, Interpretation, Konzeptbildung und die Aufnahme von Informationen anderer Menschen über ihre Beobachtungen und Sinngebungen. Es gibt aber auch psychische Prozesse, welche die strukturelle Kopplung zwischen dem Menschen und seiner Umgebung gefährden können. Wunschdenken in Verbindung mit selektiver Wahrnehmung können das beispielsweise leicht bewirken.

Gemäss der konstruktivistischen Denkweise kann man sagen, dass es soviele Wirklichkeiten wie Menschen gibt. Nur wenige Menschen sind aber so eigensinnig, dass sie unabhängig von anderen die Wirklichkeit zu konstruieren versuchen. Die Konstruktion der Wirklichkeit wird von der Gesellschaft mitgeprägt und ist dementsprechend ein soziales und historisch verankertes Geschehen. So kann man auch von einer strukturellen Kopplung zwischen einer Gesellschaft und seiner Umgebung reden. Falls die Rahmenbedingungen in der Umgebung während längerer Zeit stabil bleiben, das persönliche und gesellschaftliche Leben als recht erfolgreich gewertet wird, lauert hier aber eine Gefahr. Der langjährige allgemeine Konsens darüber, wie die Wirklichkeit beschaffen ist, nährt den Glauben an eine ontologische Wirklichkeit, die als ausserhalb von Menschen stehend betrachtet wird (Engel, 1995). Dieser Prozess wird in der englischen Literatur "Reification" genannt. In Situationen, in denen das Überleben einer Gesellschaft von der Anpassung an eine veränderte Umgebung abhängt, kann eine solche

"Reification" zum Untergang dieser Gesellschaft führen. In solchen Fällen wird es notwendig, das Wirklichkeitsbild zu relativieren oder sogar zu verwerfen. Die kurze Geschichte der Norweger in Grönland zeigt, wie sich eine "Reification" auf eine Gesellschaft auswirken kann.

NORWEGER IN GRÖNLAND

Im 13. Jahrhundert erlebten die norwegischen Siedlungen auf Grönland ihre Blütezeit. Die Siedler schickten dem norwegischen König in ihrer Euphorie einen Eisbären und erhielten dafür einen Bischof. Kirchen wurden gebaut, die Viehwirtschaft und Ackerbau entwickelt. Als sich im Laufe der Zeit das Klima abkühlte, vertrauten die Norweger zu sehr auf die "Vorsehung" (das bisherige, von ihrer Gesellschaft geprägte Wirklichkeitsbild) und setzten ihren Lebensstil fort. Die einheimischen Eskimos, die Inuit, dagegen, passten ihre Jagd und ihre Fischerei dem sich ändernden Klima an. Alles was schliesslich von den norwegischen Siedlungen übrigblieb, sind die Ruinen ihrer Kirchen (Pain, 1993).

Die Anpassungsfähigkeit an sich ändernde Rahmenbedingungen scheint also mit der Fähigkeit zur gemeinsamen, gesellschaftlichen Konstruktion einer neuen Wirklichkeit verknüpft zu sein. Die Tatsache, dass das Nervensystem und dessen Umgebung unterschiedlichen Prozessen untergeordnet sind, heisst nicht unbedingt, dass die Konstruktion von Wirklichkeit der Umgebung nicht angepasst sein kann. Und auch nicht, wie es die Relativisten glauben, dass es überhaupt keine Wirklichkeit gäbe. Im Gegenteil, Wirklichkeitskonstruktion, man kann es auch *Lernen* nennen, ist für den Menschen die wichtigste Überlebensstrategie. Konstruktivismus betont allerdings, dass die Anpassung des Verhaltens an eine sich ändernde Umgebung nicht automatisch geschieht, sondern ein kreativer, sozialer Prozess ist.

In diesem Sinne sollten die Resultate der Sozialwissenschaften auch nicht mit positivistischen Massstäben gemessen werden. Der Erfolg der Sozialwissenschaften liegt nicht in der Vorhersage und der instrumentellen Kontrolle des sozialen Verhaltens, sondern misst sich daran, wie gut sie gesellschaftliche Wirklichkeitskonstruktion und Anpassungen an sich verändernde Rahmenbedingungen fördert. In der konstruktivistischen Denkweise werden die Menschen als Akteure, als intentionale Wesen verstanden, die ihrer Welt Sinn geben. Wenn Menschen eine Wirklichkeit konstruieren, welche die Wirklichkeit anderer Menschen beeinflusst, so betreiben sie "doppelte Sinngebung" (Giddens, 1984; Leeuwis, 1993). Was Menschen über Menschen und ihr Verhalten sagen, betrifft und bewegt Menschen. Dies kann wiederum zu

Veränderungen moralischer Vorstellungen in Gesetzgebung, Politik, Bildung, Ressourcennutzung und Handel führen, was den Ausdruck "doppelte Sinngebung" erklärt. Mit dieser Aufgabe sind die Sozialwissenschaften befasst. Doch ohne wechselseitige Kommunikation mit Akteuren des öffentlichen Lebens, gemeint sind Persönlichkeiten und Organisationen in Politik, Kultur und Wirtschaft, werden die Sozialwissenschaften die Prozesse gesellschaftlicher Wirklichkeitskonstruktion nicht beeinflussen können.

Entwicklung zu einer anderen Wissenschaft

Diese Überlegungen führen zur zentralen Frage, wie Wissenschaft zu betreiben ist, damit sie gesellschaftliches Lernen, also Prozesse der "doppelten Sinngebung", erfolgreich fördern kann. Dabei ist zusätzlich zu bedenken, dass sowohl bei der Lösung von bestehenden Umweltproblemen als auch bei der Förderung einer nachhaltigen Entwicklung die damit angesprochenen komplexen Beziehungen zwischen Ursache und Wirkung oder Aktion und Wirkung nie restlos geklärt werden können. Unsicherheit und Risiko prägen somit jeden Deutungs- und Lösungsversuch und damit auch jeden Entscheidungsprozess in Politik und Wirtschaft. Mit dieser Herausforderung sieht sich eine Wissenschaft überfordert, die im Positivismus verhaftet ist. Zu diesem Schluss kommen auch Funtowicz und Ravetz (1994), die deshalb eine neue, "postnormale" Wissenschaft vorschlagen. In einer solchen Wissenschaft treten "spontan" neue Akteure mit neuen gesellschaftlichen Rollen auf. Gemeint sind damit Akteure, die aus der konkreten Situation, in der sie von einem Problem betroffen sind, heraustreten und mit ihrem Erfahrungswissen bei der Lösung mitwirken. Mit ihnen kommen neue Lösungsansätze ins Spiel, welche nach ihrer Überzeugung der betreffenden Problemsituation optimal entsprechen.

Die Art und Weise, wie Wissen vermittelt und gespeichert wird, müsste somit ebenfalls angepasst werden. Die Gruppe von Wissenschaftern, die bestimmt, was zum Vorrat anerkannten Wissens gehört (die sogenannte "peer community"), müsste folglich erweitert werden. Menschen, die gesellschaftliche Wertvorstellungen und Erfahrungswissen gezielt in Problemlösungsprozesse einbringen können, sollten in den Gremien der Wissenschaft auch vertreten sein. Zudem muss das Verständnis darüber, was "Tatsachen" sind, revidiert werden. In der positivistisch geprägten Wissenschaft sind bisher nur reproduzierbare "hard facts" als Tatsachen anerkannt. In einer post-normalen Wissenschaft sind Wirklichkeitsbilder, "wie Menschen über die Dinge und Ereignisse denken", auch als Tatsachen aufzufassen. Dies führt in gewissem Sinne zu einer Demokratisierung der Wissenschaft, indem bei der Lösung unserer Probleme nicht mehr allein auf die Wissenschaft vertraut wird. Vielmehr beteiligen sich auch andere gesellschaftliche Akteure an den Problemlösungs- und Entwicklungsprozessen und beeinflussen damit die Wissenschaft.

Die Idee der post-normalen Wissenschaft wurde vom Soziologen Jürgen Habermas und seinem Konzept der *kommunikativen Rationalität* massgeblich mitgeprägt (Brand, 1990). Er unterscheidet zwischen instrumenteller, strategischer und kommunikativer Rationalität. Im ersten Fall geht es um das Beherrschen von vorhersagbaren Prozessen. Im zweiten geht es darum, durch geschickte Manipulation von Akteuren massgebenden Einfluss auf diese Prozesse zu gewinnen. Kommunikative Rationalität stellt dagegen das menschliche Vermögen in den Vordergrund, ursprünglich divergierende Auffassungen und Kräfte konvergieren zu lassen. Der Zweck liegt darin, sich mittels Verhandlungen auf Probleme im Sinne von Ist-Soll Abweichungen und auf die entsprechenden Aktionspläne zu einigen. So konzentriert sich "post-normale" Wissenschaft auf die sozialen Prozesse, die auch bei der Suche nach Wegen zu einer nachhaltigen Ressourcennutzung eine zentrale Rolle spielen.

Suche nach einem angemessenen Systemverständnis

Wieso sollten sich Menschen aber auf solche Verhandlungen einlassen? Das Denken in "Systemen" bietet hier einen Ansatz für die Beantwortung dieser Frage. Wenn miteinander verbundene Elemente zusammen eine grössere Einheit bilden, sprechen wir von einem System. Dieses System verfügt über Eigenschaften (engl. "emergent properties"), die nicht aus den einzelnen Teilen des Systems abgeleitet werden können. Die Einzelteile, aus denen ein Flugzeug zusammengesetzt ist, können ohne sachgerechte Montage und den steuernden Menschen nicht fliegen. Systemdenken ist auch aus der positivistischen Tradition nichts Neues. Vor allem in den Naturwissenschaften, aber teilweise auch in der Ökonomie, hat sich das Systemdenken stark entwickelt. Dabei werden Simulationsmodelle gebaut, die auf gewissen Annahmen und

Regeln beruhen. Mit ihnen werden unterschiedliche Szenarien der wirtschaftlichen und gesellschaftlichen Entwicklung gerechnet.

Zum Beispiel: Die Wirkung einer bestimmten staatlichen Massnahme auf die Bodennutzung wird berechnet und unter verschiedenen Szenariobedingungen diskutiert. Das Modell sagt aber nichts darüber aus, wie ein bestimmtes Szenario gewählt und realisiert werden kann. Auch treten die Akteure und Prozesse, die zu Entscheidungen über die Bodennutzung führen, in diesen Modellen nicht auf. Die Erkenntnisse, die aus dem Modellieren resultieren, werden zudem auch gerne als "hard facts" betrachtet. Sozialwissenschaftliche Fragestellungen werden dabei kaum aufgeworfen, da angenommen wird, dass sich die modellierten Objekte gemäss den unterstellten Annahmen und Regeln gesetzmässig verhalten. Solche Simulationsmodelle sind Beispiele für "harte" Systeme.

Versuche, das positivistische Denken in harten Systemen auf soziale Systeme anzuwenden, scheitern in der Praxis. Dies ist die Erfahrung des Wissenschafters Peter Checkland. Als Physiker und Chemiker hatte er jahrelang erfolgreich mit harten Systemen gearbeitet. Als er sein Verständnis von der Funktionsweise harter Systeme als Manager eines grossen Unternehmens auf soziale Systeme anzuwenden versuchte, blieb er ohne Erfolg. Wo chaotische und veränderliche zwischenmenschliche Beziehungen für den Erfolg eine grosse Rolle spielen, ist es für die Lösung von Problemsituationen wenig erfolgsversprechend, die Ziele und Verfahren vorgeben zu wollen. Diese Einsicht lenkte seine Aufmerksamkeit ganz auf den Verhandlungsprozess, um zu gemeinsam getragenen Zielen und Verfahren zu kommen, bevor die konkrete Problemlösung entwickelt werden konnte. Diese Erfahrungen führte Checkland zur Idee, zwischen harten und weichen Systemen zu unterscheiden (Checkland, 1981).

Ein weiches System sei aufzufassen als ein *soziales Netzwerk* bestehend aus Akteuren, die ein gemeinsames Problem anerkennen und durch weitere Lernprozesse schliesslich zu neuen, erfolgreichen Handlungsstrategien und Aktionen kommen. Es handelt sich dabei nicht, wie bei harten Systemen, um ein "greifbares", klar umgrenztes System. Je nach der von den Beteiligten interpretierten Problemsituation kann sich die Konstellation der Akteure eines weichen Systemes verändern. Deswegen spricht man bei weichen Systemen von arbiträren und subjektiven Grenzen. Ein solches System kann nur durch die oben erwähnte "doppelte Sinngebung" entstehen. Über komplexe Lern- und Einigungsprozesse beeinflussen die Akteure ihre gegenseitigen "Wirklichkeiten". Dies kann schliesslich in einer gemeinsamen Konstruktion eines "weichen Systems" resultieren. Die Triebfeder für die Beteiligten an diesen Prozessen teilzunehmen ist die Aussicht, dass durch die Bildung eines Systems eine Gestaltungs- oder Problemlösungsfähigkeit entsteht, die von den einzelnen Akteuren allein nie aufgebaut werden könnte.

Das Denken in harten Systemen hat sich vor allem beim Modellieren von natürlichen Systemen (wie Pflanzen) oder beim Entwerfen von künstlichen, technischen Systemen (wie Computer) als nützlich erwiesen. Das Denken in weichen Systemen bewährt sich dagegen in Situationen, wo es zentral um menschliches Handeln geht. Typische Beispiele von weichen Systemen sind Betriebe, Organisationen oder Plattformen, wo verschiedene Akteure miteinander über gemeinsame Aktionen verhandeln. Wer soziale Systeme in der positivistischen Denkweise als hartes System versteht, befasst sich vorrangig mit der Frage, wie gegebene Ziele möglichst effizient erreicht werden können. Wer hingegen in der konstruktivistischen Perspektive ein weiches System vor Augen hat, beschäftigt sich vorrangig mit der Frage, *wie* man bei konfligierenden Zielen und mehrfachen Wirklichkeiten ("multiple realities") *eine Situation erreichen* kann, wo das Fragen nach gemeinsamen Zielen, und wie diese erreicht werden sollen, wieder interessant wird.

Menschen bilden ein weiches System, um ihre Möglichkeiten zur Beeinflussung ihrer Umwelt zu vergrössern. Diese Fähigkeit wird in der englischen Literatur "agency" genannt (Giddens, 1984). Im Verlauf dieses Artikels sprechen wir von "Gestaltungsfähigkeit". Solche Gestaltungsfähigkeit erlangen die Akteure nur dann, wenn sie sich auf einer sozialen Ebene "treffen" können, die über der individuellen Ebene der einzelnen Akteure liegt. Mit anderen Worten geht es darum, dass die individuellen Akteure mit der Bildung eines sozialen Systems die Fähigkeit erlangen, um die Situation, in der sie sich befinden, in ihrem Sinne verändern zu können. Genau darin könnte auch das Interesse der einzelnen Teilhaber einer natürlichen Ressource liegen, den Aufbau einer Plattform in Angriff zu nehmen, um die Verhandlungen über eine nachhaltige Ressourcennutzung mitgestalten zu können.

Plattformen für Verhandlungen über nachhaltige Ressourcennutzung

Anlass und Inhalte von Verhandlungen

Probleme mit der Nutzung von natürlichen Ressourcen haben viel mit der Art und Weise zu tun, wie diese Ressourcen von den Teilhabern (engl. "stakeholders") eingeschätzt, abgegrenzt und bezeichnet werden. Als Teilhaber sind neben den direkten Nutzern auch weitere soziale Akteure gemeint, die sich von der Nutzung der Ressource in ihren Interessen tangiert fühlen können, so auch staatliche und private Institutionen und Organisationen. Führt die Nutzung zu einer Situation, die mindestens von einzelnen Teilhabern als problematisch empfunden wird, können diese sich veranlasst sehen, dafür zu sorgen, dass der wahrgenommene Problemzusammenhang gemeinsam mit den übrigen Teilhabern als ein gekoppeltes, natürliches und soziales System neu konstruiert wird. Diese neu erworbene gemeinsame Sicht auf die Wirklichkeit, kann nun zu einem neuen, differenzierten und gemeinsamen Problemverständnis führen.

Eine wichtige Voraussetzung ist dabei, dass für alle Teilhaber der Ressource überhaupt einmal *sichtbar* gemacht werden kann, was sie schliesslich mittels Kommunikation als gemeinsames Problem begrifflich fassen können. Hier kommt den Naturwissenschaften beim Sichtbarmachen von Veränderungen in der Quantität und Qualität der Ressourcen eine wichtige Rolle zu. Eine weitere Voraussetzung für ein der Wirklichkeit angemessenes Problemverständnis ist dann die Verständigung darauf, welche dieser Veränderungen im Zusammenhang mit der Nutzung gesehen werden müssen, wie beides zu beurteilen ist und was schliesslich "nachhaltige Nutzung" für die Teilhaber bedeuten soll und wie sie diese Nutzungsänderungen vornehmen sollen.[3] Mit Verhandlungen über die nachhaltige Ressourcennutzung sind demnach die sozialen Prozesse gemeint, die in Gang kommen, sobald die Teilhaber damit beginnen:

- ihr Problem als Teil eines gemeinsamen Problems zu verstehen,
- die Definitionen sachdienlicher Konzepte und kausaler Faktoren zu teilen (beispielsweise die gemeinsame Konstruktion von Wirklichkeit, von Nachhaltigkeitskriterien, etc.),

---

[3] Denn in der konstruktivistischen Perspektive ist die "nachhaltige Nutzung" ein soziales Konstrukt, das für die Lebenspraxis der Teilhaber der Ressource erst dann gleiche Bedeutung erlangt, wenn sie dieses Konstrukt in einem ständigen Optimierungsprozess mitdefinieren können. Beim Zusammentreffen verschiedenster Zielsetzungen und Sichtweisen von Wirklichkeit würde ein positivistischer Ansatz übrigens rasch dazu führen, dass Uneinigkeit zwischen Parteien automatisch in gegenseitige Negation oder Verneinung endet. Es gibt ja "nur *eine* objektive Wirklichkeit". Darüber zu verhandeln, wäre vom Ansatz her nicht möglich.

- sich über Indikatoren und Vorgehensweisen zu einigen, um zu gemeinsam anerkannten Informationen über die Wirklichkeit zu gelangen,
- sich über Richtlinien betreffend Zugang und Nutzung der Ressourcen zu einigen,
- gemeinsam die Verantwortung zu übernehmen, damit die nötigen Anpassungen auf der Ebene der direkten Nutzer vorgenommen werden können,
- sich über gemeinsam zu treffende Aktionen und auf die Überwachung der damit erzielten Wirkungen zu einigen.

Ein Beispiel soll diesen Sachverhalt verdeutlichen: Ein Landwirt in Spanien hat Probleme mit der Bewässerung seiner Felder. Falls er ahnt, dass dieses Problem mit dem gesunkenen Grundwasserspiegel zusammenhängt, wird der Landwirt bald zum Schluss kommen, dass die Lösung seines Problems nicht auf der Ebene seines Bauernhofes zu finden ist. Er stellt bald fest, dass die Situation nur auf der Ebene des gesamten Grundwassergebietes verbessert werden kann.

Sobald die Teilhaber einer Ressource erkennen, dass sie auf einer höheren Systemebene aktiv werden müssen, in diesem Beispiel ist der Schritt von der Ebene des Bauernhofes zur Ebene des Grundwassergebietes zu tun, gehen die Verhandlungen los. Das Ziel aus konstruktivistischer Sicht besteht darin, dass die Teilhaber an diesem Grundwassergebiet gemeinsam fähig werden, die Voraussetzungen für nachhaltiges Handeln in ihrem System zu schaffen oder wenigstens zu verbessern.

Begriff der Plattform und Problemstellung

Für diese Verhandlungen, die zu einer nachhaltigen Ressourcennutzung führen sollen, braucht es ein Forum, wo alle Teilhaber und damit auch alle Interessen an der gemeinsamen Ressource vertreten sind. Sie bilden ein soziales System, das fortan als "*Plattform*" bezeichnet und in Abbildung 2 schematisch dargestellt wird. Die wesentliche Eigenschaft einer Plattform ist, ein *Forum für die Kommunikation* unter den Teilhabern einer natürlichen Ressource zu sein. Während die Gesellschaft viele solche Foren (in Form von Organisationen und Institutionen) für Produktion, Handel, Transport, Gesundheit, Bildung und vieles weitere mehr geschaffen hat, sind Plattformen für Verhandlungen über die Ressourcennutzung häufig nicht vorhanden.

Abbildung 2. Plattform für Verhandlungen über nachhaltige Ressourcennutzung

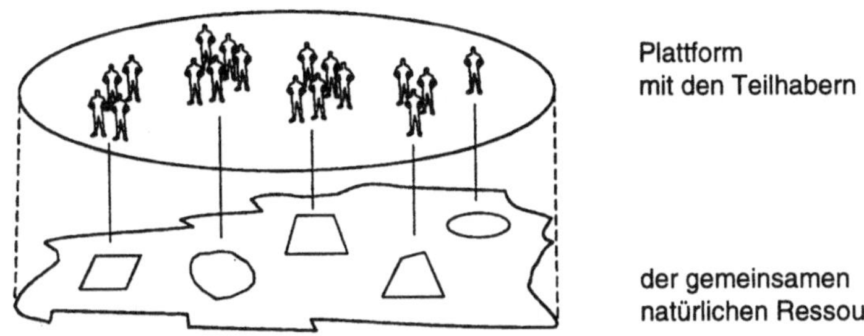

Bei einer Plattform kann es sich um eine bestehende Organisation, Institution oder ein bestehendes Netzwerk aus Organisationen, Institutionen und anderen Akteuren handeln. Plattformen für Verhandlungen über nachhaltige Ressourcennutzung müssen jedoch meistens neu gebildet werden. Plattformen können mehr oder weniger institutionalisierte Strukturen aufweisen. Sie können aber auch aus informellen sozialen Netzwerken aufgebaut sein.

Diese Plattformen sollen die Kopplung sicherstellen zwischen den natürlichen und den sozialen Systemen, die sich bekanntlich gegenseitig beeinflussen.

Abbildung 3. Das gekoppelte, soziale und natürliche System

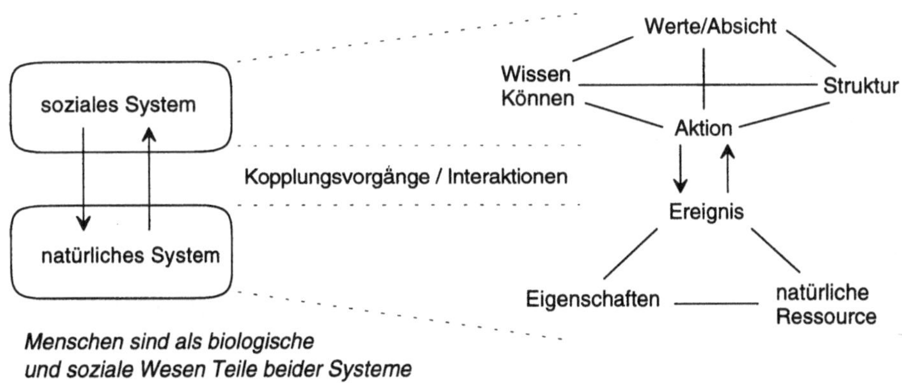

Quelle: Woodhill/Röling (1996)

Mit dieser Art der Kopplung soll gewährleistet werden, dass die Auswirkungen menschlichen Handelns auf das gesamte (natürliche und soziale) System von den Teilhabern selbständig beobachtet, beurteilt und bei Bedarf verändert werden kann.

Wenn vormals autonome Akteure damit beginnen, sich als Teilhaber eines solchen gekoppelten Systems zu verstehen, eröffnen sich ihnen nicht nur neue Gestaltungsmöglichkeiten. Typische Nachteile und Schwierigkeiten sind mit diesem Schritt, um auf diese höhere soziale Aggregationsebene zu gelangen, verbunden, die sich nicht leicht überwinden lassen. Die Interessen, die hier zusammenkommen, sind oft gegensätzlicher Art. Die Akteure denken und handeln aus unterschiedlichen Perspektiven, sie haben unterschiedliche Informationsbedürfnisse, andere Fähigkeiten und Kapazitäten sowie unterschiedlichen Zugang zu Macht. Hinzu kommt für jeden Akteur die Schwierigkeit, immer wieder eine Wahl treffen zu müssen zwischen dem Eigennutzen und dem gemeinsamen Interesse an der Erhaltung der gemeinsamen Güter. Aus der Übernutzung einer Ressource entsteht für den Nutzer mindestens kurz- bis mittelfristig ein persönlicher Gewinn, während der Schaden, der dadurch entsteht, auf alle Teilhaber überwälzt wird.

Diese typische Situation ist in den Sozialwissenschaften als *"ökologisch-soziales Dilemma"* bekannt (Mosler, 1995). Eine Variation dieser Problematik stellt das "Commons-Dilemma" dar, wie es in der englischen Literatur genannt wird. Je mehr Teilhaber die Regeln für eine nachhaltige Nutzung der gemeinsamen Ressource respektieren, um so mehr wird der einzelne Nutzer, der sich nicht an diese Regeln hält, von seinem egoistischen Verhalten profitieren können. Bei einem "Commons-Dilemma" lautet das Opfer, welches der einzelne Teilhaber für die Gemeinschaft erbringen muss "weniger nehmen". Es gibt auch Situationen, wo das zu bringende Opfer für den Gemeinschaftsnutzen "etwas beitragen" bedeutet. Um ein Beispiel zu nennen, könnte der Beitrag darin bestehen, naturnahe Lebensräume für die Erhaltung der Artenvielfalt sachgerecht zu bewirtschaften. In diesem sogenannten "Public Goods Dilemma" geht es darum, dass Individuen geneigt sind, nichts beizutragen und sich als "Trittbrettfahrer" zu verhalten. Sie hoffen von den übrigen Teilhaber profitieren zu können, die sich entschieden haben, ihren Beitrag zum Gemeinschaftsgut zu leisten (Koelen/Röling, 1994).

Welche Wege führen aus diesen Dilemmasituationen hinaus? Die Gemeingut-Dilemmaforschung macht heute auf folgenden Lösungsansatz aufmerksam (Mosler, 1995). Wenn individuelle Interessen und mehrfache Pespektiven aufeinander abgestimmt werden müssen, geht ein Teil der Autonomie der Akteure verloren. Ein solches Opfer wird von einem Akteur nur erbracht, wenn er den Verdacht ausräumen kann, dass andere davon profitieren werden, ohne selber ein vergleichbares Opfer zu bringen. Das Wissen um die Nutzung anderer wird damit erstens zum zentralen Faktor der Problemlösung. Und zweitens müssen Nutzungskonflikte transparent gemacht werden. In einer öffentlichen Vereinbarung sollen die individuellen Ressourcennutzungen schliesslich auch geregelt werden. Denn Veränderungen in der Ressourcennutzung müssen automatisch zu Kommunikationsprozessen unter den Teilhabern führen. Jeder ist davon abhängig, dass die gemeinsam erzielten Vereinbarungen eingehalten oder im gegenseitigen Einvernehmen einer veränderten Situation angepasst werden können. Genau dieses Bedürfnis weckt das Interesse an einer ständigen Plattform und es stellt sich nun die Frage, wie eine Plattform entstehen kann.

Lernen in sozialen Prozessen als Lösungsansatz

Die Bildung einer Plattform beginnt damit, dass die Teilhaber einer natürlichen Ressource zunächst lernen müssen, sich als "Teilhaber" eines grösseren Ganzen zu erkennen. In der Startphase bedeutet aktives Fördern daher das Sichtbarmachen gegenseiter Abhängigkeiten (Susskind/Cruikshank, 1987). Dann werden die Teilhaber lernen müssen, wie sie mit oft stark unterschiedlichen Meinungen und Perspektiven von anderen Teilhabern umgehen können, um die Fähigkeit zu erlangen, die ökologischen Gefahren und die sozialen Konflikte, die mit der aktuellen Nutzung verbunden sind, gemeinsam zu erkennen und zu bewerten. Im weiteren Verlauf müssen sie gemeinsam fähig werden, die Risiken abzuwägen und zu verantworten, die Nutzungsänderungen für die betroffenen Teilhaber beinhalten.

Wenn der Begriff "Plattform" für ein soziales System mit solchen Eigenschaften steht, wird deutlich, dass diese Plattformen nicht geschaffen werden können. Hingegen können soziale Prozesse, die von den unterschiedlichsten Akteuren, seien es Individuen oder Institutionen, ausgelöst und beeinflusst werden, zu einer Plattform führen. Diese Prozesse lassen sich jedoch nicht per Knopfdruck starten und auch nicht mit vorhersehbarem Ergebnis gestalten. Insofern kann eine Plattform nicht geschaffen werden, auch nicht über organisierte Lernprozesse. Vielmehr ist sie das Ergebnis von Lernen in sozialen Prozessen, die ihrerseits weitere soziale

Prozesse sowie weiteres Lernen zu beeinflussen vermag. Das Vertrauen auf solches Lernen in sozialen Prozessen, die zum Aufbau von "Plattformen" führen können, beruht auf drei wichtigen Pfeilern (Woodhill/Röling, 1996):

- die Fähigkeit zur Selbstbetrachtung von Individuen, sozialen Gruppen, Organisationen, sozialen Netzwerken bis hin zu ganzen Gesellschaften,
- die Attraktivität von demokratischen Entscheidungsprozessen,
- die Erfahrung von der Veränderbarkeit politischer und wirtschaftlicher Systeme durch soziale Prozesse, damit auch von strukturellen Bedingungen für individuelles Handeln.

Ansatzpunkte für das Fördern von Plattformen

Obwohl Plattformen für Verhandlungen über nachhaltige Ressourcennutzung von niemandem angeordnet oder hervorgebracht werden können, lassen sich immerhin Bedingungen vorstellen, unter denen soziale Prozesse ausgelöst und gefördert werden können, die zu diesem Resultat führen können.

Fördernde Institutionen: Erfahrungen mit dem Fördern einer nachhaltigen Ressourcennutzung zeigen, dass es möglich ist, die Bildung von Plattformen durch Interventionen von aussen zu begünstigen (Röling, 1994b). Diese Interventionen bestehen darin, günstige *Lern- und Verhandlungssituationen* zu schaffen. Die Teilnahme an dem sich entwickelnden Prozess der Plattformbildung muss für die Teilhaber der Ressource freiwillig sein. Unter dieser Bedingung können die Lernprozesse in Gang kommen und zu den gewünschten Lernergebnissen führen.

Wie die Abbildung 4 zum Ausdruck bringt, sind externe, professionelle Förderer (engl. "facilitators") erwünscht, besonders wenn sie institutionell sinnvoll eingebettet sind. Das heisst, sie sollten im Auftrag eines Akteurs handeln können, der sich als "Teilhaber" der betreffenden Ressource gegenüber den übrigen Teilhabern ausweisen kann. Dieser fördernde Akteur sollte gleichzeitig auch Teil anderer sozialer Systeme sein, mit denen die Plattform schliesslich kommunizieren können muss. Die Verbindungen zu Wissenschaft, Politik und

Wirtschaft sollten also bei Bedarf leicht hergestellt werden können. Die Plattform muss ja als soziales System mit ihrer spezifischen Funktion auch von aussen anerkannt werden und der Aufgabe entsprechend mit den notwendigen Informationen und Mitteln arbeiten können. Ebenso entscheidend wichtig für das Gelingen ist es für externe Förderer, das Vertrauen der Teilhaber vor Ort zu gewinnen und sich dafür einzusetzen, dass bei allen sozialen Prozessen ihre Ansichten und ihr Wissen integriert werden.

Abbildung 4. Die wichtigsten Bedingungen für Verhandlungen über die Ressourcennutzung

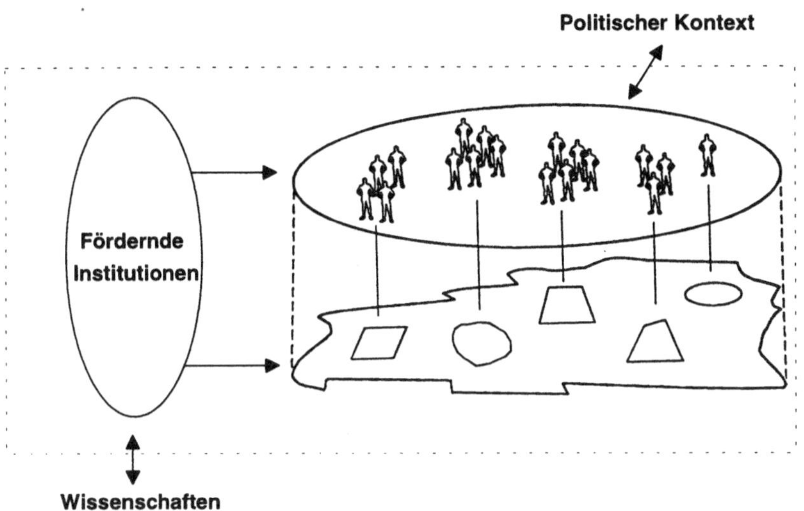

Politischer Kontext: Der Gesetzgeber kann Bedingungen schaffen, welche das Bilden von Plattformen für Verhandlungen über nachhaltige Ressourcennutzung fördern oder aber auch hemmen. Der Gesetzgeber kann für Lernen in sozialen Prozessen Raum lassen, indem der Staat zu erkennen gibt, wo er selbst an Grenzen der Steuerbarkeit von Problemlösungs- und Entwicklungsprozessen in Gesellschaft und Wirtschaft stösst. Der Staat kann zudem mit geeigneten institutionellen Akteuren vereinbaren, die Rolle des Förderers von Plattformbildungsprozessen wahrzunehmen. Und er kann nicht zuletzt solche Plattformen als Partner für die Entwicklung und für den Vollzug öffentlicher Politiken anerkennen.

Wissenschaften: Viele der angesprochenen Lernprozesse können dann erfolgreich verlaufen, wenn sich die Wissenschaften mit gezielten Beiträgen an ihnen beteiligen. Wissenschaftliches Wissen und Können ist unentbehrlich, wenn die Wechselwirkungen von gekoppelten, sozialen und natürlichen Systemen möglichst umfassend erkannt und fundiert beurteilt werden sollen; als Grundlage für die ständige Optimierung der betreffenden Ressourcennutzung. Zu diesem Zweck muss ein *Wissens- und Informationssystem* entwickelt werden, damit die Beobachtungen aller Teilhaber einer natürlichen Ressource in die Verhandlungen unter den Teilhabern einfliessen können. Die möglichen Folgen bestehender und alternativer Nutzungsformen für Natur, Gesellschaft und Wirtschaft müssen auf der Basis überzeugender Fakten diskutiert werden können. Im weiteren sind *Werte und Normen* in die gesellschaftliche Diskussion einzubringen, die sich gerade auch aus der Sicht einer bestimmten Wissenschaft als neue Orientierungsmarken für Individuum und Gesellschaft etablieren sollten. Denn auf reflektierte Werte und Normen sind Zieldiskussionen und Evaluationen, die in der Praxis immer wieder stattfinden, angewiesen. Schliesslich muss auch *"know how"* technischer und organisatorischer Art entwickelt und implementiert werden, um beabsichtigte Nutzungsänderungen in der Praxis wirksam unterstützen zu können. Die unvollständige Liste lässt leicht erkennen, dass sowohl von den Natur- und Ingenieurwissenschaften als auch von den Sozial- und Geisteswissenschaften wichtige Impulse, Grundlagen und "Werkzeuge" erwartet werden.

Als eine besondere Herausforderung für die Sozialwissenschaften ist die Entwicklung von Methoden zu betrachten, die sich eignen, um unter den Teilhabern einer natürlichen Ressource einen sozialen Prozess auszulösen, der zur Bildung einer Plattform führen kann. Einige Methoden, die dieses Potential enthalten, stehen schon getestet zur Verfügung.[4] Eine dieser Methoden, das "Rapid Appraisal of Agricultural Knowledge Systems" könnte für das "Platformbuilding" besonders geeignet sein. Sie wurde für die Optimierung von Kommunikations- und

---

[4] "Soft Systems Methodology" (SSM) von Checkland (Checkland, 1981; Checkland und Scholes, 1990), "Participative Rural Appraisal (PRA)" und "Rapid Appraisal of Agricultural Knowledge Systems (RAAKS)" (Engel, 1995). Diese Methoden wurden in der Organisationsentwicklung (SSM) und in der Entwicklungszusammenarbeit (PRA, RAAKS) entwickelt. Heute werden sie jedoch auch in vielen anderen Situationen und auch im urbanen Raum verwendet. Diese Methoden werden unter dem Sammelbegriff "Participatory Learning and Action" (PLA) weltweit durch das *International Institute for Environment and Development,* London, bekannt gemacht. Mit den *PLA-Notes* informiert dieses Institut über 3000 Abonnenten in 120 Ländern über Erfahrungen und methodische Neuerungen auf diesem Gebiet.

Innovationsprozessen in der Landwirtschaft entwickelt. Diese Methode zielt darauf ab, dass sich die Akteure in einem sozialen Netzwerk ihrer gegenseitigen Abhängigkeit besser bewusst werden. Funktionen und Beziehungen können sodann gemeinsam reflektiert, Stärken und Schwächen des "Wissenssystems" gemeinsam erkannt, Veränderungsprozesse gemeinsam ein geleitet werden.[5]

Doch bei all diesen Fördermöglichkeiten ist eines nicht zu vergessen. Nachhaltigkeit ist eine emergente Eigenschaft (engl. "emergent property") eines sozialen Systems, die zum grossen Teil aus der Zusammenarbeit zwischen den Teilhabern an einer bestimmten Ressource entsteht. Deshalb sollten sich nicht nur externe Fachleute im Auftrag öffentlicher Institutionen mit der Förderung einer nachhaltigen Ressourcennutzung beschäftigen, sondern primär die Teilhaber selbst, also die direkten Nutzer der betreffenden Ressource und die Mitglieder von Umweltorganisationen, die im betreffenden Gebiet tätig sind. Dies bedeutet, dass nachhaltige Ressourcennutzung nur teilweise geplant werden kann (Brinkman, 1994).

Herausforderungen für die Sozialwissenschaften

Wie lassen sich all diese theoretischen Überlegungen in der Praxis umsetzen? Der Bedarf an Plattformen für eine nachhaltige Ressourcennutzung ist schon angesichts der bekannten Umweltprobleme gross. Auch die Einsicht wächst, dass die Verantwortung für die nachhaltige Ressourcennutzung nicht allein dem Staat delegiert werden kann. Die Nutzer selbst müssen Verantwortung übernehmen. Um diesen Paradigmenwechsel zu begünstigen, könnten die Sozialwissenschaften wichtige Beiträge leisten. Denn nach Auffassung der Verfasser sollten folgende Fragen, die für die praktische Förderung von Plattformen von grosser Bedeutung sind, noch vertieft bearbeitet werden:

- Wie kommen individuelle Nutzer dazu, sich als verantwortliche Teilhaber einer natürlichen Ressource zu verstehen?

---

[5] Mit diesem Begriff werden soziale Netzwerke bezeichnet, die primär das Entwickeln, Austauschen und Umsetzen von Wissen in bestimmten Branchen und/oder Politikfeldern bezwecken (Blum, 1993).

- Wie können die gegenseitigen Abhängigkeiten und die Komplementarität der Teilhaber sichtbar gemacht werden?
- Wie können sie die Kopplung zwischen dem natürlichen und dem sozialen System besser erkennen?
- Wie können sie den Schritt auf eine höhere soziale Ebene tun, um Entscheidungsfindungsprozesse zu gestalten, welche das gekoppelte System betreffen, in das sie eingebunden sind?
- Unter welchen Bedingungen steigen hierfür die Chancen?
- Wie soll der Staat seine Rolle definieren, damit die Privaten wieder vermehrt persönliche Verantwortung übernehmen?
- Wie können allenfalls Demokratieprobleme vermieden werden, wenn der Staat Kompetenzen an neu entstehende Plattformen für Verhandlungen über die nachhaltige Nutzung von Ressourcen abtritt?

Besonders von der Gemeingut-Dilemmaforschung wie auch von der politikwissenschaftlichen Forschung können hier noch substantielle Antworten erwartet werden (vgl. Kissling-Näf & Knoepfel in diesem Band). Weitere Grundlagen und Methoden müssten auch die Bildungs- und Beratungsforschung, so wie die Kommunikations- und Innovationsforschung beisteuern. Der Aufbau von Plattformen wurde in konstruktivistischer Perspektive als sozialer Prozess dargestellt. Er beruht somit auf individuellen und kollektiven Lernprozessen, die nur beschränkt ausgelöst und gefördert werden können. Externe Förderer oder Prozessmoderatoren (engl. "facilitators") sollten daher nicht nur beurteilen können, unter welchen Bedingungen ein solcher Prozess in Gang kommen kann. Sie sollten auch wissen, in welcher Rolle und mit welchen Methoden sie günstige Voraussetzungen für individuelles und kollektives Lernen schaffen können. Es geht um die Fragen, wie soziale Prozesse und damit auch individuelles und kollektives Lernen, das ausserhalb institutionalisierter Bildungs- und Beratungsveranstaltungen stattfindet, durch die dort Beteiligten bewusst reflektiert und in gegenseitigem Einvernehmen optimiert werden können.

Literatur

Blum, A. (1993) Wissensentwicklung als System in unserer Landwirtschaft: Wissen erweitern, austauschen, umsetzen, neu gewinnen (LBL-Schriftenreihe Nr. 17). Landwirtschaftliche Beratungszentrale, CH-Lindau

Brand, A. (1990) The Force of Reason: An introduction to Habermas' Theory of Communicative Action. Allen and Unwin, Sidney

Brinkman, R. (1994) Recent developments in land use planning. Keynote address at the 75-year Anniversary Conference of the Wageningen Agricultural University. *In:* Future of the Land: Mobilising and Integrating Knowledge for Land Use Options, herausgegeben von Fresco, L.O. et al., John Wiley and Sons, Chicester

Burgoyne, J.G. (1995) Stakeholder Analysis. *In:* Qualitative Methods in Organisational and Occupational Psychology, herausgegeben von Cassell, C., Syman, G. Sage, London

Checkland, P. (1981) Systems Thinking, Systems Practice. John Wiley and Sons, Ltd., Chicester

Checkland, P., Casar, A. (1986) Vicker's concept of an appreciative system: a systematic account. *Journal of Applied Systems Analysis. Vol. 13:* 3-17

Checkland, P., Scholes J.(1990) Soft Systems Methodology in Action. John Wiley and Sons, Chicester

Engel, P. (1995) Facilitating Innovation: An action-oriented approach and participatory methodology to improve innovative social practice in agriculture. Published Doctoral Dissertation. Wageningen Agricultural University, Wageningen

Foerster von, H., Glasersfeld von, E. (Hrsg., 1992) Einführung in den Konstruktivismus, mit weiteren Beiträgen von Hejl, P. M., Schmidt, S. J., Watzlavick, P., Piper, München, Zürich

Fresco, L. O., L. Stroosnijder, J. Bouma und H. van Keulen (Eds.) (1994) The Future of the Land. John Wiley and Sons, Ltd., Chicester

Funtowicz, S. O., Ravetz, J. R. (1994) The worth of a songbird; ecological economics as a post-normal science. *Ecological Economics, 10:* 197-207.

Giddens, A. (1984) The Constitution of Society. Polity Press, Cambridge

Koelen, M., Röling, N. (1994) Sociale Dilemma's. *In:* Basisboek Voorlichtingskunde, herausgegeben von Röling, N., D. Kuiper und R. Janmaat, Boom, Meppel

Leeuwis, C. (1993) Of Computers, Myths and Modelling - The social construction of diversity, knowledge, infomation and communication technologies in Dutch agriculture and agricultural extension. Published Doctoral Dissertation. Wageningen Agricultural University, Wageningen

Luhman, N. (1989) Ecological Communication. CUP, Cambridge

Maturana, H. R., Varela, F. J. (1987, 1992) The Tree of Knowledge: The biological roots of human understanding. Shambala Publications, Boston (Mass.)

Mosler, H.-J. (1995) Umweltprobleme: Eine sozialwissenschaftliche Perspektive mit naturwissenschaftlichem Bezug. In: Ökologisches Handeln als sozialer Prozess, herausgegeben von Fuhrer, U. (SPP-Umwelt - Themenhefte) Birkhäuser, Basel, Boston

Ostrom, E. (1990, 1991, 1992) Governing the Commons. The Evolution of Institutions for Collective Action. Cambridge University Press, New York

Pain, S. (1993) 'Rigid' cultures caught out by climate change. *New Scientist, Vol. 5*

Röling, N. (1994a) Constructivisme en sociale interventie: Op zoek naar bevrijdende perspektieven. Artikel für: *Tijdschrift voor Sociale Interventie*, Wageningen

Röling, N. (1994b) Platforms for decision making about eco-systems. *In:* Future of the Land: Mobilising and Integrating Knowledge for Land Use Options, herausgegeben von Fresco, L. O. et al., John Wiley and Sons, Ltd., Chicester

Susskind, L., Cruikshank, J. (1987) Breaking the impasse: Conceptional approaches to resolving public disputes. MIT-Harvard Public Disputes Program, Basic Books Publishers, New York

Woerkum, van, C. M. J. (1994) Voorlichting en Beleid. *In:* Basisboek Voorlichtingskunde, herausgegeben von Röling, N., D. Kuiper und R. Janmaat, Boom, Meppel

Woodhill, J., Röling, N. (1996) The Second Wing of the Eagle: How Soft Science can help us learn our way to more sustainable futures. *In:* Learning from the Norsmen on greenland: Facilitating Sustainable Agriculture, herausgegeben von Röling, N., Wagemakers, M.A.E. Cambridge University Press, Cambridge (in Vorbereitung)

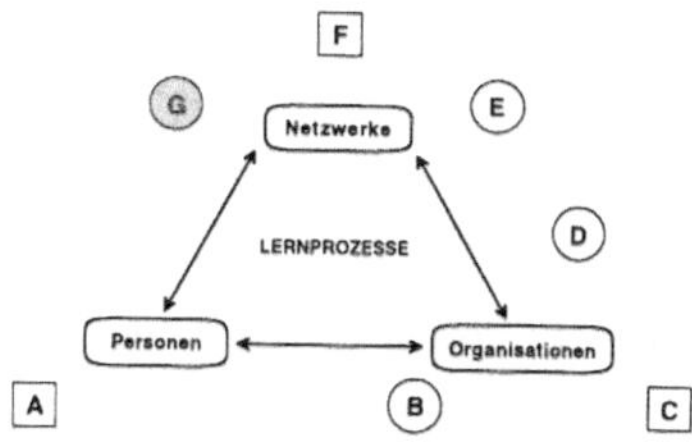

Lernfiguren in der schweizerischen Umweltpolitik

Ingrid Kissling-Näf / Peter Knoepfel

Einleitung

Dieser Beitrag befasst sich mit Lernprozessen in öffentlichen Politiken und beruht auf einem Forschungsprojekt, das im Rahmen des Nationalen Forschungsprogrammes 27 zum Thema „Wirksamkeit staatlicher Massnahmen" durchgeführt wurde.[1] Die empirisch abgestützte Untersuchung in verschiedenen Politikfeldern soll Aussagen über strukturelle Bedingungen für erfolgreiche Lernprozesse in öffentlichen Politiken erlauben. Im Vordergrund steht die Frage, wie lernfähige Politikbereiche gestaltet sein müssen.

Der Analyse der Lernprozesse wurde ein konstruktivistischer Ansatz zugrundegelegt. Die Erforschung von Politikfeldern mit Hilfe von konstruktivistischen Ansätzen versucht die Realität als Resultat von Interpretationskämpfen und Verständigungen über gemeinsam geteilte Inhalte zu erklären. Solche Ansätze sind in den Politikwissenschaften eher neueren Datums.

---

[1] Dieser Beitrag wurde zuerst verfasst für das „1994 Annual Meeting of the American Policitical Science Association", das im September 1994 in New York stattfand. Er enthält die Zwischenresultate des erwähnten Forschungsprojektes, das von April 1993 bis Juli 1995 durchgeführt wurde.

Sie sind auch eine Folge der grossen Transformationsprozesse auf der Ebene der internationalen Beziehungen. Grosse Politikveränderungen und Umbrüche haben die Bedeutung von Lernprozessen für die Erklärung des Wandels deutlich gemacht und den Erklärungsgehalt von institutionellen beziehungsweise machtspezifischen Faktoren relativiert.[2] Da die Aushandlung von Politikinhalten zunehmend in netzwerkartigen Strukturen unter der Beteiligung von privaten und öffentlichen Akteuren erfolgt, stehen für uns kollektive und interorganisationale Lernprozesse im Netzwerk im Vordergrund.

Zuerst wird in die theoretischen Grundlagen für die Analyse von politikorientierten Lernprozessen eingeführt und der Analyseraster zur Erhebung der lernrelevanten Dimensionen vorgestellt. Anschliessend werden die Resultate ausgeführt, die sich aus den bereits durchgeführten Fallstudien ergeben, wobei zu den beobachteten Lernprozessen im heutigen Zeitpunkt noch keine Systematik vorgeschlagen werden kann. Einige Schlussfolgerungen für „Policy-Designer" runden den Beitrag ab.

Lernkonzept und Analyseraster

Für die Analyse von Lernprozessen in öffentlichen Politiken wurden lerntheoretische Bausteine mit herkömmlicher Policy-Analyse verknüpft.[3] Ebenfalls eingeflossen sind netzwerktheoretische Überlegungen und Elemente aus Theorien zur Organisationsentwicklung.[4] Im fol-

---

[2] Vgl. Nullmeier (1994, S. 11f.), der in diesem Zusammenhang von einer kognitiven Wende der Policy-Forschung spricht.

[3] Es lassen sich zwei grosse lerntheoretische Paradigmen unterscheiden. Der Behaviorismus versteht Lernen als Reiz-Reaktionsverbindung. Beim Kognitivismus stehen das Bewusstsein und die ablaufenden kognitiven Vorgänge im Zentrum (Piaget). Wir haben dem zweiten Modell den Vorzug gegeben, da es die prozesshafte Dimension einschliesst und das Entstehen von Neuem erklärt (Weick, 1992, S. 121; Pautzke 1989, S. 89ff.)

[4] In der Literatur werden organisationale und individuelle Lernprozesse ausführlich behandelt. Zum Lernen in Policy-Kontexten lässt sich mit Ausnahme der Arbeiten von Sabatier (1993) und Linder/Peters (1990) relativ wenig finden. Wir haben uns darum bei der Ausarbeitung des Konzepts vor allem auf die organisationstheoretische Literatur abgestützt. In diesem Konzept wurde weniger auf die behavioristische Linie (Levitt/March, 1988; Hedberg, 1981; March/Olsen,1975; Argyris/Schön,1978) eingegangen. Vielmehr enthält dieses Konzept Elemente eines interaktionistisch-systemischen Ansatzes, bei dem individuelle, soziale und strukturelle Prozesse ineinander verwoben sind (Baitsch,1993).

genden werden die Charakteristika des Policy-Lernens vorgestellt und der Bezug zwischen Lerntheorie und Policy-Analyse erläutert.[5]

Fünf Charakteristika von Lernprozessen

Wir gehen davon aus, dass sich Lernprozesse auch in öffentlichen Politiken durch fünf Charakteristika auszeichnen.

Merkmal 1. Lernprozesse in öffentlichen Politiken sind kollektive Prozesse. Trotzdem bleibt das Individuum die Grundzelle für Lernprozesse. Kollektives Lernen setzt also den Austausch in spezifisch strukturierten Gruppen (Netzwerke) voraus.

Kollektives Lernen gründet in Interaktionsprozessen, die innerhalb von Politiknetzwerken ablaufen. Politikveränderung, die auf erfahrungsgestützten Lernprozessen in Gruppen basiert, setzt immer auch individuelles Lernen voraus. Nur das Individuum kann in der ursprünglichen Art und Weise lernen. Kollektives Lernen ist jedoch nicht einfach die Aggregation von individuellen Lernprozessen. Vielmehr findet ein Austausch über das individuell erworbene Wissen in der Gruppe statt.[6] Damit gewisse Lerninhalte Bestandteil der geltenden Theorie (Begriff wird noch erklärt) in der Gruppe werden können, müssen sie von einem gewichtigen Teil der Gruppenmitglieder geteilt, evaluiert und integriert werden. Das Netzwerk als Interaktionssystem wird dabei zu einer vermittelnden Institution, denn der Austausch über das individuell erworbene Wissen kann nur in diesem Rahmen stattfinden.[7] Mit Miller (1993, S. 31) sind wir zudem der Ansicht, dass der einzelne nur in der Gruppe jene Erfahrungen machen kann, „die

---

5 Genauer beschrieben in Kissling-Näf/Knoepfel (1993).

6 Duncan/Weiss (1979, S. 89) schreiben dazu: „The overall organizational knowledge base emerges out of this process of exchange, evaluation, and integration of knowledge. Like any organizational process, the only actors are individuals. But it is a social process, one that is extraindividual. It is comprised of the *interaction* of individuals and not their isolated behavior."

7 Die Veränderung der Grundüberzeugungen einer Gruppe setzt also verschiedene Prozesse voraus: „[I]ndividual learning and attitudinal change, the diffusion of new beliefs and attitudes among individuals, turnover in individuals within any collectivity, group dynamics [...] and rules for aggregating preferences and for promoting [...] communication among individuals. Changes in the distribution of beliefs within a coalition generally will start with individual learning or turnover, be resisted by group dynamics, and then get diffused throughout the group. Diffusion depends upon the rate of turnover, the compatibility of the information with existing beliefs, the persuasiveness of the evidence, and the political pressures for change." (Jenkins-Smith/ Sabatier, 1993, S. 42).

fundamentale Lernschritte ermöglichen". Der kollektive Diskurs oder die Argumentation führen zu kollektiven Lösungen für interindividuelle Koordinationsprobleme. Erfolgreich dürfte eine Argumentation dann sein, wenn die Beteiligten im Laufe der Diskussion einen Konsensbereich ausmachen können, der Verhandlungen und die Entscheidung einer kollektiv geltenden Lösung ermöglicht (Lernen in Verhandlungen).

Merkmal 2. Notwendige Bedingung für das Auftreten von Lernprozessen sind Widersprüche, die von den üblichen Interaktionen oder von der Routine abweichen.

Widersprüche als Auslöser von Lernprozessen können verschiedene Formen annehmen. Es kann sich dabei um konkrete Handlungskonflikte, komplexe Probleme oder Gelegenheiten („organizational slack") handeln. Mögliche Auslöser können aber auch Gruppenmitglieder sein, die durch ihr persönliches Wissen Lernprozesse forcieren. Denkbar sind ausserdem Situationen, in denen das verständigungsorientierte Handeln begünstigt wird und die ein bewusstes Überdenken von Positionen und Problemen ermöglichen. Als weitere Auslöser werden Divergenzen, Ambiguitäten, Anomalien oder schwindende Assimilationskapazitäten genannt (Pautzke, 1989, S. 108ff.).

Merkmal 3. Der Umgang mit Widersprüchen hängt von der Zusammensetzung des Netzwerkes und von den durch die Mitglieder gemeinsam vertretenen (=geteilten) Inhalten ab.

In Anlehnung an Ansätze aus der Organisationsentwicklung (Baitsch, 1993, S. 26ff.) wird das Problemlösungspotential - beziehungsweise die Art des Umgangs mit Widersprüchen - von der im Netzwerk geltenden Theorie bestimmt. Diese geltende Theorie umfasst sowohl immaterielle („Lokale Theorie") wie auch materielle Dimensionen (Struktur). Diese beiden Elemente stützen sich gegenseitig. Die „Lokale Theorie" enthält mehrheitlich geteilte Annahmen über Zusammenhänge, Werte und Ziele (Konsensbereich) und legitimiert damit materielle Politikpositionen. Als diese Positionen organisational und prozedural absichernde Struktur betrachten wir in unserem Konzept die spezifische Akteurkonstellation einer öffentlichen Politik (Netzwerk).

Merkmal 4. Lernprozesse schlagen sich in der Lokalen Theorie, in der kognitiven Struktur oder in Routinen der Mitglieder nieder, welche in ihrer Gesamtheit das „Gedächtnis" einer Organisation bzw. eines Politiknetzwerks ausmachen können.

Je nach zugrundeliegender Lerntheorie werden die Lernergebnisse verschieden definiert.[8] Die neuere Forschung unterstreicht die Bedeutung der Unterscheidung zwischen Verhaltensänderungen und Veränderung der Kognition (Fiol/Lyles, 1983, S. 806ff.). Die Verbindung zwischen beiden Elementen ist nicht unbedingt gegeben; denn das Verhalten kann sich ändern, ohne dass damit kognitive Vorgänge verbunden sind und umgekehrt. Lernen im engen Sinn meint vielfach oft nur die Veränderung der Kognition. In unserem Ansatz versuchen wir beide Elemente zu berücksichtigen.

Gemeinsam ist den verschiedenen organisationalen Lerntheorien, dass sich Lernprozesse in einem Grundbestand von Regeln („Lokale Theorie") niederschlagen, der für spätere Aktivitäten massgebend ist und den Rahmen vorgibt. Ähnliche Prozesse dürften sich auch im interorganisationalen Bereich abspielen, in dem öffentliche Politiken normalerweise anzusiedeln sind.

Merkmal 5. Lernprozesse unterscheiden sich vermutlich durch verschiedene Muster der Problemlösung beziehungsweise des Umgangs mit Lernimpulsen (= Lernfiguren).

Für die Analyse von Lernprozessen in öffentlichen Politiken ist die von einigen Autoren (Linter/Peters, 1990; Shrivastava, 1983) vorgenommene Kombination der beiden Elemente Verhalten und Prozess - beziehungsweise die Elemente Output/Konsensbereich einerseits und Netzwerk anderseits - weiter verwendbar. Werden Lernprozess und Lernergebnis zusammengesehen, so werden sich in der Empirie gewisse Muster im Umgang mit Lernimpulsen erkennen lassen (Lernfiguren). Allerdings können wir dazu gegenwärtig noch keine umfassenden

---

8 Je nach gewählter Theorie wird organisationales Lernen mit Verhaltensänderungen (Hedberg, 1981), der Veränderung des Grundbestands an Routinen (Levitt/March, 1988) oder der Veränderung der Wissensbasis (Pautzke, 1989) gleichgesetzt. Veränderung von Wissen und Wissensstrukturen in Organisationen können sich je nach Theorie auf die Veränderungen der Handlungstheorien (Argyris/Schön, 1978), von Mythen (Hedberg, 1981) oder des Paradigmenbegriffs (Hedberg, 1981; Duncan/Weiss, 1979) beziehen. Für Etheredge/Short (1983) ist das Resultat organisationalen Lernens eine Steigerung der Effizienz, für andere Autoren resultieren aus Lernprozessen die Bildung oder Veränderung von Strukturen oder organisatorischen Systemen. Diese Aufzählung zeigt, dass der Begriff des Lernens vieldeutig und unklar ist.

und systematisierten Aussagen machen. Die in diesem Beitrag vorgestellten Fallstudien geben dazu jedoch einige Hinweise, die hier als Zwischenresultate dargestelltwerden.

Verknüpfung lerntheoretischer Überlegungen mit der Policy-Analyse

Policy-Lernen in Netzwerken ist schwieriger zu erfassen als organisationales Lernen. Denn es es geht um kollektives Lernen in interorganisatorischen und damit komplexeren Strukturen. Die Schwierigkeit besteht darin, das interdependente Verhältnis von Prozess und Struktur adäquat zu erfassen (vgl. Döhler, 1994, S. 39). Dieser Befund wird auch von Bennett und Howlett (1992) bestätigt, die gar zum Schluss kommen, dass Lernen nicht wirklich beobachtbar sei.[9] In der empirischen Forschung scheint es darum sinnvoll, nicht nur von den Veränderungen der Kognition, sondern vor allem von den feststellbaren Verhaltensänderungen der Akteure oder von tatsächlich veränderten Politik-Outputs als Hinweise auf mögliche Lernprozesse auszugehen. Die Auswahl unserer Untersuchungsobjekte werden darum aufgrund des innovativen Outputcharakters vorgenommen. Dabei wird nach den üblichen Regeln der Politikanalyse vom Produkt auf die vorangegangenen Prozesse geschlossen.[10] Lerneffekte können sich dabei in Änderungen der Politikinhalte, der Modalitäten von Entscheidungsprozessen oder in strukturellen Verschiebungen niederschlagen, die aus Interaktionen im Netzwerk resultieren. Wie oben erläutert, gelten als wichtige Ausgangsbedingungen für Lernprozesse der im Netzwerk geltende Konsensbereich sowie die Netzwerkstruktur. Der prozesshaften Dimension des Lernprozesses wird dadurch Rechnung getragen, dass der Konsensbereich und die Netzwerkstruktur (intermediäre Variablen) und deren Veränderungen für jedes Objekt er-

---

9 „Methodologically, one of the major problems involves finding solid empirical work that unequivocally demonstrates that X would not have happened had 'learning' not taken place. The conceptualization of learning as a kind of intervening variable between the agency (independent variable) and the change (dependent variable), however, may never be successfully operationalized. It may be impossible to observe the learning activity in isolation from the change requiring explanation. We may only know that learning is taking place because policy change is taking place." Bennett/Howlett (1992, S. 290).

10 Aus der Tatsache, dass für die Auswahl der Studienobjekte der innovative Outputcharakter ein wichtiges Kriterium darstellt, kann nicht geschlossen werden, dass unserer Analyse ein behavioristisches Konzept zugrundeliegt. Denn in der Folge versuchen wir die Verändung der im Netzwerk geteilten Glaubensüberzeugungen und den strukturellen Kontext zu erfassen. Insofern sind wir also durchaus der kognitivistischen Linie verpflichtet.

hoben und analysiert werden. Abbildung 1 zeigt die Beziehungen zwischen den einzelnen Variablen, die sich aus diesen Überlegungen ergeben.

Abbildung 1. Lernmodell

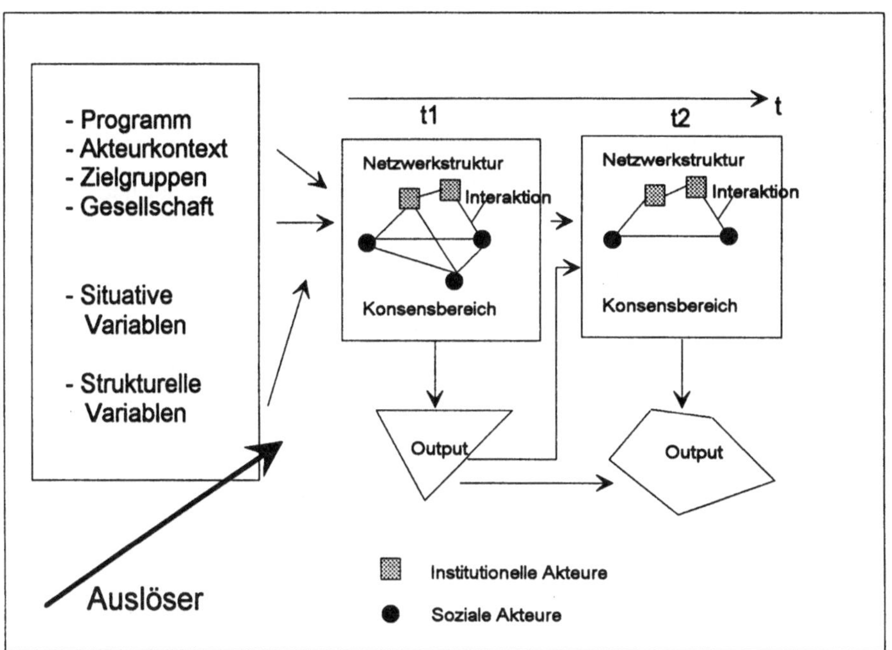

Politiken entstehen aus der Abfolge von Wahl- oder Vorentscheiden („Teiloutput"). Das in der jeweiligen Phase bestehende Politiknetzwerk und das Weltbild der Akteure dürften den sich herausbildenden Output massgeblich beeinflussen. Deshalb wird sich der Output in Abhängigkeit der oft variierenden Akteurkonstellation in der Zeitachse verändern. Netzwerke bilden Arenen für kollektives Handeln. Ihre Struktur dürfte daher sowohl Auswirkungen auf die gemeinsam getragenen Glaubensüberzeugungen (core beliefs) wie auch auf die gewählten Handlungsoptionen haben. Die vom Netzwerk produzierten Entscheidungen können wiederum auf die Bedingungen für weiteres Lernen zurückwirken. Solche oft beobachtbaren Wechselwirkungen zwischen Inhalt und Struktur können somit die Veränderung der Politikprodukte erklären. Diese letzteren lassen sich annäherungsweise durch die sich wandelnden Voraussetzungen auf der Ebene der geteilten Werte und Ziele (Konsensbereich) oder auf der Ebene der Akteurkonstellation (Netzwerkstruktur) erklären.[11] Im Gegensatz zu oft kurzfristig beobachtbaren Änderungen der Politikprodukte wird es sich bei der Veränderung des Konsensbereiches und des Netzwerks vermutlich um mittel- oder langfristige Prozesse handeln.[12]

Analyseraster

Um Lernprozesse in öffentlichen Poliken nachzeichnen zu können, ist aufgrund des oben dargestellten Lernkonzepts in den Fallstudien besonders die Netzwerkstruktur und der Konsensbereich zu bestimmen.[13]

Zur Analyse des Konsensbereichs. Der Konsensbereich wird mittels eines Schichtenmodells[14] abgebildet, das sich an einem politischen Perzeptionsprozess orientiert. Das heisst auf der Basis der bestehenden Werte und Prinzipien (Schicht 1) konstruieren Akteure die Realität und erkennen darin Probleme (Schicht 2), die im nächsten Schritt einer Lösung zugeführt werden sollen (Schicht 3). Mit Hilfe dieses Schemas (vgl. Abbildung 2) wurde die Entwicklung des Konsensbereichs für die analysierten Objekte der ausgewählten öffentlichen Politiken nachgezeichnet. Das Schichtenmodell wurde breit und offen angelegt, weil die Kategorien für die Analyse von Wissensbeständen und der Veränderung von Deutungen zur Zeit noch wenig entwickelt sind. Dies gilt vor allem für die Typisierung von Prozessen und Situationsdeutungen (Nullmeier, 1994, S. 17).

---

[11] Wie bei der Regimetheorie stellt sich für unseren Ansatz die Frage, ob die intermediären Variablen nicht generell an Bedeutung gewinnen und damit der Erklärungswert der klassisch erklärenden Variablen abnimmt. Denkbar ist ebenfalls, dass sich der Fortbestand von Netzwerken mit eingespielten Interaktionen auf die Interessenkalküle der einzelnen Akteure auswirken (Krasner, 1983a, S. 1-9; Krasner, 1983b, S. 359f.).

[12] Die intermediäre Variable wird durch die eigentlich erklärenden Variablen wie z. B. das Verwaltungsprogramm, der vorherrschende Akteurkontext oder aber strukturelle Variablen gestaltet und verändert.

[13] Zur Erhebung von Konsensbereich und Netzwerk vgl. Kissling-Näf/Marek/Gentile (1994).

[14] In Anlehnung an Sabatier (1993) und Knoepfel (1992).

Abbildung 2. Erhebung des Konsensbereichs

Konsensbereich im Netzwerk		
1. Schicht: **Ziele, Prinzipien**	**2. Schicht:** **Problemerkennung, Handlungsbedarf**	**3. Schicht:** **Instrumente, Verfahren**
Werte • Wichtigkeit von vorrangigen Werten im Politikbereich • Allgemeine Wirkungsbeziehungen	Problemerkennung, Problemeinschätzung Konkrete Wirkungszusammenhänge	Identifikation, Operationalisierung und Quantifizierung der Ziele
Kriterien für Verteilungsgerechtigkeit • Wessen Wohlfahrtsposition ist vorrangig?	Fähigkeit der Gesellschaft das Problem zu lösen Wer löst das Problem? Intensität staatlicher Interventionen	Mit welchen Mitteln kann das Problem gelöst werden? • Geld • Konsens • Information • Zeit • Recht • Legitimation • Rechte und Pflichten der einzelnen Netzwerkteilnehmer • Verteilung der Handlungskompetenz Einbezug der Zielgruppen und Betroffenen Entscheidverfahren im Kollektiv

Zur Analyse der Netzwerkstruktur. Das Netzwerk stellt eine wichtige Kooperationsform zwischen Markt und hierarchischen Organisationen dar. Die zunehmende Bedeutung dieses Kooperations- und Steuerungsmodus' ist ein Resultat der gewachsenen Bedeutung formalisierter Organisationen und der funktionalen Ausdifferenzierung moderner Gesellschaften.[15] Das Netzwerkkonzept signalisiert, dass sich die politischen Entscheidungsprozesse gewandelt haben. In diesem Zusammenhang spricht etwa O'Toole (1993, S. 30ff.) von der zumindest teilweise institutionalisierten interorganisationalen Politikimplementation und Scharpf hat den

---

[15] Kenis und Schneider (1991, S. 34ff.) zeigen anhand der gesellschaftlichen Entwicklungen, warum das Netzwerkkonzept an Bedeutung gewonnen hat. Zur Netzwerkdefinition vgl. Mayntz 1991, S. 13ff.; Mayntz (1993, S. 43f.); Héritier (1993, S. 432).

Begriff der Selbstkoordination in Netzwerken geprägt, mittels der formale Entscheide vorbereitet werden.[16]

Die Netzwerkanalyse, sei sie qualitativer oder formalisiert-quantitativer Art, arbeitet mit relationalen Daten. Die Auswahl der Dimensionen richtet sich nach der Möglichkeit, Lerneffekte und die Lernfreundlichkeit von Netzwerken erfassen zu können. In unseren Fallstudien wurden sowohl Daten zu den Interaktionen, die in ihrer Gesamtheit das Netzwerk konstituieren, als auch Information über strukturelle Dimensionen erhoben. Auf die einzelnen Dimensionen und Hypothesen kann hier nicht eingegangen werden.[17]

Drei Fallstudien in umweltrelevanten Politikbereichen

Als Politikbereiche zur Untersuchung von Lernprozessen wurde die Luftreinhaltung in der städtischen Verkehrspolitik, die Politik der Errichtung von Abfallbehandlungsanlagen mit dem neuen Instrument der Umweltverträglichkeitsprüfung (UVP) und die Direktzahlungen an die Landwirtschaft für besonders ökologische Leistungen ausgewählt. Die schweizerische Landwirtschaftspolitik ist eine sehr alte und traditionelle Politik, die über ein weit verzweigtes Netzwerk verfügt. Demgegenüber sind die Politiknetzwerke der Abfallanlagen und der städtischen Luftreinhaltung im Verkehrsbereich noch im Aufbau begriffen. Die untersuchten Lernprozesse stehen alle in direktem Zusammenhang mit der Einführung eines neuen Instruments. Es interessiert uns dabei speziell, wie im föderalen System der Schweiz der Vollzug und das Lernen im Umgang mit neuen Vollzugsinstrumenten abläuft. Sämtliche Fallstudien sind vergleichend angelegt. Sie analysieren vergleichbare Lernprozesse gleichzeitig in mehreren Untersuchungseinheiten (Kanton, Gemeinden).

---

[16] Zu den Vorzügen und Nachteilen der Steuerungsmodi Hierarchie und Netzwerk für die Handlungskoordination vgl. Scharpf (1993, S. 125ff.); für die Selbstkoordination siehe a. a. O. 147f.

[17] Van Waarden (1992) hat eine Zusammenstellung verschiedener Netzwerkdimensionen vorgenommen. Wir haben die lernrelevanten Dimensionen herausgegriffen (Kissling-Näf/Marek/Gentile, 1994).

Landwirtschaftspolitik[18]: Die schweizerische Landwirtschaftspolitik hat Anfang der 90er Jahre einen eigentlichen Paradigmenwechsel durchgemacht, der sich in den Zielen und in der Einführung neuer Instrumente niedergeschlagen hat. So soll die Produktion landwirtschaftlicher Güter nicht mehr gesteigert sondern stabilisiert werden und - neu - zur Erhaltung der natürlichen Oekosysteme beitragen. Damit verbunden ist die Aufgabe der Preisgarantien zur Sicherung des Einkommens und deren Ablösung durch produktunabhängige Direktzahlungen. Auf vertraglicher Basis will der Bund seit 1993 ökologischere Formen der Bewirtschaftung fördern. Gemäss Art. 31b des revidierten Landwirtschaftsgesetzes vom 9. Oktober 1992 erhalten die Bauern betriebs- und flächengebundene Direktzahlungen, wenn die Bewirtschaftung bestimmte ökologische Anforderungen erfüllt. Der Bund hat verschiedene ökologische Produktionsformen definiert. Wir behandeln in unseren Fallstudien vor allem die sog. Integrierte Produktion.[19] Da die Bundesvorschriften für die ökologisch orientierten Direktzahlungen relativ allgemein gehalten sind, wurden sie durch die kantonalen Vollzugsinstanzen (meist unter Beizug der landwirtschaftlichen Interessenorganisationen) noch konkretisiert werden.

Luftreinhaltung[20]: Gemäss der Luftreinhalteverordnung des Bundes sind die Kantone verpflichtet, in jenen Gebieten einen Massnahmenplan auszuarbeiten, in denen die Immissionsgrenzwerte überschritten und die Luftbelastungen nicht auf einzelne Grossemittenten zurückzuführen sind. Ein grosser Teil der in den Plänen vorgeschlagenen Massnahmen betrifft den Agglomerationsverkehr. Aufgrund bereits vorliegender Studien hat sich gezeigt, dass die wichtigsten Lerneffekte des Massnahmenplans in den Vorortsgemeinden erzielt worden sind.[21] Dank neuerer Lösungsansätze, bei denen Luftreinhalteziele direkt in die Verkehrspolitik ein-

---

[18] Die Fallstudienbearbeitung erfolgt durch Claire Bussy, aus deren Zwischenbericht die hier zitierten Beispiele stammen.

[19] „Integrierte Produktion (IP) ist eine landwirtschaftliche Nutzungsform, die zur Erzeugung von hochwertigen Nahrungsmitteln und Rohstoffen, natürliche Ressourcen und Regulationsmechanismen als Ersatz für belastende Betriebsmittel verwendet, um eine nachhaltige Landwirtschaft zu sichern. Auf der Basis der ganzheitlichen Denkweise orientiert sie sich am gesamten Landwirtschaftsbetrieb als Einheit, an der zentralen Bedeutung der Agro-Ökosysteme, ausgeglichenen Stoffkreisläufen und einer artgerechten Tierhaltung. Grundlegend ist die Erhaltung und Verbesserung der Bodenfruchtbarkeit und und einer vielgestaltigen Umwelt." Bundesamt für Landwirtschaft, Weisungen zur Verordnung über Beiträge für besondere ökologische Leistungen in der Landwirtschaft vom 10.5.1993, Bern

[20] Die Fallstudienbearbeitung erfolgt durch Daniel Marek, aus dessen Zwischenbericht die hier zitierten Beispiele stammen.

[21] Vgl. Knoepfel/Imhof/Zimmermann (1994, S. XXII).

geflossen sind, hat man dort versucht, die ökologischen Belastungen zu vermindern. Für die Fallstudien wurden darum Projekte der Verkehrsberuhigung in Vorortsgemeinden mit positiven lufthygienischen Effekten ausgewählt.

Umweltverträglichkeitsprüfung im Bereich Abfallentsorgung[22]*:* Seit Anfang 1989 ist die Umweltverträglichkeitsprüfung für Projekte, die die Umwelt in erheblichem Ausmass belasten, vorgeschrieben. Ziel der Prüfung ist es abzuklären, ob bei der Errichtung und Veränderung von Anlagen die bundesrechtlichen Umweltvorschriften eingehalten werden. Der Gesetzgeber hat die Aufgabenverteilung unter den UVP-Akteuren detailliert geregelt. Für die Ausarbeitung der Umweltverträglichkeitsberichts (UVB) liegen ebenfalls Richtlinien der kantonalen Fachstellen vor. Ein wichtiges Merkmal der UVP stellt deren Einbettung in ein vorgegebenes Zulassungsverfahren dar. Die UVP kann dem Verfahrensrecht zugeordnet werden. In Zusammenhang mit der UVP stellt sich die Frage, ob mittels der Steuerung über Verfahren Lernprozesse initiiert und institutionalisiert werden können. Die mit der UVP verbundenen Aushandlungsprozesse wurden am Beispiel der Entsorgungsanlagen untersucht.

Lernfiguren im Vollzug von umweltrelevanten Politiken

Nach einer ersten Durchsicht des empirischen Materials lassen sich in unserem Sample rein induktiv fünf unterschiedliche Lernfiguren[23], die für Lernprozesse im Vollzug wahrscheinlich typisch sind, erkennen. Ihnen gemeinsam ist, dass sie sich als politikorientierte Lernprozesse meist auf die Aneignung und Nutzung eines neuen oder neu genutzten Instruments beziehen. Das Instrument oder dessen Einsatz wird den Bedürfnissen der Akteure angepasst und als Ressource bei der Verfolgung der eigenen Interessen eingesetzt.

---

[22] Die Fallstudienbearbeitung erfolgt durch Ingrid Kissling-Näf, aus deren Zwischenbericht die hier zitierten Beispiele stammen.

[23] Zur Zeit ist es uns noch nicht möglich, eine Lerntypologie zu entwickeln. Die in verschiedenen Politikfeldern auftauchenden Lernmuster nennen wir Lernfiguren.

Die erste hier präsentierte Figur besteht darum in der Aneignung des Instruments im Vollzug. Die zweite Figur zeigt die Verwendung eines Instruments zur nachträglichen Rechtfertigung von politischem Handeln. Im Vollzug sind ausserdem oft der Aufbau von Wissensbeständen und ihr Transfer von einer Verwaltung auf eine andere wichtig. Die entsprechende Lernfigur besteht aus Lernen durch Vergleich oder Lernen am Modell und einer systematischen Speicherung von Wissensbeständen (dritte Figur). In der vierten Figur findet Lernen in einer bewussten Gestaltung des Netzwerkes zur Realisierung einzelner Massnahmen statt. Bei diesem vierten Typ lernen Akteure das Netzwerk und dessen Grenzen in Abhängigkeit von gewissen Zielen zu gestalten. Die Art der Abgrenzung der Netzwerke beeinflusst wiederum den inneren Konsensbereich, der je nach Akteurzusammensetzung und Politikfeld eine unterschiedliche Gestalt aufweist. Dieser für den oben angesprochenen Bezug zwischen Netzwerkstruktur und Konsensbereich wichtigen Zusammenhang kommt in einer fünften Lernfigur zum Ausdruck. Im folgenden werden die fünf Lernfiguren anhand von Beispielen aus den drei Politikbereichen erklärt und beschrieben.

Lernfigur 1: Aneignung und Umdeutung eines neuen Instruments für eigene Bedürfnisse

Am Beispiel der ökologischen Direktzahlungen an die Landwirte des Kantons Neuchâtel und einer Umweltverträglichkeitsprüfung für eine Altholzverbrennung kann gezeigt werden, wie die Akteure und Zielgruppen gelernt haben, ein Instrument zu nutzen und zu dynamisieren .

Im Jahre 1993 haben im schweizerischen Vergleich am meisten Bauern im Kanton Neuenburg Direktzahlungen für die Integrierte Produktion (Getreideproduktion, Futterbau und Tierproduktion) bezogen. Die hohe Beteiligungsquote der Neuenburger geht wahrscheinlich nicht auf eine höhere ökologische Sensibilisierung der Bauern und eine entsprechende Anbaupraxis zurück. Sie wurde nur möglich, weil die ökologischen Kriterien verwässert und gegen unten angepasst wurden. Die Bundesvorschriften sind so allgemein abgefasst, dass sie durch Reglemente der Standesorganisationen ergänzt werden. Die Westschweizer Kantone haben gemeinsam ein Reglement ausgearbeitet, das von den Vorgaben der Schweizerischen Vereinigung der Bauern für Integrierten Landbau abweicht und trotzdem von Bundesamt für Landwirtschaft approbiert wurde. Für die Anerkennung von Betrieben für die Integrierte Produktion stellt die Phosphorbilanz eine der entscheidenden Grössen dar: Der Phosphoreintrag darf gemäss der Schweizerischen Vereinigung den Bedarf der Pflanzen um nicht mehr als 10% überschreiten; die Westschweizer Kantone haben die Grenze bei 20% gezogen.[24] Die hohe Partizipationsrate erklärt sich nicht nur aus der Anpassung der ökologischen Kriterien nach unten, sondern auch durch das für den Vollzug zuständige Akteurarrangement, unter dessen Ägide diese Anpassung möglich wurde. In Neuchâtel ist für den Vollzug der Direktzahlungen nebst dem kantonalen Amt für Landwirtschaft und dem landwirtschaftlichen Beratungsdienst (service de vulgarisation) die Vereinigung der Neuenburger Bauern für die Integrierte Produktion verantwortlich. Um der Integrierten Produktion unter den Landwirten des Kantons mehr Glaubwürdigkeit zu verleihen, haben die kantonalen Akteure den Einbezug der Landwirtschaftskammer in den Vollzug angeregt. Auf deren Anraten wurde die erwähnte Vereinigung für die Integrierte Produktion gegründet und als deren neuer Sekretär der Chef der Landwirtschaftskammer eingesetzt. Die Vereinigung ist für die Anerkennung der Betriebe, deren Kontrolle und für die Berechnung der Direktzahlungen verantwortlich. Die Beurteilung der Betriebe wird vom kantonalen Landwirtschaftsamt genehmigt. Ziel der drei genannten zentralen Akteure war es, bei der erstjährigen Umsetzung des neuen Bundesprogramms möglichst viele Bauern partizipieren zu lassen. Über Wünschbarkeit und Stellenwert der ökologisch motivierten Direktzahlungen gehen ihre Meinungen aber auseinander. Der Landwirtschaftskammer und dem kantonalen Landwirtschaftsamt geht es vor allem darum, vom Bund für „ihre" Bauern möglichst viel Geld zu erhalten. Für den landwirtschaftlichen Beratungsdienst dagegen ist die durch das Programm ebenfalls sichergestellte Ausbildung der Bauern zur Erreichung einer besseren Umweltqualität vorrangig.

Eine ähnliche Lernfigur fanden wir im Abfallwesen (Umweltverträglichkeitsprüfung für eine Altholzverbrennung). Im Kanton Aargau benötigte ein Zementwerk zur Produktion von 0,7 Mio. Tonnen Zement etwa 80'000 t Kohle. Mittels eines Werkumbaus sollte ein Teil des Kohlestaubs durch Holzstaub (Altholz) substituiert werden. Ökologisch ist diese Lösung sinnvoll, weil sie eine umweltverträglichere Altholzentsorgung darstellt. Für die Genehmigung der notwendigen Umbauten war eine Umweltverträglichkeitsprüfung durchzuführen.

[24] Auch andere ökologische Kriterien wurden abgeschwächt. Der Phosphoreintrag ist nur ein Beispiel dafür.

Der Umweltverträglichkeitsbericht (UVB) zeigt, dass die Entsorgung von Altholz der umweltschonendste Entsorgungsweg überhaupt ist (verbesserte Schadstoffbilanz), und dass sich dadurch lokal eher eine Verminderung der Belastungssituation ergibt. Da die Anlage in einer stark belasteten Region gebaut werden sollte, war der Widerstand trotz dieses Umstandes gross. Im Rahmen der Umweltverträglichkeitsprüfung wurde den Forderungen der Umweltschutzverbände, der Standortgemeinde und des Kantons nach Messungen zur Bodenbelastung und nach einem Betriebs- und Sicherheitskonzept seitens des Unternehmens entsprochen.[25] Darüber hinaus hat das Unternehmen aus eigenem Antrieb den UVB als Ausgangsbasis für die Etablierung eines dynamischen, betriebsinternen Umweltmanagements und Ökoauditings genommen. Mit diesem selbstgewählten Ausbau des UVB im Sinne einer weitergehenden betriebsinternen Umweltbeobachtung dauerhafter Art wollte das Unternehmen der EU-Verordnung 1836 vom 29. Juni 1993 „über die freiwillige Beteiligung gewerblicher Unternehmen an einem Gemeinschaftssystem für das Umweltmanagement und für die Umweltbetriebsprüfung" entsprechen. Die Unternehmensführung verspricht sich von einem solchen Umweltmanagementsystem grössere innere Sicherheit und mittel- und langfristig auch Marktvorteile durch die Beteiligung an einem genormten System. Die fortschrittliche und initiative Haltung des Unternehmens ist eine Folge eines sehr hohen Problembewusstseins. Die ökologischen Vorsorgemassnahmen werden durch die gute finanzielle Situation begünstigt.

Die zwei Beispiele zeigen, dass die Umsetzung eines Instruments für die involvierten Akteure oft auch dessen aneignende Umformung im Interesse der Betroffenen mit sich bringt. Für die Zementfabrik wird der UVB zum betriebsinternen Führungsinstruments, und die Direktzahlungen werden - im untersuchten Fall - von den meisten Landwirten in erster Linie als zusätzliche Einnahmequelle (und nicht als Anreiz zur ökologischen Umorientierung) angesehen. Die dominanten Werte, die Interessenlage und das vorhandene Kräfteverhältnis im Netzwerk bestimmen, ob der Aneignungsprozess im Sinne des Bundesgesetzgebers eher zu einem Übervollzug (Fall Altholzverbrennung) oder zum Unterlaufen der eigentlichen Ziele im Sinne eindeutiger Vollzugsdefizite (Fall Direktzahlungen) führt. Da eine kognitive Umorientierung der Landwirte als recht tiefgreifender Wertewandel Zeit braucht, sollen beträchtliche

[25] Die Bewilligungsbehörde hat im Einverständnis mit dem Unternehmen entsprechende Wünsche als Auflagen in die Baubewilligung aufgenommen.

finanzielle Anreize eine Verhaltensänderung bewirken und den Lernprozess als Katalysator beschleunigen (vgl. dazu Roux in diesem Band). Sie geben den Landwirten die Möglichkeit zu entdecken, dass der Übergang vom „Versorger der Nation" zum „Landschaftsgärtner" lebbar und reizvoll sein kann.

Die Instrumentalisierung, Indienstnahme oder Umdefinition eines Instruments hängen unter anderem von der Fertigkeit der Akteure im Netzwerk ab, ein Instrument zu nutzen. Die Notwendigkeit solcher Aneignungsprozesse bei jedem Instrumentenwechsel legen die Vermutung nahe, dass solche Situationen eigentliche Sternstunden für kollektive Lernprozesse in den Netzwerken öffentlicher Politiken darstellen. Im Laufe ihrer Aneignung erfahren nicht nur die Instrumente und die Politik-Ouputs, sondern wegen intensivierter Lernprozesse auch die einzelnen Akteure, und gegebenenfalls aber auch die „Lokalen Theorien" in den Netzwerken Veränderungen (vgl. Lernfigur 5).

Lernfigur 2. Rekurs auf neues Instrument zur Legitimation von politischem Handeln

In der Luftreinhaltepolitik hat sich gezeigt, dass der kantonale Massnahmenplan bisher nur selten Anstösse für neue kommunale Massnahmen gab. Er wird jedoch oft zu deren nachträglichen Rechtfertigung genutzt. Als Beispiel dafür kann die Zonensignalisation Tempo 30[26] in der zürcherischen Stadt Opfikon angeführt werden. Ausgelöst wurde die Projektierung durch Einwohner, die sich über die mangelnde Verkehrssicherheit beklagten. Der Stadtrat (Exekutive) griff das Problem daraufhin auf. Zusätzliche Impulse kamen aus den Städten Zürich und Basel, die mit dem guten Beispiel vorangingen. Die involvierten Akteure waren sich in diesem Fall einig, dass der Verkehr auf das übergeordnete Strassennetz kanalisiert werden soll. Lufthygienische Überlegungen waren zweitrangig; sie wurden aber in einer späteren Phase als Rechtfertigung des Geschäfts gegenüber den politischen Behörden von Stadtrat und Gemeinderat verwendet. Denn die Akteure hatten in der Zwischenzeit gelernt, dass Lufthygiene ein gutes Verkaufsargument darstellt.

---

26 Bei Zonensignalisation Tempo 30 handelt es sich um Verkehrsberuhigungsmassnahmen in Wohnquartieren. Die Geschwindigkeit der Fahrzeuge wird auf 30 km/h beschränkt und mit baulichen Massnahmen das Fahrverhalten beeinflusst.

Seit der Wende in der Landwirtschaftspolitik werden die tatsächlichen und die angeblichen ökologischen Leistungen der Bauernschaft als Rechtfertigung für neue Direktzahlungen angeführt. Die Landwirtschaftspolitik, die aus verschiedenen Gründen unter massiven Druck geraten ist (GATT, EU), versucht seither durch Integration von ökologischem Gedankengut ihr Überleben zu sichern. Die Minimalstandards für die ökologisch orientierten Direktzahlungen werden regional/kantonal offenbar teilweise derart ausgestaltet, dass bereits bestehende Anbaupratiken ohne grosse Umstellungen mit einem „Ökolabel" (Integrierte Produktion) versehen werden können. Eine echte ökologische Sensibilisierung lässt jedoch bei vielen Bezügern solcher Direktzahlungen wahrscheinlich noch auf sich warten. Vorrangiges Ziel ist die Existenzsicherung. Bestehende Landwirtschaftspraktiken werden demzufolge ex post mit neuer Legitimität ausgestattet. Das ist für schweizerische Verhältnisse nichts Aussergewöhnliches. Politikfelder, die unter starken Beschuss geraten sind, stehen unter einem Rechtfertigungszwang und müssen sich durch Integration neuer gesellschaftlich anerkannter Aufgaben ihre Existenzberechtigung sichern. Der Wertewandel hat den Umweltschutz in den letzten Jahren zu einem starken Argument werden lassen.

Lernfigur 3. Aufbau von Wissensbeständen und Übernahme von Erfahrungen

Eine der wohl klassischsten Lernfiguren ist das Lernen am Modell. Dafür haben wir in allen drei Politikbereichen sprechende Beispiele gefunden. Für die ökologische Umorientierung der Verkehrspolitik waren Städte die traditionellen Vorreiter. Hinter den vielfältigen, ökologisch motivierten Projekten der Verkehrsberuhigung verbirgt sich eindeutig eine Verschiebung im Konsensbereich. Gerade auf kommunaler Ebene hat sich die Ansicht durchgesetzt, dass der Individualverkehr auf das Basisnetz kanalisiert und eine Verkehrsberuhigung in den Wohnvierteln angestrebt werden muss. Erreicht werden kann dies mitunter durch eine entsprechende Parkraumbewirtschaftung und Investitionen in umweltfreundliche Transportmittel wie Bus und Fahrrad. Da seitens der Pionierstädte Beispiele für umweltfreundliche Verkehrspolitik vorlagen, konnten die Vorortsgemeinden deren Lösungsansätze kopieren. Von Vorläuferprojekten konnten beispielsweise Reglemente für das Dauerparkieren auf öffentlichem Grund übernommen oder auf Erfahrungen bei der Einführung von Zone 30 zurückgegriffen werden. Das sind klassische Fälle von Lernen am Modell der Pionierstädte.

Ähnliche Prozesse lassen sich auch bei den Umweltverträglichkeitsprüfungen für Abfallanlagen erkennen. Die erstmalige Erstellung eines UVBs für eine Abfallanlage ist für das beauftragte Büro mit einem grossen Aufwand verbunden, da die Auswirkungen der Anlage und die damit verbundenen Gefahren noch nicht bis ins letzte Detail bekannt sind. Das Büro erarbeitet sich während der Erstellung des Berichts ein exklusives Wissen, das es bei der nächsten gleichen Anlage weiterentwickeln kann. Als Beispiel dafür können Bauschuttsortieranlagen oder auch Deponien angeführt werden. Die Übernahme oder der Aufbau auf Wissensbeständen ist im Falle der UVP jedoch an ein und dasselbe Büro gebunden. Ein Transfer von Wissen zwischen den Büros findet aus Konkurrenzgründen eher selten statt, denn ein exklusives Wissen ist für dessen Positionssicherung auf dem Markt überlebensnotwendig. Die Professionalisierung begünstigt dabei den Aufbau von Wissen, in diesem Fall durch organisationales Lernen.

Für das Lernen am Modell ist das Vorhandensein von formalisierten Wissensbeständen absolut zentral. Je nach Politikbereich dürften Art der Speicherung und Zugangsmöglichkeiten unterschiedlich sein. Unterschiede sind bereits zwischen der Luftreinhaltepolitik und UVP erkennbar. Bei letzterer sind die Wissensbestände durch das heterogenere Akteurarrangement stärker zersplittert und auf mehrere Zentren verteilt, was wiederum die Abhängigkeit der Akteure voneinander und die Notwendigkeit des Austausches der Ressourcen erhöht. Die Zugangsmöglichkeiten sind ebenfalls geringer, da es sich nicht wie im Falle der Luftreinhaltung um rein öffentliche Wissensbestände (Reglement, Bericht, Verordnung) handelt.

Die Übernahme von bereits vorhandenen Wissensbeständen trägt generell zur Beschleunigung von Verfahren bei und ist mit einem Zeitgewinn und Ressourceneinsparungen für die Akteure verbunden. Sie bedeutet ebenfalls eine Reduktion der Komplexität. Allerdings bedeutet auch die Übernahme von Wissensbeständen eine oft schmerzliche, konflikthafte und aufwendige Aneignung durch die Akteure. Für viele wird ein Rad erst zu einem Rad, wenn sie es selbst wieder erfinden. Redundanz, also das Widerholen der gleichen Information in anderen Worten, ist vermutlich ein notwendiges Element von Lernprozessen, die umso höher sein wird, je mehr Akteure am Politiknetzwerk beteiligt sind.

Lernfigur 4. Aktivierung und Beeinflussung der Zusammensetzung von Netzwerken

Im Netzwerk treffen unterschiedliche Wirklichkeitskonstruktionen der Akteure aufeinander. In der Diskussion nähern die Akteure ihre Meinungen an und entwickeln so einen gemeinsamen Nenner. Dieser Konsensbereich hängt stark von den eingebrachten Informationen, Standpunkten und Ressourcen ab. Die Systemgrenzen eines Netzwerks und die Modalitäten seiner kommunikativen Öffnung gegen aussen werden darum den Ablauf des Lernprozesses und dessen Inhalt mitbestimmen (vgl. auch Röling et al. in diesem Band).

Unsere Fallstudien haben gezeigt, dass sich zentralstaatliche Programme direkt auf die Bildung von Netzwerken in den Gemeinden und auf die Ausgestaltung der Massnahmen auswirken können. Die Gemeinde Opfikon hat mit Tempo 30 eine neue Massnahme eingeführt, nachdem bauliche Verkehrsberuhigungsmassnahmen auf den Widerstand der Betroffenen und Zielgruppen gestossen sind und auch wegen der hohen Kosten nicht zu rechtfertigen waren. Die Zonensignalisation Tempo 30 ist dagegen eine Kombination von Verkehrsanordnung und baulichen Massnahmen, die weit weniger umfangreich sind als bei der rein baulichen Verkehrsberuhigung. Diese Kombination ist durch die Vorschriften der eidgenössischen Signalisationsverordnung gegeben. Sie bedingt aber eine verstärkte Zusammenarbeit zwischen Polizei und Tiefbau. Daraus ergibt sich ein Strukturmerkmal für dieses Netzwerk.

Der Bundesgesetzgeber gestaltet die Netzwerkzusammensetzung oft auch über die Attribution von Einsprachemöglichkeiten und Beschwerderechten mit. Das Beschwerderecht der Umweltorganisationen im Falle der UVP bedeutet eine Vergrösserung des Akteurkreises und damit meist auch eine Erweiterung des Diskussionsrahmens. Bei beiden Fällen handelt sich im eigentlichen Sinne um eine Steuerung öffentlicher Politiken über die Beeinflussung der Netzwerkbildung. Die Zusammensetzung des Netzwerkes ist bestimmend für die kollektive Rekonstruktion der Wirklichkeit. Durch Erweiterung oder Verkleinerung eines Netzwerkes werden die Gewichtung der Argumente verändert, beziehungsweise können so gewisse Aspekte auf- oder abgewertet werden.

Ebenso wichtig für kollektive Lernprozesse ist eine relative Stabilität etablierter Netzwerke. Die Bedeutung dieser Stabilität kann anhand eines Verfahrens für die Einrichtung einer Kehrichtverbrennungsanlage im Kanton Thurgau gezeigt werden, die bis Ende 1996 realisiert werden soll. Der eigentlichen Projektierung dieser Anlage und der UVP ging ein langer Planungsprozess voraus. Schon Mitte der achtziger Jahre hat der Regierungsrat nach dem Scheitern erster Standortverfahren eine eigenständige Projektorganisation zur Ausarbeitung des Abfallbewirtschaftungskonzepts auf die Beine gestellt. Nach Ansicht des Regierungsrats war ein solches aussergewöhnliches Verfahren wegen des materiellen Umfangs und der Komplexität der Gesamtproblematik sowie wegen des umfangreichen Beteiligten- und Betroffenenkreises notwendig. Der „Richtplan Entsorgung", der das Produkt dieser Bestrebungen ist, enthält zehn Varianten zur Entsorgung von Siedlungsabfällen und ein Deponiekonzept mit entsprechenden Standorten. Dieser Plan ist das Ergebnis einer mehrjährigen Arbeit der Projektgruppe. Nur dank der zeitweisen Geschlossenheit der Projektgruppe gegen aussen konnte ein interner Konsens zwischen Verwaltungsakteuren und Deponie- und KVA-Betreibern erzielt werden (Richtplan Entsorgung). Die jahrelange Zusammenarbeit hat das gemeinsame Auftreten dieser Akteure in der Öffentlichkeit und die Verteidigung der stark umstrittenen Deponiestandorte gegenüber den Betroffenen erleichtert. In diesem Fall hat die Stabilität des Netzwerkes und seine relative Undurchlässigkeit gegen aussen den Lernprozess begünstigt. Und die Zusammensetzung des Netzwerkes war geeignet, dem Vorhaben die notwendige gesellschaftliche Anerkennung zu sichern.

Interessanterweise ist bei umweltrelevanten Vorhaben, die einer UVP bedürfen, das Netzwerk regelmässig grösser als bei lufthygienischen Massnahmen im Verkehrsbereich. Denn die UVP erfordert höheres Spezialwissen und führt daher zu einer stärkeren Zersplitterung der Verantwortlichkeit. Die Identifikation von zentralen Akteuren wird schwieriger und die Komplexität der Aufgaben macht den Beizug von Spezialisten notwendig. Dazu passt Heclo's (1978, S. 103) Beschreibung zur Funktion der Verwaltung und ihrer Berater: „Nowadays, of course, political administrators do not execute but are involved in making highly important decisions on society's behalf, and they must mobilize policy intermediaries to deliver goods. Knowing what is right becomes crucial, and since no one knows that for sure, going through the process of dealing with those who are judged knowledgeable (or at least continuously concerned) becomes even more crucial." Die Spezialisierung macht den Beizug meist privater Spezialbüros umumgänglich und trägt auf diese Weise zur Entwicklung eines privatwirtschaftlichen Ökosektors (Ecobusiness) bei. Netzwerke setzen sich zunehmend aus „issue-skilled" Politikfeldspezialisten zusammen. In diesen Konstellationen wird hochspezialisiertes

Wissen mit organisierten Interessen vermittelt. In solchen Netzwerken hat kein einzelner Teilnehmer mehr die alleinige Kontrolle über den Prozessverlauf und dessen Ergebnisse.[27]

Mit der strukturellen Einleitung eines Lernprozesses durch die Schaffung spezifisch strukturierter Netzwerke lässt sich auch durch die cleverste Spielanlage weder der Ausgang des Lernprozesses und des sich herausbildenden Konsensbereichs noch darauf abstellende Outputs vollumfänglich steuern. Chaotische, nicht lineare stochastische Prozesse gehören zu jedem Lernprozess, der auf kognitive Veränderungen setzt und damit in einer demokratischen Gesellschaft den Namen Lernprozess verdient.

Lernfigur 5:Die Entwicklung oder Veränderung des Konsensbereichs in Netzwerken

Unsere Analysen der Konsensbereiche in den verschiedenen Netzwerken zeigen deutliche Unterschiede. So beschränkt sich der gemeinsame Nenner im Falle der Luftreinhaltepolitik oft auf die instrumentelle Ebene. Er besteht in der Einsicht in die Notwendigkeit einer Kanalisierung des Individualverkehrs auf das Basisnetz und einer Verkehrsberuhigung in den Wohnvierteln und erklärt die neuen Outputs recht gut. Gerade an den Verkehrsberuhigungsmassnahmen in den Vorortsgemeinden lässt sich jedoch zeigen, dass die einzelnen Vorhaben ein grosses Spektrum von Interessen auf sich vereinen können, ohne dass Übereinstimmungen bezüglich grundlegenden Werten (etwa zur Mobilität) auf der ersten oder bezüglich generellen Interventionskonzeption staatlicher Politiken der zweiten Schicht zu finden wären (vgl. Abbildung 2). Massnahmen, wie die Verkehrsberuhigung und Parkraumbewirtschaftung, können motiviert sein durch so unterschiedliche Interessen wie das Ordnungsbedürfnis, die Verteilungsgerechtigkeit, die Verkehrssicherheit, die Wohnqualität oder der Umweltschutz. Offenbar kann sich ein instrumenteller Konsens entwickeln, ohne dass grundlegende Positionen aufgegeben werden müssen. Das Instrument, wiederum beispielhaft Tempo 30, entwickelt sich zur Klammer der Akteure eines Politikfeldes.

---

[27] Heclo spricht in diesem Zusammenhang darum von „issue network" : An issue network is a shared-knowledge group having to do with some aspect (or, as defined by the network, some problem) of public policy (Heclo 1978, S.103).

Ähnliche Befunde zeigen sich bei den Direktzahlungen in der Landwirtschaft. Der gemeinsame Nenner des Vollzugsnetzwerks für die Integrierte Produktion in Neuchâtel beschränkt sich auf die Beteiligung möglichst vieler Landwirte an den ökologisch orientierten Direktzahlungen. Nur der landwirtschaftliche Beratungsdienst als einer von drei zentralen Akteuren vertritt die Meinung, die Anbaupraktiken müssten umweltverträglicher ausgestaltet werden und die Direktzahlungen dienten der Verbreitung des ökologischen Gedankengutes. Die beiden anderen Akteure sind noch immer im traditionellen Verständnis von Landwirtschaftspolitik verhaftet. Im Gegensatz zur nationalen Ebene lassen sich daher auf der Vollzugsstufe in Neuenburg nur spärliche Hinweise für einen Paradigmenwechsel finden. Aber auch die Frage, inwieweit der Umbau des nationalen Programmes eine direkte Folge der Einsicht in ökologische Notwendigkeiten war oder aufgrund des gesamtgesellschaftlichen Umfeldes (Umweltschutz als Rechtfertigung) notwendig wurde, ist nicht klar zu beantworten (Beninghoff, 1993).

Demgegenüber kann sich schon aus rechtlichen Gründen[28] für grössere Vorhaben (Sondermüllbehandlung, Kehrichtverbrennung, Deponierung) mit UVP der Konsensbereich nicht nur auf die instrumentelle Ebene beschränken. Im Rahmen des Verfahrens müssen für die Problemerkennung und die Problemeinschätzung auch Fragen des Standorts und des Bedarfs abgeklärt werden (zweite Schicht). Bei Abfallanlagen standen bis Anfang der 90er Jahre in vielen Genehmigungsverfahren auch noch abfallphilosophische Standpunkte (verbrennen/deponieren oder aber Reduktion des Abfalls = erste Schicht) zur Diskussion. Mit Inkrafttreten der Technischen Verordnung Abfall war dann aber zumindest klar, dass der Siedlungsabfall verbrannt und nicht deponiert werden soll. Damit fiel ein strittiger Punkt weg.

Bei Umweltverträglichkeitsprüfungen betreffen die Verhandlungen nebst dem Standort und dem Bedarfsnachweis vor allem die Technologie, die Vorsorge und mögliche Sicherheitsauflagen. Die Abarbeitung der einzelnen Punkte ist auf verschiedenen Wegen möglich: durch Expertisen, Hearings, Auswahl der Büros (neutraler Gutachter), Abstimmungen, Vereinbarungen oder auch über Verfahrenselemente wie die Behandlung von Einsprachen sowie eine Integration der Forderungen der Opposition in die Auflagen der Baubewilligung. Ist eine Einigung der Akteure in einzelnen Punkten nicht möglich, so kann zur Konfliktregelung auf Verfahren-

[28] Umweltschutzgesetz vom 7. Oktober 1983 (SR. 814.01), Art. 9, Abs. 4.

selemente zurückgegriffen werden. Die UVP ist meist in Baubewilligungs- und Plangenehmigungsverfahren integriert. In diesen Verfahrensregeln haben jahrzehntelange Erfahrungen im Umgang mit gesellschaftlichen Konflikten ihren Niederschlag gefunden. Für die Abarbeitung von Konflikten steht darum eine reichhaltige Palette an Instrumenten zur Verfügung. Dabei dürften in den letzten Jahren konsensuelle Strategien an Bedeutung gewonnen haben.

Entscheidend für die Breite des Konsensbereichs ist die vorherrschende Interaktionsform im Netzwerk (konfliktuell oder kooperativ), die Art der Opposition und die Komplexität des Problems. Erstere wird auch beeinflusst von den verwendeten Konfliktregelungsmechanismen. Bei einem kooperativen Vorgehen dürfte der Konsensbereich generell breiter sein, da sich die Übereinstimmungen nicht nur auf die absolut notwendigen Elemente beschränken. Wo die Umweltorganisationen nur eine Projektoptimierung anstreben, können Debatten über den Standort und über den Bedarf aus den Verfahren ausgeklammert werden. Im gegenteiligen Fall (Fundamentalopposition) werden die Gegner versuchen, den Standort oder den Bedarfsnachweis in Frage zu stellen. Bei komplexen Fragestellungen wird der Rückgriff auf Expertenwissen zur Abarbeitung von Unsicherheiten notwendig. Komplexe Fragen und die Abwägung von Interessen führen nach den Befunden unserer Fallstudien erstaunlicherweise zu einem breiteren Konsensbereich.

Denkbar ist aber auch, dass mögliche Streitpunkte vorgängig gelöst oder auf gesetzlicher Ebene einer definitiven Regelung zugeführt worden sind. Der Konsensbereich für das jeweilige Objekt hängt darum auch von den gesetzlichen Rahmenbedingungen ab. Am Beispiel der Abfallanlagen lässt sich zudem zeigen, dass Akteure für Positionsänderungen und neue Situationsdeutungen Zeit brauchen. Es ist darum fraglich, ob die heute vielerorts geforderte Verfahrensbeschleunigung in jedem Fall der Sache, in unserem Fall der Konsensfindung dienlich sein wird. Werden zu viele strittige Punkten zudem rein verfahrenstechnisch abgehandelt, dürfte eine eigentliche kommunikative Vermittlung fehlen. Dann besteht die Gefahr, dass das Verfahren zu nicht unbedingt erwünschten Zufallsergebnissen führt. Wir vermuten aufgrund unserer Befunde, dass im Rahmen der schweizerischen UVP eine inhaltliche Abwägung der einzelnen Umweltaspekte gegeneinander oft nicht stattfinden kann, weil die Konfliktlösung durch zu viele verfahrenstechnische Mechanismen verstellt wird. Im Rahmen einer sinnvollen Deregulierung des Verfahrensrechts müssten darum vermutlich *vermehrt „round tables"* institutionalisiert werden, die eine kommunikative Vermittlung erlauben und eigentliche Lernprozesse ermöglichen. Entgegen unserer ursprünglichen Annahme muss ein Lernprozess unter Akteuren eines Politiknetzwerkes jedoch nicht zwangsläufig Veränderungen aller drei Schichten des Konsensbereichs beinhalten. Empirisch treten vielmehr oft Lernprozesse auf, die sich auf instrumentelle Aspekte der dritten Schicht beschränken.

Schlussfolgerungen

Unsere Ausführungen haben gezeigt, dass Lernprozesse oft mit der Aneigung und Umdeutung von Instrumenten einhergehen. Das Bedürfnis, eigenes Handeln vor sich selbst, vor den vertretenen Körperschaften und vor der Öffentlichkeit rechtfertigen zu wollen und zu müssen, führt etwa im Falle der Landwirtschaft zur Berücksichtigung des gesellschaftlichen Wertewandels und zu einer Umorientierung der Landwirtschaftspolitik. Lernen heisst aber auch Abspeicherung und Formalisierung von Wissen. Eine Politik dürfte darum umso lernfähiger sein, je ausgeprägter die gesellschaftliche Rückkoppelung und je einfacher der Zugang zu neuen Wissensbeständen organisiert wird.

Unsere Fallstudien zeigen zudem, dass die Beeinflussung der Zusammensetzung der Netzwerke zu einer wichtigen Steuerungsressource staatlichen Handelns überhaupt werden kann, da auf diese Weise auch inhaltliche Weichen gestellt oder Lernprozesse initiiert werden können. Neue Akteurkonstellationen in Politik- und Vollzugsnetzwerken oder neue Instrumente für den Politikvollzug können zu Auslösern von Lernprozessen werden und auch allmählich zur Veränderungen der Grundüberzeugungen führen. Unsere Resultate zeigen ebenfalls, dass der Ökologisierungsgrad der Outputs immer noch sehr stark von den Werten der zentralen Akteure (Schlüsselakteure) geprägt ist, und ein Wertewandel bei den übrigen Akteuren nur langfristig erfolgen kann.

Die fünf besprochenen Lernfiguren lassen sich sicher auch in anderen Ländern finden. Unterschiede dürften im internationalen Vergleich bei den dominanten Werten in den einzelnen Politikfeldern, bei der Oppositionskultur oder auch bei den Akteurarrangements oder Netzwerkstrukturen auftreten. Typisch für die Schweiz ist die starke Stellung der Interessengruppen in den Aushandlungsprozessen mit dem Staat und den Sozialpartnern, denn kleine Staaten sind gezwungen, sich ökonomischen Entwicklungen schnell anzupassen. Internationale Flexibilität und interne Stabilität sind darum von Bedeutung (Katzenstein, 1985, S. 126; Busch/ Merkel, 1992, S. 193ff.). Kriesi (1980, S. 688ff.) spricht im Falle der Schweiz zu Recht von einem schwachen Staat mit einem ausgeprägtem Repräsentationssystem, das zu einem sektoriellen, stabilen und dezentralisierten Kooperationsmodell führt. Dieser Tatbestand dürfte die Herausbildung von relativ stabilen Netzwerken begünstigt haben. Daher dürfte Lernfigur 4, die Aktivierung und bewusste Beeinflussung der Zusammensetzung von Netzwerken, trotz ihres relativ häufigen Auftretens im Rahmen unserer Fallstudien zur UVP im Abfallbereich, in den USA, aber auch in Frankreich, häufiger auftreten als in der Schweiz. Für unser Land sind eher Lernprozesse in der Gestalt der übrigen vier Lernfiguren charakteristisch.

Literatur

Argyris, Ch., Schön, D. A. (1978) Organizational learning: A theory of action perspective, Cambridge

Baitsch, Ch. (1993) Was bewegt Organisationen? Selbstorganisation aus psychologischer Perspektive, Frankfurt a. M.

Bennett, C.J., Howlett, M. (1992) The lessons of learning: Reconciling theories of policy learning and policy change. *Policy Sciences, Vol. 25:* 275-294.

Benninghoff, M. (1993) D'un processus législatif à une réorganisation administrative: L'OFAG face aux enjeux écologiques. Mémoire de diplôme. IDHEAP, Chavannes

Busch, A., Merkel, W. (1992) Staatshandeln in kleinen Staaten: Schweiz und Österreich. *In:* Staatstätigkeit in der Schweiz, herausgegeben von Abromeit., H., Pommerehne, W., Bern

Bussy, C. , Apprentissage dans les politiques publiques. Application des prescriptions fédérales en matière de production integrée et d'agriculture biologique. IDHEAP, Chavannes (MS)

Döhler, M. (1994) Lernprozesse in Politiknetzwerken. *In:* Lernen in Verwaltungen und Policy-Netzwerken, herausgegeben von Bussmann, W., Chur, Zürich

Duncan, R., Weiss, R. (1979) Organizational learning: Implications for organizational design. *Research in Organizational Behavior 1 (1979)*: 75-123.

Etheredge, L. S., Short, J. (1983) Thinking about government learning. *Journal of Management Studies, Vol. 20:* 41-58.

Fiol, M. C., Lyles, M. A. (1983) Organizational learning. *Academy of Management Review, Vol. 10:* 303-313.

Heclo, H. (1978) Issue Networks and the Executive Establishment. *In:* The New American Political System, herausgegeben von King, A., Washington

Hedberg, B. (1981) How organizations learn and unlearn, *In:* Handbook of organizational design, Vol.1: Adapting organizations to their environments, herausgegeben von Nystrom, P. C., Starbuck, W. H., Oxford

Héritier, A. (1993) Policy-Netzwerkanalyse als Untersuchungsinstrument im europäischen Kontext: Folgerungen aus einer empirischen Studie regulativer Politik. *PVS Sonderheft, Vol. 34*: 432-447.

Jenkins-Smith, H., Sabatier P. (1993) The dynamics of policy-oriented learning. *In:* Policy change and learning, herausgegeben von Sabatier, P., Jenkins-Smith H., Boulder u. a.

Katzenstein, P. J. (1985) Small states in world markets, London

Kenis P., Schneider V. (1991) Policy netzworks and policy analysis: Scrutinizing a new analytical toolbox. *In:* Policy networks: Empirical evidence and theoretical considerations, herausgegeben von Marin, B., Mayntz R., Frankfurt u. a.

Kissling-Näf, I., Staatliche Steuerung über Verfahren und Netzwerkbildung. Die Umweltverträglichkeitsprüfung als zeitgemässe Antwort auf komplexe gesellschaftliche Probleme im Umweltbereich. IDHEAP, Lausanne (MS).

Kissling-Näf, I., Knoepfel P. et al. (1993) Politikorientierte Lernprozesse. Konzeptuelle Überlegungen zu Lernprozessen in Verwaltungen. *Cahier de l'IDHEAP No 120*, Lausanne

Kissling-Näf, I., Marek, D., Gentile P. (1994), Politikorientierte Lernprozesse. Analysekonzept zur empirischen Erhebung im Feld. *Cahier de l'IDHEAP No 131*, Lausanne

Knoepfel, P. en collaboration avec Larrue C., Kissling-Näf I. (1992) Politiques publiques comparées. Notes de cours IDHEAP, Lausanne

Knoepfel, P., Imhof, R., Zimmermann, W. (1993) Analyse von Vollzugsprozessen in der städtischen Umweltpolitik mittels Massnahmen im Verkehrsbereich gemäss Luftreinhalte-Verordnung Art. 31ff.. Schlussbericht zum Projekt 4025-028112 des NFP 25 'Stadt und Verkehr'. SNF, Bern

Krasner, S. (1983a) Structural causes and regime consequences. Regimes as intervening variables. *In:* International regimes, herausgegeben von Krasner, S., Ithaca, London

Krasner, S. (1983b) Regimes and the limits of realism. Regimes as autonomous variables, *In:* International regimes, a.a.O.

Kriesi, H. (1980) Entscheidungsstrukturen und Entscheidungsprozesse in der Schweizer Politik, Frankfurt, u. a.

Kriesi, H. (1991) The political opportunity structure. New social movements, its impact on the mobilization, Berlin

Levitt B., March, J. G. (1988) Organizational learning. *Annual Review of Sociology, Vol. 14*: 319-340.

Linder, S. H., Peter, G. B. (1990) An institutional approach to the theory of policy-making: The role of guidance mechanisms in policy formulation. *Journal of Theoretical Politics, Vol. 2:* 59-83.

March, J. G., Olsen, J. P. (1975) The uncertainty of the past: Organizational learning under ambiguity. *European Journal of Political Research Vol. 3:* 147-171.

Marek, D. (1994) Lernen in öffentlichen Politiken. Fallstudie Luftreinhaltung und Verkehr in städtischen Vorortsgemeinden, IDHEAP, Lausanne

Mayntz, R. (1991) Modernization and the logic of interorganizational networks. MPIFG Discussion Paper 91/8, Köln

Mayntz, R. (1993) Policy-Netzwerke und die Logik von Verhandlungssystemen, *PVS Sonderheft Vol. 24:* 39-56.

Miller, M. (1986) Kollektive Lernprozesse. Studien zur Grundlegung einer soziologischen Lerntheorie. Frankfurt a. Main

Nullmeier, F. (1994) Interpretative Ansätze in der Politikwissenschaft. Tagungspapier der deutschen Vereinigung für politische Wissenschaft, Konstanz

O'Toole, L. J. (1993) Multiorganizational policy implementation: some limitations and possibilities for rational-choice contributions. *In:* Games in hierarchies and networks, herausgegeben von Scharpf , F. W., Frankfurt

Pautzke, G. (1989) Die Evolution der organisatorischen Wissensbasis. Bausteine zu einer Theorie des organisatorischen Lernens, München

Sabatier, P. (1993) Policy change over a decade or more, *In:* Policy change and learning, herausgegeben von Sabatier, P., Jenkins-Smith H., Boulder u. a.

Sabatier, P., Jenkins-Smith H. (1993) The advocacy coalition framework: assessment, revisions, and implications for scholars and practitioners, *In:* Policy change and learning, a.a.O.

Scharpf, F. W. (1993) Games in hierarchies and networks, Frankfurt, u. a.

Shrivastava, P. (1983) A typology of organizational learning systems. *Journal of Management Studies, Vol. 20:* 7-28.

Van Waarden, F. (1992) Dimensions and types of policy networks. *European Journal of Political Research, Vol. 21:* 29-52.

Weick, K. (1991) The nontraditional quality of organizational learning. *Organization Science, Vol. 2:* 116-124.

Lernprozesse zur Ökologisierung der Wirtschaft - eine Synthese für die Praxis

Silvia Bürgin / Michel Roux

Die Beiträge in diesem Band widerspiegeln eine Vielfalt von Perspektiven, die sich mit umweltbezogenen Lernprozessen befassen. In dieser Synthese möchten wir aus unserer Sicht zentrale Aussagen herauskristallisieren für jene Schlüsselpersonen, die, *in der Wirtschaft wirkend*, alle Potentiale zur Steigerung der ökologischen Effizienz bis hin zur Nachhaltigkeit entdecken und ausschöpfen wollen, und auch für jene Verantwortlichen, die *im Bildungswesen* die dafür notwendigen Schlüsselkompetenzen fördern möchten. Wir möchten vorstellen, wie mit interorganisationalen Lernprozessen die Spielräume für umweltverantwortliches Handeln, die bestimmt werden von ökonomischen Sanktionsgrenzen wie auch von tief verwurzelten Deutungs- und Bewertungsmustern, erweitert werden können. Den politischen Institutionen und Behörden möchten wir schliesslich Hinweise geben, wie *der Staat* jene Lernprozesse stimulieren kann, die es zur Umsetzung der Nachhaltigkeitspostulate in Wirtschaft und Gesellschaft braucht.

Mit dieser Synthese werden zuerst übereinstimmende und sich ergänzende Erkenntnisse in Bezug auf die Merkmale umweltbezogener Lernprozesse bei Personen, in Organisationen und in sozialen Netzwerken hervorgehoben. Weiter möchten wir zusammenfassend auf die Faktoren hinweisen, die solche Lernprozesse in der Praxis auslösen und beeinflussen. Und schliesslich möchten wir unsere Adressaten darauf aufmerksam machen, welche dieser Faktoren sie unserer Meinung nach gezielt beeinflussen könnten, oder anders gesagt, welche Empfehlungen zur Förderung von umweltbezogenen Lernprozessen zum Schluss festgehalten werden sollen. Zu diesem Zweck kämmten wir alle Beiträge mit demselben Fragenraster durch.[1] Was dabei hängen blieb, gelangte in ein Protokoll, das wir jeweils mit den betreffenden Autorinnen und Autoren bereinigten. Dabei offenbarten sie, manchmal deutlicher als im Beitrag selbst, ihr Verständnis von umweltbezogenen Lernprozessen. Und ihre Erkenntnissen darüber, wie solche Lernprozesse gefördert werden können, wurden so bisweilen noch treffender zum Ausdruck gebracht.

Umweltbezogene Lernprozesse aus unterschiedlichen Perspektiven

Um die Komplementarität der Beiträge zu belegen, stellen wir zunächst die Antworten zu einigen zentralen Fragen nebeneinander, die sich uns zum besseren Verständnis von umweltbezogenen Lernprozessen stellten. Wer hat mit welchem Ziel gelernt? Und wie beschreiben die Autorinnen und Autoren die Lernprozesse, die sie in ihren Beiträgen untersucht oder doch zumindest angesprochen haben? Schlussfolgernd werden wir argumentieren, weshalb umweltbezogene Lernprozesse unverzichtbar sind und welches nach unseren Erkenntnissen die relevanten Lernsysteme sind.

Beitrag A. Lernen in der Umwelt — sozio-ökologische Umweltbildung. Schüler und Jugendliche lernen, wobei für eine wirksame Umweltbildung die Lehrkräfte als Einzelpersonen und

---

[1] Wer lernt? Was ist das Ziel und die Funktion des Lernprozesses? Was ist dabei das Besondere an der Umweltthematik? Wie werden Lernprozesse konzeptualisiert? Welches sind die Auslöser? Welches sind die hemmenden und fördernden Faktoren? Welche Personen oder Akteure fördern diese Lernprozesse? Welche sind die Vorschläge zur Förderung umweltbezogener Lernprozesse?

als Team und auch die Schule als individuelle Organisation lernen müsste, wie auch das Bildungssystem insgesamt. Bildung geht von der anspruchsvollen Vorstellung aus, dass der Mensch fähig ist, in eine produktive Beziehung zur Welt zu treten, sich darin zu entfalten und auf diese verantwortlich zurückzuwirken. Ziel der sozio-ökologischen Umweltbildung ist es, dass die am Bildungsprozess Beteiligten die Bereitschaft und die Fähigkeit entwickeln, den gesellschaftlichen Prozess nachhaltiger Entwicklung mitzugestalten.

Sozio-ökologische Umweltbildung ist durch drei didaktische Komponenten geprägt: Das Thema soll sich mit alltäglichen Handlungssituationen befassen, also dort ansetzen, wo auch Schülerinnen und Schüler im Alltag handeln. Dabei sollen sie erkennen können, dass individuelles Handeln von sozialen Regelungen, von kulturell geprägten Institutionen abhängig ist, die ihrerseits von den Menschen beeinflusst und verändert werden können. Umweltrelevantes Handeln muss deshalb von sozialen Systemen bzw. Handlungssystemen her verstanden werden und nicht von natürlichen Systemen, wie dies in der Umweltbildung häufig noch der Fall ist. Zweitens soll mit einer erfahrungsbezogenen Problemwahrnehmung ein differenziertes Verständnis zu einem ausgewählten Handlungssystem entwickelt werden, zu dem die Lernenden selbst eine Beziehung haben. Die Problemwahrnehmungen der Beteiligten müssen sodann thematisiert und analysiert werden. Denn diese Problemwahrnehmung ist geprägt von eigenen Erfahrungen, der eigenen Wahrnehmung, den alltäglichen Deutungsmustern oder Alltagskonzepten. Für die Umsetzung der sozio-ökologischen Umweltbildungsziele braucht es drittens eine Lehr-Lernkultur, die an den Schulen offene Lernprozesse ermöglicht, die nicht schon zum Vornherein geplant und strukturiert worden sind. Auf diese Weise kann Umweltbildung zum Erwerb jener Schlüsselqualifikationen beitragen, die notwendig sind, um auch in anderen Handlungssystemen situationsgerecht denken und handeln zu können.

Beitrag B. Ansätze zur Förderung organisationaler Lernprozesse im Umweltbereich. Private und öffentliche Organisationen lernen. Ziel des umweltbezogenen organisationalen Lernprozesses ist die „Ökologisierung der Organisation". Dieses Ziel ist dann erreicht, wenn die Umweltthematik integrierter Bestandteil aller Dimensionen der Organisation geworden ist. Nur durch einen organisationalen Lernprozess wird gewährleistet, dass die notwendigen Veränderungen auch die Organisationskultur und somit die Werteebene erfasst.

Der organisationale Lernprozess wird als ein Prozess konzeptualisiert, der über verschiedene Etappen und durch die Interaktion zwischen individuellem Lernen und organisationaler Transformation, zur progressiven Ökologisierung der Organisation führt. Dazu müssen wie erwähnt alle Dimensionen der Organisation erfasst werden: neben dem Handeln, in allen Teilen und im gesamten Wirkungsbereich der Organisation, eben auch die Organisationskultur. Verschiedene Faktoren beeinflussen diese Lernprozesse derart, dass in der Praxis vier unterschiedliche Vorgehensweisen beobachtet werden konnten: eine sektorielle und eine ideelle Vorgehensweise sowie zielgerichtete Vorgehensweisen auf äusseren Druck und ohne äussern Druck. Je nach Vorgehensweise werden die drei oben erwähnten Dimensionen nicht im gleichen Masse erfasst. Nur mit einem zielgerichteten Lernprozess, der auch ohne äusseren Druck läuft, erscheint das Fernziel einer Organisation, die alle Nachhaltigkeitspostulate umsetzen kann, erreichbar zu sein. Gestützt auf die Literatur und Erfahrungen in anderen Bereichen gliedern die Autoren diesen organisationalen Lernprozess in die vier Lernschritte: Entlernen, Anpassungslernen, Veränderungslernen und das Entwickeln einer Lernkultur.

Beitrag C. Ökologische Effizienz als Massstab organisationaler Lernprozesse. Unternehmen sowie weitere private und öffentliche Organisationen lernen. Jedoch reicht es nicht, wenn einzelne Unternehmen lernen, weil die Spielräume für autonome Veränderungen an ökonomische Sanktionsgrenzen stossen. Ziel des Lernprozesses ist die Steigerung der ökologischen Effizienz der Unternehmen. Um Unternehmen letztlich zur Nachhaligkeit zu führen, schlagen die Autoren mit dem COSY-Konzept (*COSY* steht für *C*ompany *O*riented *S*ustainability) vor, das ökologische Optimierungspotential auf vier verschiedenen Ebenen zu betrachten, damit die Unternehmen die ökologische Effizienz auf jeder Ebene mitsteigern können: Betriebsebene, Produktebene, Funktionsebene, Bedürfnisebene. Funktion des interorganisationalen Lernprozesses ist es, den Unternehmen zu ermöglichen, auf ihre Rahmenbedingungen proaktiv einzuwirken, damit die ökologische Effizienz auch auf den höheren Ebenen gesteigert werden kann.

An den Lernprozessen auf der Produkt-, Funktions- und Bedürfnisebene müssen auch Akteure ausserhalb des Unternehmens teilnehmen. Je höher die Ebene ist, um so mehr Akteure sind an diesen interorganisationalen Lernprozessen beteiligt. Auf der Funktions- und Bedürfnisebene sind dabei besonders die herkömmlichen Handlungs- und Bewertungsmuster in Frage zu stellen: Auf der Funktionsebene muss hinterfragt werden, wie man beispielsweise Funk-tionen wie das Waschen von Kleidern oder den Transport von Gütern am umweltfreundlichsten erfüllen könnte. Auf der Bedürfnisebene muss weiter gefragt werden, welche dieser Funktionen in welchem Masse befriedigt werden sollen. Vor allem auf dieser obersten Ebene geht es darum, sich kritisch mit Trends und Entwicklungen im Umfeld zu befassen und diese über interorganisationale Lernprozesse mitzugestalten.

Beitrag D. Bedeutung „Regionaler Akteurnetze" für den ökologischen Strukturwandel. Es lernen die Akteure eines „Regionalen Akteurnetzes", die drei verschiedenen sozialen Systemen angehören, nämlich dem Markt (Konkurrenten, Nachfrager, Zulieferer und verwandte Branchen), der Politik (staatliche Institutionen), der Gesellschaft (gesellschaftliche Anspruchsgruppen, Interessengruppen). Die Funktion von Lernprozessen in „Regionalen Akteurnetzen", wie die branchenspezifischen Netzwerke von den Autoren genannt werden, besteht in der Förderung ökologischer Innovationsprozesse, bzw. in der Entwicklung von „Umweltinnovationen", mit denen ein Beitrag zum „ökologischen Strukturwandel" der Branche angestrebt wird, wie auch ein Beitrag zur Stärkung der Wettbewerbsfähigkeit der einzelnen Unternehmung, die daran beteiligt ist.

Konzeptualisiert wird nicht direkt ein Lernprozess, sondern der ökologische Innovationsprozess. Obwohl nicht näher konzeptualisiert, finden dort die kollektiven Lernprozesse statt, die als Austausch von immateriellen Ressourcen (z.B. Informationen) verstanden werden. Für ökologische Innovationsprozess ist jedoch zusätzlich auch der Austausch von materiellen Ressourcen (z.B. Güter, Arbeitskräfte) von grosser Bedeutung. Die Autoren betonen somit auch die Qualität der synergetischen Nutzung von immateriellen und materiellen Ressourcen im „Regionalen Akteurnetz" als entscheidender Faktor für das Gelingen ökologischer Innovationsprozesse.

Beitrag E. Lernprozesse für eine nachhaltige Landwirtschaft in Kulturlandschaften fördern. Personen von unterschiedlichen Organisationen und Politiknetzwerken lernen gemeinsam in einem neuen sozialen Netzwerk auf Zeit. Dabei müssen die Organisationen, die an diesem interorganisationalen Lernprozess beteiligt sind, selbst auch lernen. Das Ziel besteht primär darin, die Bedingungen zu schaffen, damit möglichst viele Landwirte über den nötigen Handlungsspielraum für eine umweltschonende Bewirtschaftung der natürlichen Ressourcen verfügen und ihn auch zu nutzen wissen. Dieses Ziel lässt sich nur mit einem interorganisationalen Lernprozess erreichen, an dem sich die Akteure beteiligen, die gemeinsam in der Lage sind, die in der landwirtschaftlichen Praxis wirksamen kollektiven Handlungs- und Bewertungsmuster, wie auch die wirtschaftlichen Rahmenbedingungen im gewünschten Sinne zu beeinflussen.

Der interorganisationale Lernprozess ist in eine Vorbereitungs-, Entwicklungs- und Umsetzungsphase gegliedert, wobei die Entwicklungs- und Umsetzungsphase praktisch parallel verlaufen: In der Vorbereitungsphase wird geklärt, welche Akteure am Lernprozess mitwirken sollen und wollen, auf welche Lern- und Veränderungsziele sie sich einigen können und welche Lernsituation den Lern- und Veränderungsprozess fördern könnte. Diese Lernsituation soll dann von den fördernden Akteuren geschaffen werden. In der Entwicklungsphase werden das Lern- bzw. Veränderungsziel konkretisiert und kohärente akteurspezifische Handlungsalternativen entwickelt und erprobt. Der Erfolg in dieser Phase begünstigt die weitere Umsetzung und der sich abzeichnende Erfolg in der Umsetzungsphase wirkt wiederum auf die Entwicklungsphase positiv zurück. In der Umsetzungsphase muss es gelingen, die Rahmenbedingungen auf Dauer zu schaffen, die es für die Implementierung der neu entwickelten Handlungsalternativen braucht. In dieser Phase ist die Kommunikation nach aussen wichtig, um die Lern- und Entscheidungsprozesse in den beteiligten Organisationen zu fördern. Dies ist notwendig, denn Rahmenbedingungen können nur durch weitere soziale Prozesse auf Dauer verändert werden, an denen sich nicht nur einzelne Personen in einem Netzwerk, sondern besonders auch die von ihnen vertretenen Organisationen beteiligen müssen.

Beitrag F. Plattformen für Verhandlungen über nachhaltige Ressourcennutzung. Menschen bzw. soziale Akteure, die sich als Teilhaber (engl. „stakeholders") einer natürlichen Ressource verstehen: Nutzer, wie private und öffentliche Haushalte und Unternehmen, sowie Personen und Organisationen, die sich von der Nutzung der Ressource durch die direkten Nutzer in ihren Interessen tangiert fühlen. Das Ziel besteht im Aufbau von ständigen Plattformen für

Verhandlungen über eine nachhaltige Nutzung der natürlichen Ressourcen durch die Teilhaber selbst. Dabei müssen Interessenkonflikte angesprochen und unter dem Aspekt der Verteilungsgerechtigkeit und Nachhaltigkeit gelöst werden.

Lernen wird als individuelle und kollektive Fähigkeit zur Konstruktion bzw. Rekonstruktion von Wirklichkeit verstanden. Die Anpassungsfähigkeit sozialer Systeme (Gruppen, Organisationen, Branchen, Gesellschaften) an sich ändernde Rahmenbedingungen meint somit die Fähigkeit zur gemeinsamen Konstruktion einer neuen Wirklichkeit. Individuelles und kollektives Lernen als Wirklichkeitskonstruktion findet demnach in (realen) sozialen Prozessen statt, die sich allerdings der Planung und Kontrolle weitgehend entziehen. Dennoch kann dieses Lernen in sozialen Prozessen gefördert werden, weil es darum geht, dass soziale Akteure damit beginnen, mittels Kommunikation ihre gegenseitigen Wahrnehmungen und Interpretationen von Wirklichkeit über Einigungsprozesse zu beeinflussen. Solche Lernprozesse können verstärkt werden. Sie sind aber nicht programmierbar. Als Lernsystem wird ein Forum für die Kommunikation unter Teilhabern einer natürlichen Ressource, eine Plattform für Verhandlungen über nachhaltige Ressourcennutzung vorgeschlagen. Die Bereitschaft, die Position des unabhängigen sozialen Akteurs aufzugeben, wächst mit der Einsicht, Teilhaber einer bestimmten natürlichen Ressource zu sein. Damit wächst das Interesse für die weiteren Lernprozesse, um nächste wichtige Ergebnissen zu erzielen, die schliesslich ein umweltverantwortliches Management von natürlichen Ressourcen durch die Teilhaber selbst ermöglichen.

Beitrag G. Lernfiguren in der schweizerischen Umweltpolitik. Es lernen die Mitglieder einer Gruppe, die sich für die Umsetzung (Implementation) einer öffentlichen Politik bildet. In öffentlichen Politiken sind diese Gruppen spezifisch strukturiert. Die Autoren definieren sie als Politiknetzwerke, die aus mehr oder weniger locker assoziierten, nicht hierarchisch zugeordneten behördlichen und gesellschaftlichen Akteuren bestehen. Auch wenn das Individuum Träger von Lernprozessen bleibt, wird sowohl die Entwicklung als auch die Veränderung einer öffentlichen Politik nur dann möglich sein, wenn ein gewichtiger Teil der Akteure in diesem Politiknetzwerk gelernt hat. Ziel der untersuchten Lernprozesse war es, im Rahmen einer öffentlichen Politik Lösungen zu entwickeln, die einerseits von allen Akteuren akzeptiert und getragen werden und anderseits einen Vollzug ermöglichen, der ökologisch optimale Resultate hervorbringt.

Der Lernprozess wird als ein Interaktionsprozess zwischen Akteuren in einem Netzwerk konzeptualisiert. Das Netzwerk wird als vermittelnde Institution oder als Ort verstanden, wo Inhalte ausgetauscht, evaluiert und integriert werden. Dies führt zu einem kollektiven Bestand an Regeln und Wissen, was von den Autoren als „Lokale Theorie" bezeichnet wird. Damit gemeint sind die mehrheitlich geteilten Annahmen über Zusammenhänge, Werte und Ziele. Sie stellt damit einen Konsensbereich dar, der materielle Politikpositionen legitimieren kann. Diese Positionen werden in der öffentlichen Politik durch das entsprechende Netzwerk mit seiner spezifischen Akteurkonstellation sowohl organisatorisch als auch prozedural abgesichert. Die Ausgangslage für Lernprozesse in Politiknetzwerken ist also geprägt von dem im Netzwerk geltenden Konsensbereich und von der Netzwerkstruktur. Umgekehrt schlagen sich diese Lernprozesse auch in der „Lokalen Theorie" des Politiknetzwerkes, in der Akteurkonstellation sowie im Denken und Handeln der einzelnen Mitglieder nieder. Hinweis auf solche Lernprozesse geben veränderte Politikoutputs, wie Änderungen der Politikinhalte, der Entscheidungsprozesse oder der strukturellen Beziehungen unter den Akteuren im betreffenden Politikbereich. Um diese Lernprozesse nachzeichnen zu können, wird in der Policy-Forschung, wie sie von den Autoren betrieben wird, auch der Konsensbereich und die Netzwerkstruktur sowie deren Veränderungen im Verlauf der Zeit erhoben und analysiert.

Fazit A. Keine Ökologisierung ohne umweltbezogene Lernprozesse

Umweltbezogene Lernprozesse in der Wirtschaft orientieren sich an der Vision einer vitalen Gesellschaft, welche die natürlichen Lebensgrundlagen für ihre Mit- und Nachwelt erhalten will. Dazu braucht es eine ökologische Transformation der Wirtschaft mit Unternehmungen, die alle Potentiale zur Steigerung ihrer ökologischen Effizienz ausschöpfen und die mit echten Umweltinnovationen zur Entwicklung eines umweltverantwortlichen Lebensstils in der Bevölkerung beitragen. Lässt sich dieses Ziel ohne Lernprozesse erreichen? Die Antwort darauf lautet nein, weil nur Lernprozesse alle Dimensionen berühren können, die für diese tiefgehenden Veränderungen erfasst werden müssen:

- Die Dimension des Handelns von Personen und Organisationen.
- Die Dimension der Strukturen von Organisationen.
- Die Dimension der Werte und Kognitionen von Personen sowie der Kultur von Organisationen bis hin zu den dominierenden Überzeugungen in der Gesellschaft.

Besonders die dritte Dimension lässt sich anders als über Lernprozesse nicht verändern. Doch dieses Potential wird nur offenen Lernprozessen oder eben dem Lernen in realen, sozialen Prozessen zugesprochen. Umweltbezogene Lernprozesse erfüllen also folgende Funktionen:

- Durch Lernprozesse können Personen in eine produktive Beziehung zur Welt treten und auf diese auch umweltverantwortlich zurückwirken.
- Durch Lernprozesse in Organisationen kann ein Wertewandel stattfinden und eine Lernkultur entwickelt werden, die es ihnen erlaubt, ökologische Innovationen zu entwickeln und ihr Umfeld proaktiv mitzugestalten.
- Durch Lernprozesse in sozialen Netzwerken können die in komplexen Handlungssystemen eingebundenen Akteure gemeinsam dominierende Wahrnehmungs-, Deutungs- und Bewertungsmuster reflektieren, so eine Annäherung der Positionen vornehmen und damit ihren Handlungsspielraum erweitern. Gemeinsam können sie auf diese Weise ökologischen Innovationen zum Durchbruch verhelfen.

Lernen ist zudem positiv besetzt und damit für die meisten Menschen attraktiv. Es geht immer um Reflexion, Verbesserung, Optimierung und Innovation. Zudem hat dieses Konzept eine chaotische und kreative Komponente, was auch bedeutet, dass Lernen in sozialen Prozessen nicht steuerbar ist. Doch es können dafür bessere oder schlechtere Voraussetzungen geschaffen werden.

Fazit B. Die Lernsysteme mit den grössten Potentialen sind soziale Netzwerke

Diese These folgt der Einsicht, dass die oben formulierten hohen Ziele weder von einzelnen Personen, noch von einzelnen Organisationen erreicht werden können. In den Beiträgen herrscht zwar die Auffassung vor, dass nur Personen und Organisationen als stark strukturierte soziale Systeme lernen können. Individuelle und organisationale Lernprozesse stossen jedoch rasch an Grenzen, wenn die Lernsituation dafür nicht verbessert beziehungsweise der Handlungsspielraum nicht erweitert werden kann. Genau das lässt sich höchstens mit den richtigen Partnern in sozialen Netzwerken erreichen. Die Zusammensetzung dieses Netzwerkes richtet sich nach dem Handlungssystem und dem ökologischen Ziel, das dort erreicht werden soll. Dies macht besonders der Beitrag C deutlich, aber auch die Beiträge D, E, F und G. Die Frage nach dem relevanten Lernsystem oder Netzwerk wurde sowohl von Politikwissenschaftern als auch von Betriebsökonomen und Unternehmensberatern gestellt. Für Policy-Designer sind solche Netzwerke *die* Orte, um wirksame Politiken zu entwickeln. Für Organisational-Designer sind die Netzwerke *die* Orte, wo der Handlungsspielraum der Organisation über interorganisationale Lernprozesse erweitert werden kann.

Faktoren, die umweltbezogende Lernprozesse auslösen bzw. beeinflussen

Nun liegen die Argumente auf dem Tisch, warum wir umweltbezogene Lernprozesse als unverzichtbar halten und warum wir reale soziale Systeme wie Organisationen und die sozialen Netzwerke als die relevanten Lernsysteme bezeichnen. Viele konkrete Fragen sind aber noch offen: Wie werden solche Lernprozesse in der Praxis ausgelöst? Welche Faktoren wirken dort fördernd oder hemmend auf sie? Welche Rolle können gewisse Personen spielen? Wir wollen nun sehen, in welche Richtung die Antworten der Autorinnen und Autoren gehen.

Als *Auslöser* von umweltbezogenen Lernprozessen in der Wirtschaft müssen offenbar immer die gleichen beiden Faktoren *zusammenwirken*: Erstens bestimmte Ereignisse und Entwicklungen in der Gesellschaft, die als Anreiz zu Anpassung und/oder Widerstand an sich verändernde Rahmenbedingungen wahrgenommen werden. (z.B. Krisensituation, aktiv gewordene Interessengruppe, neue Gesetzgebung, Wettbewerb). Zweitens braucht es Personen in den Unternehmen und Branchen, die nicht nur wahrnehmen sondern auch initiativ werden. Wie die Praxisanalysen gezeigt haben, muss die Zeit offenbar reif sein, bis in Unternehmen und Branchen umweltbezogene Lernprozesse in Gang kommen. Ausgelöst werden sie ausserhalb der Wirtschaft im Zusammenspiel mit einzelnen Personen innerhalb der Wirtschaft. Sind die umweltbezogenen Lernprozesse einmal in Gang gekommen, interessieren die Faktoren, die solche Prozesse in den Unternehmen und Branchen fördern und hemmen. Sie sind in Abbildung 1 zusammenfassend aufgeführt.

Abbildung 1. Einflussfaktoren auf umweltbezogene Lernprozesse

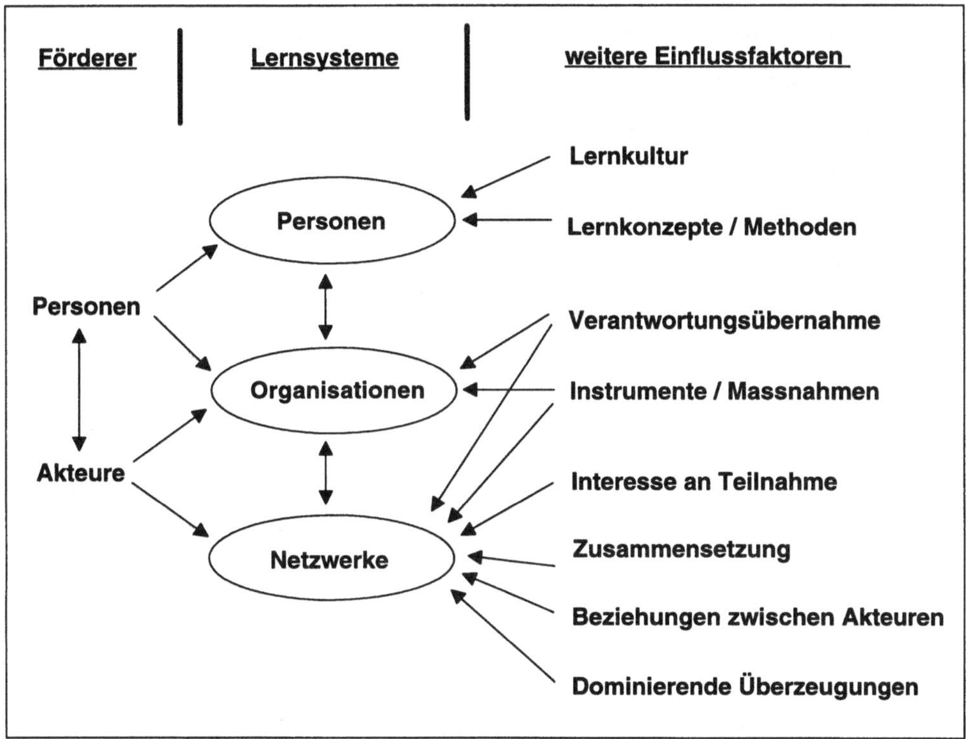

Fördernde Personen und Akteure. Personen können bei anderen Personen, in Organisationen und auch in sozialen Netzwerken umweltbezogene Lernprozesse fördern. Als Förderer von Lernprozessen in Organisationen und Netzwerken, treten diese Personen oft auch als Beauftragte von institutionellen, behördlichen oder politischen Akteuren auf. Deshalb wird auch in der Abbildung 1 der Begriff Akteur verwendet.

Auf organisationale Lernprozesse in Unternehmen, Verwaltungen und Schulen haben insbesondere folgende Personen Einfluss:

- Von der Leitung (Top-Management) ist eine klare Unterstützung notwendig, damit der organisationale Lernprozess sich entwickeln kann.
- Die Mitglieder interner Arbeitsgruppen spielen auch eine wichtige Rolle bei der Diffusion der Umweltthematik in der Organisation. Diese Gruppen bilden einen Rahmen für kollektive Lernprozesse und erarbeiten Grundlagen für die Kollektivierung der Lernergebnisse, beispielsweise in Form von Dokumenten und Führungsinstrumenten.
- Personen können auch ausserhalb von Arbeitsgruppen als „Multiplikatoren" wirken (Vorbild, Überzeugungskraft, Engagement) und dadurch auch Lernprozesse begünstigen. Mit der Stelle eines Umweltbeauftragten kann das kontinuierliche Stimulieren des organisationalen Lernprozesses zudem institutionalisiert werden.
- Das Beiziehen eines externen Beraters wirkt auch fördernd, indem er ergänzende Funktionen übernimmt (Funktion des Experten oder auch des erfahrenen Generalisten). Externe Berater können aber auch mit der Begleitung der Lernprozesse (Prozess- oder Projektmoderation) beauftragt werden.

Als fördernde Akteure von Lernprozessen in sozialen Netzwerken wurden identifiziert:

- Die Initiatoren, die Mitglieder des bestehenden oder potentiellen Netzwerkes sind. Aus eigenem Interesse ergreifen sie die Initiative und können so interorganisationale Lernprozesse in Gang bringen. Bisher aufgefallen sind in dieser Rolle gesellschaftliche und staatliche Akteure, kaum aber die im Markt operierenden Akteure.
- Die Förderer sind pädagogisch handelnde Personen bzw. Personengruppen, die wissen, wie geeignete Lernsituationen für interorganisationale Lernprozesse geschaffen werden können und die fähig sind, solche Lernprozesse zu begleiten. Für diese Aufgabe müssen die Förderer jedoch von den Mitgliedern des Netzwerks legitimiert sein.
- Die am Lernprozess beteiligten Akteure können ebenfalls Förderer aber auch Blockierer sein. Fördernd wirken sie dann, wenn die Lern- bzw. Veränderungsziele sowie das Vorgehen und ihre Rollen im Lernprozess geklärt - oder noch besser - vereinbart sind.

Lernkultur. Die kulturelle Dimension beeinflusst sowohl individuelle als auch organisationale Lernprozesse ganz erheblich. Anzustreben ist eine eigentliche Lernkultur, damit den in jeder Bildung wichtigen Prinzipien wie Selbstbestimmung und Verantwortung, Kommunikation und Kooperation auch in den umweltbezogenen Lernprozessen entsprochen werden kann.

Lernkonzepte und Methoden. Entscheidenden Einfluss auf die Lernergebnisse haben auch die angewandten pädagogischen und didaktischen Konzepte. Sie prägen die Lernprozesse nicht nur in den Schulen, sondern auch in den Politikbereichen. Als erfolgversprechend zeigen sich dabei jene Konzepte, die sich an Handlungssystemen und am gesamten Wirkungs- und damit Verantwortungsbereich der Lehrenden orientieren; wo konkrete Problemstellungen erfahrungsbezogen in einem offenen Lernprozess bzw. mit Lernen in realen, sozialen Prozessen angegangen werden können. Dazu brauchen die Lehrenden oder pädagogisch Handelnden die Möglichkeit und Fähigkeit, die geeigneten Planungshilfsmittel und Lernmethoden kompetent einzusetzen.

Verantwortungsübernahme. Umweltbezogene Lernprozesse kommen erst in Gang, wenn eine Person oder Organisation die Verantwortung für ihr umweltrelevantes Handeln übernimmt. Ein wichtiger Aspekt ist dabei die Abgrenzung des Systems, für das Verantwortung oder Mitverantwortung übernommen wird. Es geht auch um das Bestimmen des eigenen Beitrags zur Lösung von Umweltproblemen - oder positiv formuliert - zur Nutzung von ökologischen Optimierungspotentialen oder zur Entwicklung von Umweltinnovationen. Fehlt die Verantwortungsübernahme oder wird sie auf einen zu engen Wirkungsbereich beschränkt, hemmt dies umweltbezogene Lernprozesse nicht nur in der eigenen Organisation sondern auch in sozialen Netzwerken.

Instrumente und Massnahmen. Nicht nur Leitbilder, Führungsinstrumente, ökonomische Anreize, Verbote und Gebote beeinflussen umweltbezogene Lernprozesse. Dies trifft auch für die Kommunikation und die Kooperation zu. So kann externe Zusammenarbeit auf die internen organisationalen Lernprozesse stimulierend wirken. Und mit kommunikations- und kooperationsfördernden Instrumenten kann die Politik auch Lernprozesse in ganzen Branchen positiv beeinflussen.

Interessen der Akteure an einer Teilnahme. Damit Lernprozesse in Netzwerken stattfinden können, müssen die beteiligten Akteure ein entsprechendes Interesse entwickeln. Dies ist ein schwieriges Problem. Lösungsansätze werden in Beitrag D (Entwickeln von Konkurrenzvorteilen), in Beitrag E (Austausch von Wissen, Förderung von politischem Konsens) und in Beitrag F (mit dem Teilhaberkonzept) aufgezeigt. Die Herausforderung besteht darin, bei Zielkonflikten und verschiedenen Auffassungen von Wirklichkeit eine Situation zu erreichen, wo das Fragen nach gemeinsamen Zielen, und wie diese erreicht werden sollen, für alle Beteiligten wieder interessant wird (Beitrag F).

Zusammensetzung des Netzwerkes. Änderungen in der Zusammensetzung von bestehenden Netzwerken beeinflussen die Lernprozesse sowie ihre Ergebnisse, weil damit die im Netzwerk vorhandenen Informationen, Überzeugungen und Ressourcen verändert werden. Die Offenheit von Netzwerken gegen aussen zeigt ebenfalls diese Wirkung. Bei der Frage nach dem relevanten Lernsystem sind wir schon auf diesen Faktor gestossen.

Beziehungen zwischen den Akteuren. Lernprozesse in Netzwerken entstehen aus den Austauschprozessen zwischen den beteiligten Akteuren. Vertrauensbeziehungen sind für einen offenen Austausch von immateriellen und materiellen Ressourcen förderlich. Für die Entwicklung von Umweltinnovationen sind solche Beziehungen essentiell. Für deren Verbreitung braucht es dann aber auch wieder Konkurrenzverhältnisse. Lernprozesse bei den beteiligten Akteuren werden somit durch das Spannungsfeld zwischen Kooperation und Konkurrenz, das in einem sozialen Netzwerk ausbalanciert werden kann, stimuliert.

Dominierende Überzeugungen. Lernprozesse werden auch sehr stark durch dominierende Überzeugungen von Wirklichkeit geprägt. Umgekehrt können solche Überzeugungen nur durch Lernprozesse verändert werden. Als fördernder Faktor wirkt die konstruktivistische Auffassung, wonach Lernen als die individuelle und kollektive Fähigkeit zur Konstruktion bzw. Rekonstruktion von Wirklichkeit verstanden wird (Beitrag F). Bestandteil davon ist auch die Auffassung, dass die Verantwortung für das eigene Handeln nicht delegiert werden kann.

Vorschläge zur Förderung von umweltbezogenen Lernprozessen

Mit diesen Vorschlägen werden einerseits die Personen oder Akteure angesprochen, die direkt Lernprozesse bei Personen, Organisationen oder in Netzwerken begleiten können und in Abbildung 2 die „pädagogisch Handelnden" genannt werden.

Abbildung 2. Mit gelingenden Lernprozessen gute Lernsituationen schaffen

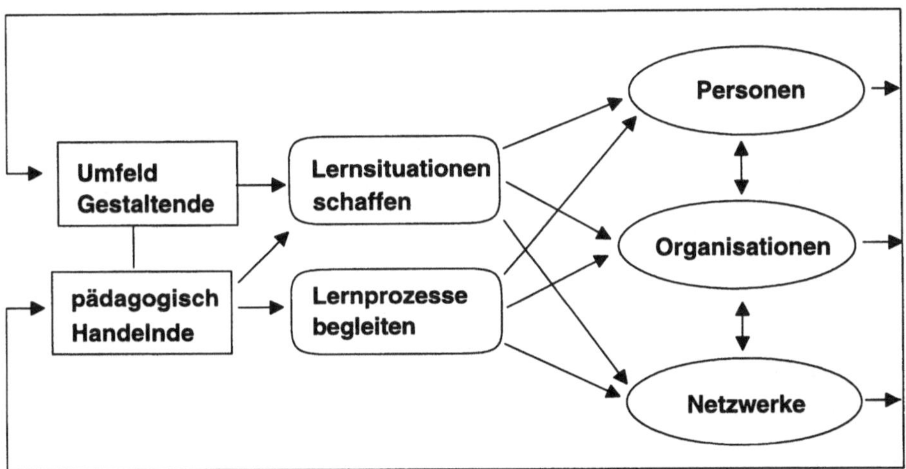

Unsere Vorschläge für die beiden Adressatengruppen „Umfeld Gestaltende" sowie „pädagogisch Handelnde" können selbstverständlich von interessierten Personen durch weitere Lernprozesse konkretisiert und ergänzt werden.

Als zweite Adressatengruppe möchten wir die Akteure ansprechen, die auf die übrigen Faktoren einwirken können, die den Verlauf umweltbezogener Lernprozesse ebenfalls stark beeinflussen, die jedoch in der Regel ausserhalb der Reichweite der unmittelbar „pädagogisch Handelnden" liegen. Gemeint sind also jene Akteure, die - wenigstens bis zu einem gewissen Grad - das Umfeld gestalten können, in denen sich die Lernprozesse abspielen können. Es handelt sich dabei in der Regel um Personen in Führungsfunktionen, um gesellschaftliche und politische Akteure, die in Abbildung 2 als „Umfeld Gestaltende" bezeichnet werden. Unabhängig davon, ob es sich um Lernprozesse von einzelnen Personen, Organisationen oder um Lernprozesse in Netzwerken handelt: *immer müssen diese zwei Adressatengruppen kooperieren*, damit umweltbezogene Lernprozesse mit hohem Veränderungspotential ermöglicht werden können.

A. Vorschläge zur Förderung von umweltbezogenen Lernprozessen bei Personen

Wenn es um die Lernprozesse von Schülern und Jugendlichen im Rahmen der Umweltbildung geht, sind als Adressaten einerseits die einzelnen Schulleitungen sowie die für das Bildungssystem verantwortlichen kantonalen Erziehungsdirektionen als wichtige Umfeld-Gestaltende anzusprechen und andererseits die Lehrenden als die direkt pädagogisch Handelnden.

Lehrende: Ihnen wird ein erprobter Leitfaden für die Planung sozio-ökologischer Umweltbildung angeboten zusammen mit einem weiteren Hilfsmittel, um die Inhalte auf die Lernenden abgestimmt strukturieren zu können. Unterrichtsvorbereitung soll als offener Entwurf verstanden werden, da sie die bildende Begegnung der Lernenden mit wichtigen Inhalten nicht vorwegnehmen kann.

Schulleitungen und Erziehungsdirektionen: Sie werden eingeladen, die nötige Lehr-Lernkultur zu schaffen, die offene Lernprozesse ermöglichen. Anders lässt sich das zukunftsweisende didaktische Konzept einer sozio-ökologischen Umweltbildung nicht auf breiter Basis verwirklichen. Zudem soll der Diskurs über Ziele der Umweltbildung als Daueraufgabe in die Schulentwicklung integriert werden. Dabei sollten zwei die Schuldiskussion dominierenden konträren Auffassungen von Bildung überwunden werden, indem Probleme thematisiert werden, die auch aktuelle Lebensprobleme der Kinder und Jugendliche sind. Gemeint ist die pädagogisch-naive Position, wonach sich das Bildungssystem von allen anderen Bereichen menschlicher Praxis abkoppeln soll, und die politisch-pragmatische Position, wonach sich das Bildungssystem linear an die anderen Bereiche menschlicher Praxis koppeln und so direkt zur Lösung der hier anstehenden Probleme beitragen soll (Beitrag A).

B. Vorschläge zur Förderung von umweltbezogenen Lernprozessen in Organisationen

Die Vorschläge richten sich an die Personen, die umweltbezogene organisationale Lernprozesse direkt begleiten. Hingewiesen wird auch auf die Netzwerke, in denen die Organisationen eingebunden sind.

Lernprozess begleitende Personen: Um die ökologischen Optimierungspotentiale zu entdecken, wird den Unternehmensleitungen, Umweltbeauftragten und externen Beratern das „COSY-Konzept" empfohlen. Damit können die Lern- und Veränderungsziele ermittelt und zwischen den Beteiligten vereinbart werden. Empfohlen wird auch ein „ökologisches Benchmarking", um die Lernfortschritte sowohl im horizontalen Vergleich (Partner und Konkurrenten) als auch im vertikalen Vergleich (im Verlauf der Zeit) transparent zu machen. Auf diese Weise kann die Idee der kontinuierlichen Verbesserung mit dem Wettbewerbsdenken kombiniert werden. Diese Personen sollen auch dank den Erkenntnissen, die im Beitrag B formuliert sind, die Übergänge von einem Lernschritt zum anderen besser gestalten können.

Branchen und Politiknetzwerke: Ab einem gewissen Punkt ist die Entwicklung von organisationalen Lernprozessen mit der Entwicklung im Umfeld verknüpft, das den Handlungsspielraum der Organisation festlegt. Durch die Teilnahme an interorganisationalen Lernprozessen in sozialen Netzwerken (z.B. in Form von gemeinsamen Forschungs- und Entwicklungsprojekten, oder im Rahmen von Plattformen für Verhandlungen über die nachhaltige Ressourcennutzung), die in der Regel die Grenzen bestehender Branchen und Politiknetzwerke sprengen, können die Unternehmen und Verwaltungen ihren Handlungsspielraum vergrössern (vgl. Beitrag C und E).

C. Vorschläge zur Förderung von umweltbezogenen Lernprozessen in sozialen Netzwerken

Die Vorschläge richten sich einerseits an Akteure, die Lernprozesse in Netzwerken direkt begleiten und an die Politik bzw. an die staatliche Akteure, die solche Lernprozesse stimulieren können.

Lernprozess begleitende Akteure: Sofern sie im Auftrag eines Akteurs im bestehenden oder potentiellen Netzwerk handeln, können sie auf verschiedene Faktoren einwirken, die interorganisationale Lernprozesse beeinflussen. Sie haben dafür zu sorgen, dass die unterschiedlichen Interessen transparent werden und die gemeinsamen Interessen wachsen können. Analoges gilt für die unterschiedlichen Ansichten von Wirklichkeit, wobei dem gemeinsamen Erkennen des relevanten Lernsystems bzw. dem gemeinsamen Abgrenzen des sozialen Netzwerkes in Hinblick auf das Erlangen der beabsichtigen Gestaltungsfähigkeit eine besondere Bedeutung zukommt.

Politische und staatliche Akteure: Der Gesetzgeber soll für Lernen in sozialen Netzwerken Raum lassen, indem der Staat zu erkennen gibt, wo er an die Grenzen der Steuerbarkeit von Problemlösungs- und Entwicklungsprozessen stösst (Beitrag F). Den staatlichen Akteuren kommt zunehmend die Aufgabe zu, bei den privaten Akteuren umweltbezogene Lernprozesse zu ermöglichen, damit sie ihre Handlungssysteme, in denen sie eingebunden sind, in Richtung Nachhaltigkeit verbessern können. Rechtliche und marktwirtschaftliche Instrumente genügen dafür nicht. Die Kommunikation unter den verschiedenen privaten und staatlichen Akteuren muss noch viel sachgerechter institutionalisiert werden (Beitrag E). Für die Entwicklung von neuen kommunikations- und kooperationsfördernden Instrumenten, wie sie insbesondere in Beitrag F und auch in Beitrag G vorgeschlagen werden, ist aufgrund der in Beitrag E dokumentierten Erfahrung die Durchführung von entsprechenden Pilotprojekten zu empfehlen.

Lehren aus den untersuchten Lernprozessen

Die Ökologisierung von Wirtschaft und Gesellschaft erfordert noch tiefgreifendere Veränderungen im Denken und Handeln der wirtschaftlichen, gesellschaftlichen und politischen Akteure als dies heute der Fall ist. Zu diesem Schluss führen die in diesem Band dokumentierten Beispiele aus der Praxis. Besonders auf der Ebene der dominierenden Auffassungen von

Wirklichkeit - der heute in Gesellschaft und Wirtschaft vorherrschenden Wahrnehmungs-, Deutungs- und Bewertungsmuster - sind noch grosse Veränderungen notwendig. Doch dies kann niemand und keine Macht direkt herbeizwingen. Nur Lernen in realen, sozialen Prozessen vermag auf dieser Ebene etwas zu bewirken. Kommunikations- und Einigungsprozesse zwischen den unterschiedlichsten gesellschaftlichen, politischen und marktlichen Akteuren sind in einer Qualität gefragt, die heute noch selten anzutreffen ist. Hier an dieser Front ist der Fortschritt zu suchen!

Welche Lernprozesse gemeint sind, machte diese Synthese nochmals deutlich. Erkannt wurden auch die wesentlichen Faktoren, die solche Lernprozesse in einer Weise zu beeinflussen vermögen, welche die tiefgreifende Wende zu einer nachhaltigen Entwicklung herbeiführen können. Wir wissen nun auch, welche Akteure diese Lernprozesse ermöglichen können. Es sind zwei verschiedene Typen, die miteinander kooperieren müssen: Einerseits sind es die pädagogisch Handelnden, die direkt an den Lernprozessen teilnehmen und diese quasi als „Prozessmoderatoren" begleiten. Anderseits die Umfeld Gestaltenden, welche die Aufgabe haben, Lernsituationen zu schaffen, die offene Lernprozesse bzw. Lernen in realen, sozialen Prozessen ermöglichen. Diese Aussage gilt sowohl für die Förderung von umweltbezogenen Lernprozessen in Schulen, wie in Unternehmen als auch in ganzen Branchen. Die pädagogisch Handelnden brauchen also nicht zu warten, bis die Zeit für solche Lernprozesse reif geworden ist, sondern können sofort mit „Lernprojekten" beginnen, an denen die Umfeld gestaltenden Akteure teilhaben.

Dies erfordert meistens sogenannte interorganisationalen Lernprozesse bzw. Lernprozesse in sozialen Netzwerken. Dieses Lernsystem stellt eigentlich für die Autorinnen und Autoren die wichtigste Entdeckung dar, weil es das soziale System mit dem grössten Potential sein dürfte, um die Ökologisierungsprozesse in Wirtschaft und Gesellschaft zu beschleunigen. Diese Hervorhebung wird jedoch dadurch relativiert, dass Lernprozesse in sozialen Netzwerken nur dann erfolgreich sein können, wenn auch die daran beteiligten Organisationen und Personen in dieser Richtung lernen. Auf die Bedeutung dieser wichtigen Wechselwirkungen zwischen individuellen, organisationalen und interorganisationalen Lernprozessen weisen alle Beiträge in diesem Band hin.

Die Autorinnen und Autoren

Dr. Frank Belz und Prof. Dr. Thomas Dyllick
Institut für Wirtschaft und Ökologie (IWÖ-HSG)
Tigerbergstrasse 2
9000 St. Gallen
Tel: 071/30 25 84, Fax: 071/22 93 79

Silvia Bürgin und Prof. Dr. Dr. Matthias Finger
IDHEAP (Institut de hautes études en administration publique)
Unité "Management des entreprises publiques"
Route de la Maladière 21
1022 Chavannes-près-Renens
Tel: 021/691 06 56, Fax: 021/691 08 88

Annemarie Dorenbos und Michel Roux
Landwirtschaftliche Beratungszentrale (LBL)
Eschikon
8315 Lindau/ZH
Tel: 052 / 354 97 00, Fax: 052 / 354 97 97

Michel Geelhaar, Marc Muntwyler und Dr. Urs Ramseier
Geographisches Institut der Universität Bern
Hallerstrasse 12
3112 Bern
Tel: 031/631 88 75, Fax: 031/631 85 11

Ueli Haldimann
Haldimann Consulting GmbH
Grosser Muristalden 6/8
3006 Bern
Tel: 031/351 84 84, Fax: 031/351 31 70

Dr. Gertrude Hirsch, Dr. Regula Kyburz-Graber, Dr. Lisa Rigendinger und Karin Werner
Abt. Umweltnaturwissenschaften der ETH
ETH-Zentrum, HED
8092 Zürich
Tel: 01/632 58 93, Fax: 01 / 261 00 57

Dr. Ingrid Kissling-Näf und Prof. Dr. Peter Knoepfel
IDHEAP (Institut de hautes études en administration publique)
Unité "Politiques publiques/Environnement"
Route de la Maladière 21
1022 Chavannes-près-Renens
Tel: 021/691 06 56, Fax: 021/691 08 88

Niels Röling, PhD
Dept. of Communication and Innovation Studies
Wageningen Agricultural University
Hollandsweg 1
NL-6706 KN Wageningen
Tel: +31 (0)317 484310, Fax: +31 (0)317 484791

Die grössten Gefahren für die Umwelt in der Schweiz sind heute globaler Natur. Daher ist es erforderlich, die schweizerische Umweltpolitik auf dem Hintergrund [illegible] und in einer [illegible] neu [illegible].

Die Autorinnen und Autoren dieses Werkes analysieren die [illegible] der Schweiz in internationale Abkommen und Vereinbarungen [illegible] internationale Verflechtung der nationalen Umweltpolitik [illegible] Möglichkeiten [illegible].

[illegible]

Birkhäuser Verlag • Basel • Boston • Berlin